高等职业教育创新型系列教材

市场营销理论与实务

主　编　余爱云　刘列转
副主编　王社民　马文省　张瑞侠

北京理工大学出版社
BEIJING INSTITUTE OF TECHNOLOGY PRESS

图书在版编目(CIP)数据

市场营销理论与实务 / 余爱云, 刘列转主编. -- 北京 : 北京理工大学出版社, 2021.7(2023.8 重印)
ISBN 978 - 7 - 5682 - 8749 - 4

Ⅰ. ①市… Ⅱ. ①余… ②刘… Ⅲ. ①市场营销学 - 高等学校 - 教材 Ⅳ. ①F713.50

中国版本图书馆 CIP 数据核字(2021)第 138711 号

出版发行 / 北京理工大学出版社有限责任公司
社　　　址 / 北京市海淀区中关村南大街 5 号
邮　　　编 / 100081
电　　　话 / (010)68914775(总编室)
　　　　　　 (010)82562903(教材售后服务热线)
　　　　　　 (010)68944723(其他图书服务热线)
网　　　址 / http://www.bitpress.com.cn
经　　　销 / 全国各地新华书店
印　　　刷 / 北京虎彩文化传播有限公司
开　　　本 / 787 毫米 × 1092 毫米　1/16
印　　　张 / 15
字　　　数 / 380 千字
版　　　次 / 2021 年 7 月第 1 版　2023 年 8 月第 3 次印刷
定　　　价 / 45.00 元

责任编辑 / 施胜娟
文案编辑 / 施胜娟
责任校对 / 周瑞红
责任印制 / 李志强

前　言

现代经济环境下，市场营销活动无处不在，国家需要营销，企事业单位需要营销，个人也需要营销。近年来，随着互联网的普及以及现代信息技术的发展，国际、国内经济及人们的思想观念都发生了重大的变化，市场营销理论及实践也有很大的变化，新的营销形式、营销策略不断出现。加之全国兴起的"大众创新、万众创业"活动，市场上创新创业的人员越来越多。要创新创业，必须掌握一定的营销知识。《市场营销理论与实务》是市场营销、电子商务、会计、物流管理、物业管理、连锁经营管理等专业的必修基础课教材。

为切实提高教学质量，推进教育创新，突出高职院校培养"技术技能型"人才的目标，形成培养创新创业型人才的办学特色，本教材在编写中依据高职高专教育的人才培养宗旨和模式，以培养学生市场营销思维与职业综合素质为主线，按照《国家职业教育改革实施方案》精神，坚持理实一体化原则，将"新技术、新工艺、新规范"纳入教学标准和教学内容，强化学生实习实训。使教材编写与时代发展同步前进，以强化课程的科学性、合理性、实用性，使学生能够较好地适应市场营销管理工作实践需要，更好地服务于社会经济建设。

本教材具有以下特点：

1. 将课程思政内容融入教材

本教材以习近平新时代中国特色社会主义思想为指导，积极落实党的二十大报告中"中国式现代化""构建全国统一大市场""加快建设数字中国""推动绿色发展"等有关精神，坚持正确的政治方向、舆论导向和价值取向，落实立德树人的根本任务。通过知识目标、能力目标、素质目标三维学习目标的构建，开发"初心茶坊"等课程思政栏目，以社会主义核心价值观为指导对教材相关内容及案例进行编写，完成市场营销知识体系和价值体系的双轨并建，实现对高职人才进行社会主义核心价值观、职业道德、法律意识及专业素质的全面综合培养的人才培养目标。

2. 强化中国经济新时代特点

本教材淡化了西方传统的营销理论，体现中国特色和新时代市场营销规律及特点，将近几年中国市场营销理论和营销实践中出现的新知识、新理念、新技能、新经验等融入教材中，将创新创业理念、新媒体营销、新零售、云消费、新案例、大数据融入教材之中。

3. 首次将 4P 和 4C 相融合，形成新体系

4P 和 4C 是市场营销学的重要理论，是形成市场营销理论的基础。此前，少有将两大理论相融合的教材。本教材首次尝试将两种理论相融合，形成新的教材体系。

4. "职业能力培养"特色明显

本教材紧紧围绕学生"市场营销职业能力培养"这一主线，理论内容突出"够用"、"实用"和"服从于能力训练"原则，在每个项目任务下以学习目标、知识准备、任务实施、学以致用展开，技能训练内容强调将专业基础素质训练和专业技能训练结合进行，充分体现理论实训一体化课程改革思想。

5. 教材主要内容有所创新

以培养高职学生营销职业能力为目标，结合新时代对营销工作者和营销岗位的新要求，按照理实一体化的原则，将新知识、新技术等融入教材中。本教材分为 9 个项目：新时代的市场营销、分析市场营销机会、分析购买者与竞争者、进行 STP 分析、制定产品策略、制定价格策略、选择渠道策略、设计促销策略，以及运用新媒体营销策略。全面介绍了市场营销的内容、策略，旨在培养学生市场营销系统化思维与实践方法，同时掌握市场营销的核心知识与技能。

6. 采用"校企合作，双元开发"的方式

根据新时代职业教育的新要求，本教材在编写过程中与北京新迈尔科技有限公司、中融华智教育研究院等企业，以"校企合作，双元开发"的方式，进行共同开发编写。参加《市场营销理论与实务》编写工作的除高职院校的一线教师外，还有来自企业一线具有丰富实践经验的营销总监、营销经理，他们都有多年相关课程的教学经验及营销实践经验，对市场营销理论及实践相当熟悉，所以本教材的实践操作性较强。

本教材适用于高职高专院校、中职院校、应用型本科和成人高等院校相关专业市场营销课程的教学，也可作为企业市场营销相关从业者、创新创业者以及社会人士阅读参考使用。

余爱云、刘列转担任本教材主编，余爱云对全书进行修改、总纂并负责全书的统稿工作。具体编写分工为：项目一由陕西财经职业技术学院王社民（教授，营销经济师）编写；项目二、项目四、项目五由宝鸡职业技术学院刘列转（副教授）编写；项目三由宝鸡职业技术学院马文省（副教授）编写；项目六、项目九由宝鸡职业技术学院余爱云（教授，高级会计师、电子商务师）编写；项目七、项目八由宝鸡职业技术学院张瑞侠（讲师）编写。

本教材在编写过程中，得到了有关部门、学院领导、专家及其他教师的大力支持。北京理工大学出版社在本教材的编写、出版过程中给予了大力支持。同时感谢北京新迈尔科技有限公司、中融华智教育研究院等企业在教材编写过程中提供的宝贵建议及相关资源。另外，在本教材编写中还参阅了大量的中外文献资料及网络资源，在此一一表示感谢。

由于市场营销是一门实践性较强的应用学科，加之编者水平有限，书中疏漏之处难免，敬请同行专家和读者批评指正。

编　者

目　录

新时代的市场营销

学习目标

●知识目标

1. 理解现代市场概念的内涵。
2. 掌握市场营销及其核心概念。
3. 掌握现代市场营销观念的核心内容。
4. 了解营销人员素质的基本要求。
5. 了解营销组织的形式及不同组织类型的适用性。

●能力目标

1. 能根据市场需求状态，制定不同的市场营销方案。
2. 树立现代市场营销观念，具有现代市场营销思维。
3. 按照营销人员的素质要求，通过学习和实践，提高市场营销能力。

●素质目标

1. 使学生正确认识中国特色社会主义市场经济，激励学生自觉投身于建设中国特色社会主义市场经济的伟大事业中。

2. 结合社会主义核心价值观的要求，丰富现代市场营销观念的核心内容，提高学生从事市场营销工作的法律意识和道德素养，引导学生树立现代市场营销观念，为满足人民日益增长的对美好生活的需要而奋斗。

问题导入

"营销"是现代社会最有力量的名词之一。那么，市场营销学的本质是什么？

市场营销学是一门研究市场营销活动及其规律性的应用科学，它致力于满足人民日益增长的对美好生活的需要。如果产品销售不畅、企业的社会形象不佳、企业竞争力减弱、消费者买不到满意的产品等，该怎么办？只有从市场营销学中寻找答案。市场营销学能够帮助人们解决企业、社会组织和消费者的上述烦恼。所以，企业需要市场营销，消费者需要市场营销，整个社会都需要营销和营销者。市场营销学理论的应用和发展，将让我们的生活更美好。

从事营销工作与非营销工作的人们都应当学习市场营销知识。

人工智能、移动通信、物联网、区块链、语音识别等创新技术的发展，机器人、互联网与社交媒体的普及，赋予了消费者更多信息与权利，今天企业的营销活动该如何做？

任务描述

营销在我们的生活中无处不在。从上述内容中，同学们感觉到了营销的神秘及其力量。接着会产生一系列疑问。营销是什么？怎样做好营销工作？同学们可以在学习本门课程中，搜集和学习国内外著名企业的营销活动案例，并思考上述问题。

任务分解

请你在学习本门课程的过程中，阅读菲利普·科特勒的《营销管理》（这是一本经典的教科书，是一部营销学领域的"圣经"）和《营销的力量》（蔡玉春），走进营销世界，揭开营销的面纱，感悟市场营销的魅力，训练自己的营销思维和营销能力。

知识准备

正确理解市场和市场营销及其相关主要概念，熟悉并掌握市场营销组合的基本因素及其内涵是市场营销的基础；树立正确的营销观念，明确市场营销的目的，是实施营销活动的价值观和精神支柱；构建正确的营销思维，了解营销人员应具有的人格力量并不断提高自身素质是从事市场营销工作的基本资质。所以，"建立概念、构建组合、树立观念、提高素质"等，就成为学习本项目内容的关键词。

扫一扫

认识市场营销

任务一　认识新时代的市场营销

一、市场及市场经济

（一）市场

"市场"是市场经济社会使用频率较高的一个名词。但对于市场的定义，人们却有不同的认识和理解。主要观点如下：

1. 狭义的市场概念

市场是买卖双方进行商品交换的场所。如：农贸市场、商场等。这是关于市场的地理性和空间性特点的概括，是关于市场最古老、最原始和最狭义的传统解释。我国古籍《易·系辞下》记载："神农氏……日中为市，致天下之民，聚天下之货，交易而退，各得其所。"英国学者J.哈维在《现代经济学》中描述了一个牲口市场的情景："有人出价三百五十英镑买这头小母牛。先生们，你们肯定要出更高的价来买这样一头好牲口。有没有人肯多出了？三百五十英镑卖了？最后问一声有没有人肯出更高的价钱？三百五十英镑卖了，卖掉了（拍卖锤响了）。三百五十英镑卖给站在我身边的吉尔先生。"现代市场营销之父菲利普·科特勒将这一传统的市场称为市场地点。

人类社会进入21世纪，随着市场经济和信息技术的发展，在现代市场交换活动中，交换双方或多方并不一定必须在同一空间、地点进行全部交换活动。有时候，人们只需打几个电话、发几封电子邮件等，就可以完成商品交换的大部分或全部流程，而不需要在某个时间或某个特定或固定的场所进行交换。J.哈维指出："因此，我们不能再说市场是一个特定的出售和买进商品的地方。"可见，传统的市场概念已不能涵盖现代市场的全部内涵。

2. 广义的市场概念

市场是商品所有者全部交换关系的总和。这是关于市场的广义概念，也是许多经济学家对市场的解释。这一概念突破了传统市场关于地理、地点的狭隘性定义，明确了市场即流通领域，包含基于交换而产生的交换双方或多方错综复杂的一系列交换关系。

3. 市场营销学家及企业经营者关于市场的概念

菲利普·科特勒认为：市场是由一切具有特定欲望和需求，并且愿意和能够以交换来满足这些需求的潜在顾客所组成。根据这一定义，企业经营者认为，市场是由购买者（生产资料购买者和消费品购买者）、购买力和购买欲望等三个变量要素同时具备并互相制约形成的整体。市场规模与其他三个变量形成函数关系。具体可以用以下公式表示：

（1）消费品市场规模 $=f$（消费品购买者，购买力，购买欲望）

（2）生产资料市场规模 $=f$（生产资料购买者，购买力，购买欲望）

经营者从自身利益的角度出发研究市场规模、市场容量。市场规模、市场容量大，则市场潜力大，预期利润高，经营者就具有投资和开发的价值。所以，他们认为市场规模首先取决于购买者规模及数量，其次是购买者的货币支付能力和购买欲望。三个要素同时具备才是现实有效的市场。三个变量中的任一变量的变化，必然会引起市场波动。

⊠ 案例链接

某制鞋公司派产品设计部经理到非洲一个国家了解那里的市场。几天后，该经理发回一封电报：糟极了，该岛无人穿鞋子，此地不可能成为我们的市场，我将于明日回国。

于是，公司又把推销员派到该国，推销员在那里调查一个星期后，发回电报：好极了！该岛无人穿鞋子，这是一个潜力巨大的市场。

为了摸准情况，公司又把市场营销部经理派去考察。三个星期后，发回电报：这里的人不穿鞋，但有脚疾，需要鞋；不过我们现在生产的鞋太瘦，不适合他们，我们必须生产肥些的鞋。我们还要教他们穿鞋的方法并告诉他们穿鞋的好处。这里的部落首领不让我们做买卖，只有向他们进贡，才能获准在这里经营。我们需要投入大约1.5万美元，他才能开放市场。他们尽管很穷，但这里盛产菠萝。我测算了一下，三年内的销售收入在扣除成本后，包括把菠萝卖给欧洲超级市场的费用，资金回报率可达30%，建议开辟这个市场。

问题：面对同一市场，为什么会产生不同结论？

（二）市场的分类

市场可根据不同标准进行分类。

1. 消费品市场

消费品市场又称最终消费者市场或生活资料市场。它是指人们为满足个人或家庭需要而购买生活资料的市场。消费品市场是市场体系的基础，是起决定作用的市场。研究消费者和消费品市场，对开展有效的市场营销活动至关重要。

2. 生产资料市场

生产资料市场是社会组织为了生产或再生产的需求而购买或准备购买生产资料的消费者群体。生产资料包括自然资源（土地、森林、河流、矿藏等）、劳动对象和劳动设施（原材料、能源、机器、厂房等）。生产资料市场是实现社会再生产的前提条件，开拓生产资料市场对促进整个国民经济的发展，实现国家经济发展战略具有重要意义。

此外，市场还可以按其他标准分为：金融市场、技术市场、服务市场、房地产市场、劳动力市场、文化市场等。

（三）市场的功能

市场的功能是市场活动所具有的内在属性。具体表现在以下几方面：

1. 交换功能

在市场经济条件下，商品的销售和购买都是通过市场交换进行的。市场交换促成商品所有权在各当事人之间转移，实现商品所有权的交换。这种促成和实现商品所有权交换与实体转移的活动，是市场的基本功能。

商品交换是自古以来一切社会普遍存在的经济社会现象。因为，交换能使交换各方获得报酬或利益，它能满足人们的某种需要，促进社会发展和社会进步。马克思认为，物质交往是物质生产得以实现的前提。物质生产从来就是社会性的生产，它必须以许多个人共同活动为前提，而这种共同活动只有通过物质交往才能实现。

2. 反馈功能

在交换活动中产生的大量市场信息，通过市场传递给交换当事人，这是市场的反馈功能。信息是决策的依据，市场的信息反馈功能，为国家宏观经济决策、企业生产经营决策和消费者购买决策提供了重要依据。随着信息化程度的提高，市场的信息反馈功能愈显重要。

3. 调节功能

调节功能是通过价值规律、竞争规律、供求规律的作用等实现的。它要求经营者学习规律、研究规律，按规律开展市场营销活动。

4. 价值实现功能

商品价值只有在市场交换中才能实现。

5. 便利功能

市场为各类社会主体实现自身利益提供了诸多便利条件。

⊠ 相关链接

顺应加快推进国家治理体系和治理能力现代化的要求，加快形成高效规范、公平竞争的国内统一市场，发展高水平交易市场，破除商品要素跨区域流通壁垒，完善统一的流通标准规则，提高市场运行和流通效率，降低全社会交易成本，促进产需顺畅衔接。一是推动建设高标准市场体系。加快消除各类市场封锁和地方保护，建立破除市场准入隐性壁垒工作机制，健全公平竞争审查机制，增强公平竞争审查制度刚性约束。建立健全现代监管体系，统一市场监管，加强和改进反垄断与反不正当竞争执法。二是健全现代流通体系。加快发展现代物流体系，构建现代物流基础设施网络，加强重要商品储备库、农产品冷链物流设施建设，加强应急物流建设。三是深化要素市场化配置。健全城乡统一的建设用地市场，推动经营性土地要素市场化配置。加快建立协调衔接的劳动力、人才流动政策体系和交流合作机制，推动劳动力要素有序流动，促进资本市场健康发展。大力发展知识、技术和数据要素市场。

摘自"十四五"规划《纲要》解读

（四）市场经济

市场经济（Market Economy）是指通过市场配置社会资源的经济形式。市场经济的实质是交换经济。市场经济中的一切经济关系归根结底是商品交换关系，通过交换实现商品价值和企业的社会价值。参与商品交换的组织或个人称为市场主体。

市场经济是最具效率和活力的经济运行载体。当今，全世界绝大多数国家实行市场经济。1992 年中共十四大提出发展社会主义市场经济。2002 年中共十六大提出建成完善的社会主义市场经济体制和更具活力、更加开放的经济体系。

在社会主义市场经济下，各市场主体依法自主经营，平等地参与市场竞争，为建设富强民主文明和谐美丽的社会主义现代化强国而奋斗。

【初心茶坊】

社会主义市场经济体制是中国特色社会主义的重大理论和实践创新，是社会主义基本经济制度的重要组成部分。改革开放特别是党的十八大以来，我国坚持全面深化改革，充分发挥经济体制改革的牵引作用，不断完善社会主义市场经济体制，极大调动了亿万人民的积极性，极大促进了生产力发展，极大增强了党和国家的生机活力，创造了世所罕见的经济快速发展奇迹。

（摘自《中共中央国务院关于新时代加快完善社会主义市场经济体制的意见》）

二、正确认识市场营销

（一）什么是市场营销

随着市场营销学的产生，关于市场营销（Marketing）的定义也有许多描述。主要观点如下：

（1）市场营销是与市场有关的人类活动，即以满足人类各种需要和欲望为目的，通过市场，变潜在交换为现实交换的活动。

（2）市场营销是创造和满足顾客的艺术。

（3）美国市场营销协会（AMA）：市场营销是引导产品或劳务从生产者流向消费者的企业营销活动（1960）；市场营销是对创意、商品和服务的概念、定价、促销和分销进行策划和执行的过程，以便推动和促进能够实现个人和组织目标的交易（1985）。

（4）2013 年 7 月，美国市场营销协会董事会一致认为：市场营销是在创造、沟通、传播和交换产品中，为顾客、客户、合作伙伴以及整个社会带来价值的一系列活动、过程和体系。

（5）日本市场营销协会：市场营销是包括教育机构、医疗机构、行政管理机构等在内的各种组织，基于与顾客、委托人、业务伙伴、个人、当地居民、雇员及有关各方达成的相互理解，通过对社会、文化、自然环境等领域的细致观察，而对组织内外部的调研、产品、价格、促销、分销、顾客关系、环境适应等进行整合、集成和协调的各种活动。

（6）菲利普·科特勒：个人或集体通过创造并同别人交换产品和价值，从而使个人或集体满足其欲望或需要的一种社会管理过程（1994）。

（7）卢施和韦伯斯特：市场营销是一种组织能力——引导企业感知、认识和获取并了解顾客和市场，同时提炼出一种价值主张，并在价值共创（共同创造）和企业整体价值提高的过程中将利益相关者整合为一体（2010）。

（8）营销是关于企业如何发现、创造和传送价值以满足一定目标市场的需求，并最终让组织与利益关系人受益的一种组织功能。它同时是一门获取利润的学科。

上述关于市场营销的诸多定义，是不同学者、企业家们在不同时期，从不同角度对市场营销的理解，说明人类对市场营销的探索从未止步。这些研究成果促进了市场营销学理论的不断发展，有利于人们更全面地理解市场营销，也有利于人们更有效地开展市场营销活动。

当今社会，市场营销已广泛渗透到了全社会的每个角落，包括政府和非政府组织，甚至家庭和个人工作、生活中。市场营销理论对每个社会组织（政府机关、企业、事业单位、社会团体等）和个人的行为都具有指导意义。

（二）市场营销活动过程

市场营销活动是由一系列相互联系的具体活动构成的系统。这些具体活动主要包括下列方面：

（1）市场调查。市场调查是市场营销活动的起点。市场营销者通过市场调查活动，搜集市场环境信息。

（2）市场预测。市场预测是对市场调查所得信息进行综合分析，判断市场状态和发展趋势，为市场营销决策服务。

（3）市场细分。在市场调查的基础上，按照一定标准把市场划分为若干消费者群，形成若干细分市场。

（4）选择目标市场。通过对各细分市场的分析，选择适合于企业的细分市场。

（5）进行市场定位。确定企业、产品在市场上的竞争优势。

（6）制订市场营销组合方案。针对目标市场的特点制订营销方案。

（7）执行市场营销组合方案。通过营销组织、营销计划、营销人员等，全面实施营销方案。

三、市场营销组合及其特点

市场营销组合是指企业依据营销环境的变化，根据自身的能力，在选定的目标市场上通过对可控制的各种营销因素进行系统性设计和优化配置。不同的市场营销组合会形成不同的市场营销方案。有效的市场营销组合使各种营销因素协调配合，扬长避短，发挥优势，提高企业竞争力，以取得更好的经济效益和社会效益。

市场营销组合理论主要研究和分析可变因素对企业营销活动的影响，指导企业根据营销环境、目标市场的特点，结合企业自身情况，进行若干因素的组合，以实现营销目标。

（一）市场营销组合的特点

1. 可控性

可控性是指在营销活动中，企业对那些自己可以改变、能够影响的营销因素，积极主动地进行调整，优化配置。企业运用自主经营权，在调整可控因素变量时，必须关注不可控因素的变化和各目标市场的变动趋势及特点，同时要和企业的市场定位策略相协调。

2. 复合性

市场营销组合是一个系统，市场营销组合中的每一因素又是由诸多复杂的子因素构成的系统。如产品因素包括了产品的产地、质量、品牌与商标、包装、服务、市场生命周期、新产品开发等因素及其组合。在一个市场营销组合中，某一子因素的改变，必然要求该组合中其他因素随之变化，并引起整个组合变化。所以，企业不但要重视营销组合中的各因素的组合关系，而且要研究每个因素中的子因素的组合。

3. 统一性

企业营销组合策略是根据目标市场的特点，由多个要素构成的系统。在这个系统内部，各要素之间以及各子要素内部应保持相互协调。在系统观念的指导下，市场营销活动要保持营销组合的一致性和整体性。

4. 动态性

每一个营销组合是在对外部环境分析的基础上，根据目标市场的特点而制订的营销方案。如果营销环境或目标市场发生变化，则原来制订的市场营销组合方案也必须改变。营销组合的动态性要求企业对市场环境、企业自身等各方面的变化保持高度的敏感性，及时调整自己的营销组合方案。营销组合的调整过程就是营销方案的创新过程。只有不断创新，才能提高竞争力。

（二）市场营销组合的主要理论

1. 4P 理论

1960 年，美国学者杰罗姆·麦卡锡（Mccarthy）在《基础营销学》一书中提出以"产品（Product）、价格（Price）、渠道（Place）和促销（Promotion）"为基础的四因素营销组合理论。由于四个因素的第一个英文字母均为"P"，所以，营销学者一般称之为"4P"营销组合理论。

（1）产品。市场营销学研究产品的整体概念和企业的产品组合策略。前者指产品的品质、功能、材料、体积、特色、式样、规格、品牌、包装、服务等。后者指企业所经营的产品结构等。

（2）价格。价格是影响消费者行为和市场需求的关键因素之一。市场营销学在研究价格因素的基础上，主要研究产品的定价目标、定价方法、定价策略和价格调整策略等。

（3）渠道。市场营销学研究分销渠道模式、中间商选择、渠道策略、调整与协调管理、实体分配等。

（4）促销。市场营销学研究人员推销、广告、营业推广、公共关系等策略。

市场营销者在综合上述四个因素的基础上，最终形成企业的产品策略、价格策略、渠道策略和促销策略。

2. 6P 理论

6P 理论是在 4P 理论的四因素基础上加了"政治权力（Political Power）与公共关系（Public Relation）"形成的"4P＋2P"营销组合理论。由于六个因素的第一个英文字母均为"P"，所以，营销学者一般称之为"6P"营销组合理论。

（1）政治权力。市场营销活动得到权力部门的支持，进入市场。如制药企业希望把某种新药品打入市场，就必须获得药品管理部门的批准。

（2）公共关系。市场营销者利用各种传播媒介与目标市场的公众建立、发展关系，以塑造市场营销者的良好公众形象。公共关系强调社会舆论的力量，而舆论力量的形成需要长期不懈的努力。

3. 4C 理论

4P 理论认为，只要制订好 4P 组合方案，就能实现企业营销活动的目的。但是，随着市场环境的变化，消费者需求的个性化、多样化等趋势日益凸显，传统的 4P 理论已不适应这种新变化。为此，20 世纪 90 年代美国营销专家罗伯特·劳特朋（Robert Lauterborn）从消费者角度出发提出了与 4P 理论相对应的"消费者（Customer）、成本（Cost）、便利（Convenience）、沟通（Communication）"四因素市场营销组合理论。由于四个因素的第一个英文字母均为"C"，所以，营销学者一般称之为"4C"营销组合理论。现代市场营销活动过程是"4C＋4P"两种组合方式相互协调，进而形成新组合的过程。

（1）消费者。市场营销活动应以消费者为中心，而不是以产品为中心，消费需求和欲望的满足比产品功能更重要。所以，进行市场营销活动，要研究消费者需求和欲望，为消费者提供优质服务，实现消费者全面利益，让消费者满意。

（2）成本。根据企业的生产成本和顾客总成本，制定合理的产品价格，并让企业实现盈利。其中，顾客总成本包括货币成本、时间成本、精神成本和体力成本等。在市场营销活动中，要制定消费者能接受的市场价格，而不是企业决定的价格。所以，企业要实现合理利润，就要提高管理水平，努力降低顾客购买的总成本。

（3）便利。便利性贯穿于企业营销活动始终。如：自由选购、方便停车、免费送货、信息反馈、消费投诉、退换与维修等。所以，企业在策划、建立分销渠道及网络时，要方便顾客，为顾客提供最大的购物和使用便利。

（4）沟通。以沟通替代促销，强调市场营销活动过程是企业与顾客进行积极有效的双向沟通过程。双向沟通有利于协调矛盾、建立感情、培养忠诚的顾客，实现互利双赢。

4. 4R 理论

4R 理论是美国学者唐·E. 舒尔兹提出的新营销理论：即以"市场反应（Reaction）、顾客关联（Relativity）、关系营销（Relationship）和利益回报（Retribution）"为主要内容的四因素组合。由于四个因素的第一个英文字母均为"R"，所以，营销学者一般称之为"4R"营销组合理论。这是以关系营销为核心，以竞争为导向的营销理论。

（1）市场反应。市场营销者要及时倾听顾客的希望、渴望和需求，并及时答复，迅速反应，满足顾客的需求。

（2）顾客关联。企业与顾客是命运共同体。在竞争性市场环境中，企业要以现代营销观念为基础，建立市场营销者与顾客互助、互求、互需的关系，培养并提高顾客的忠诚度，赢得长期而稳定的市场。

（3）关系营销。市场营销者要与顾客建立长期而稳固的关系，在相互信任的关系中开展营销活动，并把顾客变成朋友。

（4）利益回报。企业要在营销活动中实现自身利益。

5. 4V 理论

4V 理论是指"差异化（Variation）、功能化（Versatility）、附加价值（Value）和共鸣（Vibration）"的营销组合理论。由于四个因素的第一个英文字母均为"V"，所以，营销学者一般称之为"4V"营销组合理论。4V 营销理论认为企业要实施差异化营销。

（1）差异化。美国管理学家彼得·德鲁克认为企业的宗旨只有一个，那就是创造顾客。从某种意义上说，创造顾客就是创造差异。企业在营销活动中要实现产品差异化、市场差异化和形象差异化。

（2）功能化。产品一般包括核心功能、延伸功能、附加功能等三个层次。营销活动中应根据消费者的不同需求，提供不同功能的系列化产品。以方便消费者根据自己的习惯、能力选择具有相应功能的产品。营销者不提倡企业生产多功能或全功能化产品。

（3）附加价值。企业产品的价值由基本价值与附加价值两部分组成。前者是由生产和销售某产品所付出物化劳动和活劳动的消耗所决定。后者则由技术附加、营销附加和企业文化与品牌附加构成。现代市场发展趋势是，基本价值在价值构成中的比重将逐步下降，附加价值在价值构成中的比重进一步上升。因而，"附加价值化"是现代营销理念的重心。

（4）共鸣。它强调将企业的创新能力与消费者所珍视的价值联系起来。通过企业价值创新给消费者或顾客带来"价值最大化"，给企业带来"利润极大化"。在这个不断变革的时代，只有实现企业经营活动中各个构成要素的价值创新，才能最终实现消费者的"价值最大化"和企业"利润极大化"，使企业与消费者之间产生共鸣。

四、市场营销相关重要概念

根据菲利普·科特勒关于市场营销的定义，结合新媒体时代市场营销理论的发展，可将市场营销的核心概念列举如下：

（一）需要、欲望和需求

1. 需要（Demand）

需要是有机体内部的一种不平衡状态，是人类没有得到某些基本满足的感受状态。它是客观存在于人们的生理或心理中。如：人类对衣、食、住、行、美、安全等的需要。需要是市场营销活动的起点。人的购买行为是在需要的推动下进行的。市场营销者要不断发现、研究人的需要。

2. 欲望（Want）

欲望是指人迫切地期望得到某些基本需要的具体满足物时的愿望。即："需要而没有。"欲望因需要而产生，消费者的欲望越强烈，其购买行为越积极。消费者的欲望受内部和外部因素的影响，同时会随着各种影响变量的变化而变化。消费者的欲望具有多样性、无限性。市场营销者要通过一系列有针对性的营销策划及活动的实施，刺激、引导、影响消费者产生强烈的购买欲望。研究消费者购买欲望和刺激购买欲望是市场营销者的职责之一。定位理论创始人杰克·特劳特说："消费者的心是营销的终极战场。"

3. 需求（Needs）

需求是人们有能力购买并愿意购买某种具体产品的欲望。强烈的需要欲望和一定的货币支付能力是需要转化为需求的两个必备条件。市场营销工作者不但要研究和发现消费者的需要，刺激消费者的购买欲望，而且要通过产品定价、金融服务、支付方式等的策划，提高消费者的支付能力。

（二）产品

从市场营销的角度看，产品（Product）是企业提供给市场，并用来满足人们需要与欲望的"一切"。产品包括有形产品与无形产品。如：汽车、食品、知识、服务、策划方案等（本教材将在"项目五制定产品策略"中详细分析说明）。

（三）交换和交易

1. 交换（Exchange）

交换是市场营销活动的本质，也是市场营销学的核心。它是指人们通过提供某种东西作为回报，从别人处获得自己所需产品的过程。建立在平等互利基础上的交换是人们实现自身需要的正道。实现交换的条件是：每一方均拥有对方想要的产品；每一方均可以沟通信息和传送货物；每一方均可以自由接受或拒绝对方的产品；每一方均满意于与对方的交换。营销活动过程就是为了促成上述五个条件的生成，进而顺利实现交换。

2. 交易（Transactions）

交易是一个通过谈判达成协议的过程。交易是交换活动的基本单元，是由交换各方之间的价值交换所构成的行为。

（四）效用、价值和满意

1. 效用（Utility）

一般地，效用是指消费者通过消费使自己的需求、欲望等得到满足的一个度量。即：消费者从消费某种物品中所得到的满足程度。它是消费者的一种主观心理评价。

2. 价值（Value）

在经济学中，价值是商品的重要性质，它通常通过特定的货币来衡量，成为价格。它是消费者为取得一定效用的商品所支付的费用，是消费者选购产品的重要影响因素。消费者通过学习、收集与产品相关的功能、特性、品质、品种与式样等信息，进行比较分析，最终做出价值判断，这是消费者愿意付出的代价。当商品的效用大于其价格时，就容易达成交易。

3. 满意（Satisfaction）

满意是顾客对购买和消费的产品所提供的效用与其主观期望比较的一种感觉状态。产品效用与主观期望完全吻合，则满意；产品效用与主观期望吻合度低，则不满意；产品效用超出主观期望，顾客就会高度满意。顾客满意是企业最大的营销财富。而满意度取决于是顾客让渡价值大小。

顾客让渡价值是指企业转移的，顾客感受得到的实际价值。即：

$$顾客让渡价值 = 顾客总价值 - 顾客总成本$$

顾客总价值是指顾客购买某一产品与服务所期望获得的一组利益。它由产品价值、服务价值、人员价值、形象价值等构成。

顾客总成本是指顾客为购买某一产品所耗费的时间、精神、体力和支付的货币资金等。它由货币成本、时间成本、精神成本、体力成本等构成。

顾客在选购产品时，通过对价值与成本两个方面的比较分析，从中选择"让渡价值"最大的产品。为此，企业的营销策略是以实现顾客利益为根本，向顾客提供比竞争对手具有更多"顾客让渡价值"的产品，以提高顾客的满意度。具体方式是：改进产品、服务、人员与形象，提高产品的总价值；降低生产与销售成本，减少顾客购买产品的时间、精神与体力的耗费，降低货币与非货币成本。

（五）市场营销者、关系

1. 市场营销者（Marketers）

市场营销者是从事市场营销活动的组织或个人。市场营销者既可以是卖方，也可以是买方。买卖双方中积极寻求交换的一方就是市场营销者。

2. 关系（Relationships）

关系是指企业与顾客、分销商等建立长期、信任和互利的关系。处理上述关系有利于建立企业的市场营销网络。关系营销可以减少交易费用、时间，提高交易效率。

（六）数字营销、体验营销和互动营销

1. 数字营销（Digital marketing concept）

数字营销就是企业借助网站、社交媒体、在线视频及其数字平台，与消费者在线上直接接触以获得即时响应，建立持久的客户关系，让消费者通过电脑、智能手机、平板电脑、互联网电视及其他数字设备随时随地交流互动，借以将适当的产品或服务以适当的价格送达消费者的过程。

2. 体验营销（Experiential Marketing）

企业通过让顾客看（See）、听（Hear）、用（Use）、参与（Participate）等手段，刺激目标顾客的感觉（Sense）、情感（Feel）、思考（Think）、行动（Act）和关联（Relate）等感性因素和理性因素，帮助其亲身体验企业提供的产品或服务，以激发顾客兴趣和购买欲望的一种营销方式。

3. 互动营销（Interactive Marketing）

企业在营销过程中通过各种途径让顾客参与，充分利用消费者的意见和建议，用于产品开发，生产出真正适销对路的产品。互动营销强调，双方都采取一种共同的行为，达到互助推广、营销的效果。

五、市场营销管理的任务

市场营销管理是企业为了实现营销目标，在复杂多变的环境下，对市场营销活动过程进行策划、组织、领导、实施、控制、创新等一系列活动的总称。市场营销管理的任务是企业根据市场需求特点，通过有效的营销策划和实施，调整需求水平、需求时间，协调供

求关系，实现企业和消费者的利益需求。所以市场营销管理的实质是需求管理。

（一）转变性市场营销

转变性市场营销是市场营销者针对市场出现的负需求而实施的营销管理方式。

负需求是指市场上众多消费者不喜欢甚至厌恶某种产品或服务，拒绝购买的一种需求状态。针对这种需求状态，市场营销管理的任务是实施转变性市场营销。具体营销策略是：通过市场调查，分析负需求产生的原因，有针对性地重新设计，改善工艺，调整价格，有效沟通、积极促销等，制订新的营销策划方案，转变消费者的态度，将负需求变为正需求。

（二）激发性市场营销

激发性市场营销是市场营销者针对市场出现的无需求而实施的营销管理方式。

无需求是指消费者对产品不感兴趣，无购买欲望的一种需求状态。针对这种需求状态，市场营销管理的任务是实施激发性市场营销。具体营销策略是：通过创新营销方式，把产品的功能、利益与消费者的需求、兴趣、利益结合起来，引导消费者全面了解产品的特点，刺激消费者的购买欲望。

（三）开发性市场营销

开发性市场营销是市场营销者针对市场出现的潜在需求而实施的营销管理方式。

潜在需求是指消费者有现实需求，或对市场上现有产品或服务不满意，或消费者自身的客观原因，致使当前尚不能实现的一种需求状态。针对这种需求状态，市场营销管理的任务是实施开发性市场营销。具体营销策略是：通过调查，了解消费者的需求特点、规模和消费者需求变化趋势，完善现有产品和服务，开发新产品和新服务，帮助消费者解决购买中的困难，变潜在需求为现实需求。

（四）重振性市场营销

重振性市场营销是市场营销者针对市场出现的下降需求而实施的营销管理方式。

下降需求是企业产品的市场需求下降的一种需求状态。针对这种需求状态，市场营销管理的任务是实施重振性市场营销。具体营销策略是：分析需求下降的原因，有针对性地改变产品特性，寻找新卖点，进入新的目标市场，通过有效沟通和促销等手段刺激消费需求。

（五）协调性市场营销

协调性市场营销是市场营销者针对市场出现的不规则需求而实施的营销管理方式。

不规则需求是企业产品因季节或月份等时间变换而使需求量上下波动的一种需求状态。针对这种需求状态，市场营销管理的任务是实施协调性市场营销。具体营销策略是：一方面企业应当根据市场波动规律，调整生产时间和规模；另一方面通过价格调整、营销推广、寻找新目标市场等方式来改变需求模式。如鼓励人们淡季购买等。

（六）维持性市场营销

维持性市场营销是市场营销者针对市场出现的充分需求而实施的营销管理方式。

充分需求是市场对企业产品的需求水平符合预期的一种需求状态。这是一种理想的市场需求状态。针对这种需求状态，市场营销管理的任务是实施维持性市场营销，防止销售下滑。具体营销策略是：关注市场需求变化和消费者的满意程度，完善现有营销策略，继续提高产品质量和服务质量，保持合理的价格水平，稳定销售渠道和人员，维持现有需求状态。

（七）限制性市场营销

限制性市场营销是市场营销者针对市场出现的过量需求而实施的营销管理方式。

过量需求是市场需求水平超出了企业供应能力或企业愿意供应的水平，而出现的产品供不应求的一种需求状态。针对这种需求状态，市场营销管理的任务是实施限制性市场营销。具体营销策略是：提高价格，减少促销力度，减少销售网点，实行限购措施或寻找暂时或永久地减少需求的办法。如疫情期间，许多旅游景点、酒店等限量接待游客，接待数量不能超过平日最大接待量的 50%。同时，企业应当积极解决造成供应不足的技术、管理、资源等问题，为市场需求水平的不断提升做准备。

（八）抵制性市场营销

抵制性市场营销是市场营销者针对市场出现的有害需求而实施的营销管理方式。

有害需求是市场上出现的对有害产品或服务的一种需求状态。如：酒、毒品、烟、色情电影、假冒伪劣产品、不符合环保要求的产品等。针对这种需求状态，市场营销管理的任务是实施抵制性市场营销。具体营销策略是：配合国家政策，广泛宣传有害产品的危害性，提高价格、减少购买机会等。宣传产品的知识和消费知识，引导人们树立正确、健康的消费观。遵守国家法律，不生产、不销售有害产品。

【初心茶坊】

销售者的产品质量责任和义务

销售者应当建立并执行进货检查验收制度，验明产品合格证明和其他标识；销售者应当采取措施，保持销售产品的质量；销售者不得销售国家明令淘汰并停止销售的产品和失效、变质的产品；销售者销售的产品的标识应当符合本法第二十七条的规定；销售者不得伪造产地，不得伪造或者冒用他人的厂名、厂址；销售者不得伪造或者冒用认证标志等质量标志；销售者销售产品，不得掺杂、掺假，不得以假充真、以次充好，不得以不合格产品冒充合格产品。

（摘自《中华人民共和国产品质量法》）

扫一扫

市场营销观念

任务二　营销观念

一、营销观念的概念、地位和意义

营销观念是企业市场营销活动的指导思想，也称企业的营销理念或营销哲学。营销观念的核心是企业在营销活动中如何处理企业、社会和顾客三方的利益关系。营销观念在企业营销活动中起支配和指导作用，企业的所有营销制度、营销行为都是在其营销观念的指导下实施的。它对企业的经营、发展有重大的影响力，关系企业经营成败。

日本"经营之神"松下幸之助认为，经营理念是指公司是为了什么而存在？应该本着什么目的，用怎样的方法去经营？树立经营理念是企业成功的关键，是创业的基础，是企业的奋斗目标，是正确有效地发挥人员、技术和资金作用的基础。利润是进行健全企业活动中不可缺少的重要因素，但不是企业的根本目的。企业的根本目的是提高人们的共同生活，为社会创造更多的福利。"在事业经营中，诸种因素都很重要，如技术力量、销售能力、资金的作用以及人员等。但最根本、最重要的乃是正确的经营观念。只有以正确的经营观念为基础，人员、技术、资金才能真正地发挥效力。从另一方面讲，企业有了正确的经营观念，也就易于从中产生出这些人员、技术、资金等。所以，为了经营的健全发展，应当首先从确立经营观念做起。这是我自己经历六十年的体验亲身体会得出的结论。"

✉ **相关链接**

价值观是企业的根基

什么样的企业才能应对变化？法国里昂商学院副校长、亚洲校长王华的观点是那些居安思危、未雨绸缪的企业。

成功的企业往往有一个成功的价值观，并且能够代代传承与坚守，这是企业永续经营的重要部分。价值观会像宗教一样，深刻烙印在员工的心中。

西方有很多存续了几百年的家族企业，花大量的时间和精力，静心做好产品，做好企业的文化，而不是把精力放在赚快钱上。虽然有不少家族企业交由职业经理人在管理，价值观成为连接家族成员与职业经理人和员工的纽带，让企业在品质和扩张之间保持平衡，让品牌的文化内涵得以保留。

而随着中国企业的发展，也出现了一批坚守价值观的企业家，知道企业核心的价值是什么。海尔集团董事长张瑞敏主动把不合格的冰箱砸了，当组织还在稳定盈利时，主动拆解成小微组织。青岛酷特智能主动放弃传统的服装加工方式，采用信息化手段首开定制先河。方太亦是追求稳扎稳打，通过发展自主知识产权与进口高端品牌竞争，以此实现可持续经营能力。

无论是传统企业转型还是前沿科技在商业中的应用，价值观和商业伦理都在企业的发展中起着关键的作用，并将持久深入地影响企业的发展。

（摘自《商学院》2019 年 1 期）

二、营销观念的演变

企业营销观念是随着生产力、市场环境和人们对市场营销活动的认识等的变化而演变的。这一演变经历了生产观念、产品观念、推销观念、市场营销观念和社会市场营销观念等阶段。营销学上通常把前三个阶段称为传统营销观念或旧观念，把后两个阶段称为现代营销观念或新观念。营销观念的每一次演变都推动着市场营销的发展，并促进市场营销模式的改变。现代市场营销理论是建立在现代市场营销观念基础上的科学。

（一）传统营销观念

1. 生产观念

生产观念是企业以生产为中心的经营思想。具体表现是企业重生产轻市场，企业奉行"以产定销""能生产什么就销售什么"的信条。生产观念盛行于 19 世纪末 20 世纪初的西方国家（主要是美国）。

生产观念产生的背景有二：一是当时全社会生产力水平低，市场处于卖方市场阶段，市场供不应求，企业只有提高生产率，增加产量（而不是产品的品种、功能等），就能获得巨额利润；二是产品成本高，只有提高生产效率，才能降低成本，增加销售。

在生产观念指导下，企业的中心任务是组织和利用所有资源，集中一切力量改进技术，提高生产效率，增加产量，降低成本，扩大分销效率，扩大市场。企业不重视销售，更不关注消费者需求的变化。

✉ **相关链接**

汽车大王的经营观

福特（Ford）汽车公司是世界上最大的汽车生产商之一，成立于 1903 年。

亨利·福特去参观屠宰场，看见一整头猪被分解成各个部分，分别出售给不同的消费群体。受此影响，福特脑海中产生了灵感，为什么不能把汽车的制造反过来，将汽车的生产像屠宰场的挂钩流水线一样，把零部件逐一安装起来，就可组装成整车。福特把他的想法付诸实践，由原来单件小批量的生产转变成大批量生产，生产效率大幅度提高。其生产的黑色T型车产量大大增长，财富也高度积聚。1926年，福特汽车的产量占美国汽车产量的50%。

福特汽车曾长期实行以产定销。福特说：不论顾客需要什么类型的车，我的车都是黑色的。并以"黑色车"作为福特汽车公司的象征。结果在T型车竞争中失利，1927年终于停产。

2. 产品观念

产品观念是企业以产品为中心的经营思想。具体表现是：企业重产品轻市场需求。产品观念认为，在同一价格水平下，消费者更喜欢高质量、多功能和有特色的产品。所以，企业只要生产技术水平高、质量高、设计美、工艺精、有特色的产品，就会有销路。

与生产观念一样，产品观念忽视了市场需求的多样性和动态性，最终导致"营销近视症"。

✉ 相关链接

爱尔琴手表公司的营销观念

爱尔琴手表是美国一家有百年历史的企业，一直享有全美国最佳手表厂商的声誉。该公司一直把重点放在保持其优质产品的形象，并通过首饰店和百货公司组成的分销网销售，销售量呈上升势态。但1958年后，其销售量和市场份额开始下降，是什么原因使公司的优势地位受到威胁呢？根本原因就是该公司的当权者的注意力主要放在生产优质手表上，以至于根本没注意手表消费市场需求的变化，消费者对手表必须走时十分精确、名牌、使用一辈子的观念失去兴趣，他们所期望的手表是走时准确、造型优美、价格适中，追求方便性、经济性。该行业的其他竞争者已掌握了需求变化，推出了低价手表。爱尔琴公司的问题在于将注意力都集中在产品身上，而忽略了需求的变化并未对此做出反应。

3. 推销观念

推销观念是以销售为中心的经营思想。企业的重点是如何将产品销售出去。这一观念盛行于20世纪30—40年代的西方国家。推销观念产生的背景：一方面，生产力水平和生产效率提高，产量增加，市场竞争加剧，社会经济由"卖方市场"向"买方市场"过渡；另一方面，经营者认为消费者通常表现出一种购买惰性或抗拒心理，一般不会主动足量购买某一企业的产品，需要企业去说服、感化，实施强力推销。所以，为了提高销售，企业坚持以销售为中心，成立销售机构，雇用推销专家，研究推销技术，培训销售人员，大力进行广告促销，以刺激和诱导消费者购买本企业产品。

（二）现代营销观念

现代营销观念是总结传统营销观念，并在继承其合理内核的基础上形成的以人为本的管理思想在营销管理中的体现。

1. 市场营销观念

市场营销观念是以消费者为中心的经营思想，也称为以消费者为中心的营销观念、以市场为中心的营销观念等。市场营销观念是美国通用电气公司的约翰·麦克金于1957年首先提出的。市场营销观念产生的背景是：20世纪50—60年代，第三次科技革命兴起，市场经济迅速发展，生产力水平进一步提高，社会产品极大丰富，"买方市场"已经形成，市场竞争激烈，消费者需求不断变化，而且消费者有更多的选择商品和服务的机会。

市场营销观念认为，消费者的需求及其变化是推动企业活动的核心，认识市场和消费者是企业整个营销活动的起点，只有了解消费者需求及其变化趋势，并满足这些需求，企业才能长期发展。为此，企业营销活动要贯彻"顾客至上"的原则，重视并实施市场调查和分析，准确把握目标市场的需要和欲望，以消费者为中心，向目标市场提供消费者所期望的产品，更好地实现消费者利益。因而，一些企业在营销活动中提出了"哪里有消费者的需要，哪里就有我们的机会""顾客永远是正确的"和"一切为了顾客的需要"等口号。

电话发明人亚历山大·格雷厄姆·贝尔于1877年创建了美国贝尔电话公司。该公司的一则广告充分体现了以消费者需求为中心的营销观念。它诠释了市场营销观念的核心内涵："现在，今天，我们的中心目标必须针对顾客。我们将倾听他们的声音，了解他们所关心的事，我们重视他们的需要，并永远先于我们自己的需要，我们将赢得他们的尊重。我们与他们的长期合作关系，将建立在互相尊重、信赖和我们努力行动的基础上。顾客是我们的命根子，是我们存在的全部理由。我们必须永远铭记，谁是我们的服务对象，随时了解顾客需要什么、何时需要、何地需要、如何需要，这将是我们每一个人的责任。现在，让我们继续这样干下去吧，我们将遵守自己的诺言。"

【行业典范】

"250定律"

美国著名推销员乔·吉拉德认为每一位顾客身后，大体有250位亲朋好友。如果你赢得了一位顾客的好感，就意味着赢得了250个人的好感；反之，如果你得罪了一位顾客，也就意味着得罪了250位顾客。

诚实，是推销的最佳策略，而且是唯一的策略。推销过程中需要说实话，一是一，二是二。说实话往往对推销员有好处，尤其是推销员所说的，顾客事后可以查证的事。乔·吉拉德说："任何一个头脑清醒的人都不会卖给顾客一辆六汽缸的车，而告诉对方他买的车有八个汽缸。顾客只要一掀开车盖，数数配电线，你就死定了。"

✉ 相关链接

营销人员要依法维护消费者权利

经营者与消费者进行交易，应当遵循自愿、平等、公平、诚实信用的原则。国家保护消费者的合法权益不受侵害。保护消费者的合法权益是全社会的共同责任。

消费者的权利：消费者在购买、使用商品和接受服务时享有人身、财产安全不受损害的权利；消费者享有知悉其购买、使用的商品或者接受的服务的真实情况的权利；消费者享有自主选择商品或者服务的权利；消费者享有公平交易的权利；消费者因购买、使用商品或者接受服务受到人身、财产损害的，享有依法获得赔偿的权利；消费者享有依法成立维护自身合法权益的社会组织的权利；消费者享有获得有关消费和消费者权益保护方面的知识的权利；消费者在购买、使用商品和接受服务时，享有人格尊严、民族风俗习惯得到尊重的权利，享有个人信息依法得到保护的权利；消费者享有对商品和服务以及保护消费者权益工作进行监督的权利。

（摘自《中华人民共和国消费者权益保护法》）

2. 社会市场营销观念

社会市场营销观念是对市场营销观念的补充和完善。社会市场营销观念产生的背景有二：一是20世纪70年代，西方社会的资源短缺与浪费、通货膨胀、失业增加、生态危机、环境污染、消费者运动盛行等一系列社会问题日益严重；二是市场营销观念的发展一定程度上实现了消费利益，但却忽视了消费者需要、消费者利益与社会长期利益之间的矛盾和冲突，社会上也出现了一些企业损害消费者利益，威胁消费者安全等欺诈行为。据此杰拉尔德·蔡尔曼和菲利普·科特勒提出了社会市场营销观念的概念。它要求人们在市场营销活动中更加关注社会利益。

社会市场营销观念要求企业在营销活动中，不但要满足消费者个别和当前需求，而且要符合消费者长远利益、整体利益，关注全社会长远利益。

✉ 相关链接

博迪商店（The Body shop）

1976年，安妮塔·罗迪克在英国的布莱顿开了一家博迪商店，那是一家极小的销售小包装化妆品的商店。现在，博迪商店在47个国家建立了自己的分支机构。该公司只生产和销售以植物配料为基础的化妆品并且其包装是可回收利用的。该公司化妆品的配料以植物为主并多数来自发展中国家。所有产品的配方均非采用动物试验。公司还通过非贸易援助使命组织帮助发展中国家，捐款给保护雨林组织，帮助妇女和艾滋病事业活动，以及为回收建立示范。可是，像许多力图承担社会责任和获取利润的商业企业一样，博迪商店已经面临强烈的对其伦理的质疑。另外，它也是自己成功的牺牲者，而且可能会受更年轻和更有活力的产品的冲击而被挤到市场边缘。诸如巴齐-波蒂（Bath & Body）工厂、Aveda和Origins，这些竞争者都没有受到昂贵的社会使命困扰。随着商店销售额的下降，尤其是在美国，摇摆中的博迪商店推出了一些新的管理和营销活动。

3. 全球市场营销观念

随着全球经济一体化的发展，更多企业拓展国际市场，参与国际竞争，企业进入了全球化市场营销时代。全球市场营销观念是指导企业在全球开展市场营销活动的一种营销观念。

在全球市场营销观念指导下，市场规模和潜力更大，市场环境的差异性更多、更显著，市场变化、市场风险、市场营销管理问题更复杂。

4. 绿色营销观念

绿色营销观念是指企业以环境保护为指导思想，以绿色文化为价值观念，以消费者的绿色消费为中心和出发点的营销观念。绿色营销是因适应21世纪的消费需求而产生的，是在消费者追求健康、安全、环保的意识形态下所发展起来的新的营销方式和方法。它要求企业在营销活动中实现自身利益、消费者利益和环境利益相协调，既要满足消费者需求，实现企业利益，也必须充分注意自然生态平衡。企业在产品设计、生产、营销等活动中，都要以保护生态环境为前提，维护人类社会的长远利益。

扫一扫

绿色发展与
绿色营销

【初心茶坊】

积极践行绿色生产生活方式

绿色发展、生态道德是现代文明的重要标志，是美好生活的基础、人民群众的期盼。要推动全社会共建美丽中国，围绕世界地球日、世界环境日、世界森林日、世界水日、世界海洋日和全国节能宣传周等，广泛开展多种形式的主题宣传实践活动，坚持人与自然和谐共生，引导人们树立尊重自然、顺应自然、保护自然的理念，树立绿水青山就是金山银山的理念，增强节约意识、环保意识和生态意识。开展创建节约型机关、绿色家庭、绿色学校、绿色社区、绿色出行和垃圾分类等行动，倡导简约适度、绿色低碳的生活方式，拒绝奢华和浪费，引导人们做生态环境的保护者、建设者。

（摘自《新时代公民道德建设实施纲要》）

（三）树立现代市场营销观念

1. 传统营销观念与现代营销观念的区别

传统营销观念与现代营销观念的区别主要体现在产生背景、营销出发点、营销目的、营销策略和营销方法等方面，具体见表 1-1。

表 1-1　传统营销观念与现代营销观念的区别

营销观念		产生背景	营销出发点	营销目的	营销策略	营销方法
传统观念	生产观念	卖方市场	企业	企业利益	提高效率，增加产量，降低成本	等客上门
	产品观念	卖方市场	企业或产品	企业利益	提高质量，增加品种、花色	等客上门
	推销观念	卖方市场向买方市场过渡	企业或销售	企业利益	多种销售方式竞争	人员推销广告宣传
现代观念	市场营销观念	买方市场	消费者	实现顾客利益	发现并满足消费者需求，引导消费者	整体营销
	社会市场营销观念	买方市场	消费者需求和社会利益	顾客利益和社会利益	发现并满足消费者需求，兼顾社会利益	整体营销
	全球市场营销观念	买方市场	消费者需求和社会利益	满足全球消费者需求，兼顾社会利益	发现并满足消费者需求，兼顾社会利益	整体营销
	绿色营销观念	买方市场	消费者需求和社会利益	企业利益、消费者利益和环境利益	发现并满足消费者需求，兼顾社会利益	整体营销

2. 树立现代市场营销观念

传统营销观念与现代营销观念既有区别又有联系，现代市场营销观念是在传统营销观念基础上产生、形成并发展的。树立现代市场营销观念需要做到以下几点：

（1）树立现代市场营销观念，要正确认识和肯定传统营销观念在提高产量、降低成本、提高效率和质量、增加品种、宣传促售方面的积极作用。在现代市场营销活动中，应当吸收传统营销观念中的这些思想和方法。

（2）在新技术和市场环境下，研究如何把生产观念与消费者需求、产品观念与消费者求、销售观念与消费者需求和社会利益有效联系起来。以发挥生产观念、产品观念、销售观念在现代市场营销中的作用。

（3）观念是行为的先导。一切从事营销活动的组织和人员都应当学习现代市场营销观念，并用现代市场营销观念指导营销行为。菲利普·科特勒提出了衡量一个企业营销组织机构的优劣的标准，简称"POISE"。它是由：哲学（Philosophy）、组织（Organization）、情报（Information）、策略（Strategy）和效率（Efficiency）的第一个英文字母组成的。其中，"观念"是第一标准。他强调，企业从上到下的工作人员，是否有一心想到顾客的营销哲学。所以，企业要在全体员工中经常进行现代营销观念的教育，引导全员树立现代市场营销观念，时刻关注消费者需求的动态性、差别性、多样性，更好地满足消费者的全面需求，提高顾客的满意度。

⊠ **相关链接**

在数字化时代，信仰"以客户为中心"

面对未来更深刻的数字化变革和复杂的外部环境，只有顺应时势变化，不断变革创新的企业才能经受住时间考验。变化的是时势，不变的是信仰。

面对底层技术与消费者需求的变化，企业正在经历转型与变革。这时企业该坚持怎样的信仰和价值观呢？中国人民大学商学院院长毛基业认为，只有贯穿"以客户为中心"的信仰，在组织架构上快速响应消费者需求，将产品与服务做到极致的企业，才能在激烈的竞争中胜出。

毛基业说："今天的时代是一个数字经济的时代。一切企业、组织与产业都值得用移动互联网，用新的科技重构一遍，企业将经历'二次创业。'"

在毛基业看来，价值型企业能在竞争中脱颖而出，屹立不倒，这种蓬勃生命力源自专注、创新，以及"以客户为中心"的信仰。企业存在的目的是满足消费者需求，其中最具创新能力的企业甚至能够引领与创造消费者需求……

市场在变，消费者也在变。那些善于学习、不断创新、与时俱进、持续改进的企业，定会占据发展先机。

过去企业讲了百余年"以客户为中心"，而对于用户需求的猜测与感知往往是滞后的。彼时，整体市场环境与消费者需求相对稳定，问题并不凸显。目前，企业可以运用各种技术手段，如大数据、用户画像与精准营销等技术，实现实时、全面、精准的用户洞察。

科技越强大，越需要科技伦理来约束企业，使科技更好地服务人类。

企业应坚持"以客户为中心"的信仰。

相关报告显示，从厂商到零售商，消费升级都是发展第一驱动力。消费者更愿意为卓越品质、超凡性能和情感体验买单。

"当客户改变时，企业要做的就是紧跟变化。"在洞察消费者需求上，今天的企业处在最好的时代。毛基业认为，数字经济时代是人类正面临的百年未有之大变局。"数字化转型与组织重构"是当今所有企业面临的最大的机遇和挑战。

企业利用数字化技术，不仅可以"用正确的方法做事"，将原来能做的事效率提高，还可以选择"做正确的事"，即拓展边界，做到原来做不到的事，实现效益，即新产品、新服务，亦即新商业模式。

毛基业总结，企业需要进行的转变，一方面是转变为以客户为中心的服务型响应型企业。另一方面，企业需要转变成为科技型企业。

从长远看，只有兼顾利益相关者，全方位考虑员工、客户、区域与社区等各方面利益，才能实现更高的股东价值。这其实是一个辩证关系。"实现股东利益、企业利益与社会利益的有机统一，企业才能实现健康永续的发展。"毛基业说。

毛基业说："强调利益相关者与社会责任，并上升到企业价值观层面。通过价值认同，与员工和客户建立情感连接，在此基础上形成员工对企业的忠诚度与客户对品牌的忠诚度，将是最难以撼动的力量。"

（摘自《商学院》2020 年 1 期）

任务三　营销人员与营销组织

扫一扫

营销人员
与营销组织

一、营销人员

（一）营销人员的角色

一般意义上讲，由于企业是一个系统，在这个系统中，各部门、各岗位的工作互相影响，每个人的工作最终都对营销效果有直接或间接的影响。所以，企业的所有人员都是营销人员。本书将营销人员界定为与营销活动有直接关系的各岗位的人员。在市场营销活动中，企业的营销人员通常要扮演多种角色，履行相应职责。

（1）调查者。市场调查是营销活动的起点。营销人员在其全部工作活动中，要积极主动，广泛地进行营销环境调查，确保调查信息的针对性、全面性、时效性和准确性。

（2）参谋者。营销人员利用自己的经验、知识和掌握的市场信息做企业营销决策的参谋、营销策划的参谋、顾客购买的参谋。

（3）销售者。营销人员直接向顾客销售商品。

（4）管理者。营销人员要做好自我管理、顾客管理、营销档案管理、营销信息管理和营销活动管理等工作。

（5）联络者。营销人员作为联系顾客与企业的纽带和桥梁，应当促进企业和顾客的双向沟通。

（6）公关者。营销人员在营销活动中要积极主动地宣传企业形象，维护企业形象，有效处理营销活动中的矛盾和纠纷。

（7）服务者。营销人员按顾客的要求，向顾客提供满意的售前、售中、售后服务。

（8）学习者。营销人员应当不断学习营销知识、顾客知识、商品知识等，提高履行岗位职责的能力。

（二）营销人员的素质

营销人员的素质是指营销人员在营销过程中履行岗位职责所必须具备的思想品德、知识结构、工作能力、身体状况和心理状态等有机结合所表现出的各种能力的综合。营销人员的素质关系到营销工作的成败和企业的发展。

【行业典范】

"一团火"的服务精神

张秉贵是北京百货大楼售货员，优秀的共产党员，他以"为人民服务"的热忱，在平凡的售货员岗位上练就了"一抓准""一口清"技艺和"一团火"的服务精神，成为新中国商业战线上的一面旗帜。他在 30 年的售货员职业生涯期间，接待顾客近 400 万人次，没有跟顾客红过一次脸，吵过一次嘴，没有怠慢过任何一个人。他的服务技艺和"一团火"的服务精神被誉为"燕京第九景"。他编写了《张秉贵柜台服务艺术》一书。陈云同志亲笔为其题词："一团火精神光耀神州。"

一名合格的营销人员应具备下列基本素质要求：

1. 营销人员的思想品德素质

营销人员的工作关系到社会利益、顾客利益和企业利益的实现。正确的思想和高尚的品德是营销人员有效履行职责，确保三方利益实现的基础。营销人员必须遵守政策、法律，树立现代市场营销观念，爱岗敬业。在营销工作中践行社会主义核心价值观，不断提高职业道德，坚持诚实守信、平等互利的原则，对企业忠诚，对顾客负责。

2. 营销人员的知识结构

一名合格的营销人员应具有"T"型的知识结构。具体要求如下：

（1）熟悉商品。具有丰富的商品知识是优秀营销人员最重要的特征。营销人员应熟悉和掌握自己所销售的商品和竞争对手同类商品的相关信息。如：商品名称、规格、型号、构造、成分、功能效用、性能特点、质量标准、用途、维修方法、保存方法、使用年限、操作和安装方法、购后利益、材料及来源、新商品及其优点、商品的技术性能、交货时间、生产成本、价格、付款方式等。营销人员还要善于发现商品的卖点。

（2）丰富的业务知识。营销人员应具有从事营销活动所需的市场营销学、管理学、信息学、物流学、计算机及电子商务知识、心理学、金融、保险、税收、合同法、公共关系学等知识。

（3）精通业务流程。营销人员必须精通营销业务流程，熟悉办理有关业务的要求和方法；熟悉金融服务、合同签订业务及与之相关的流程和法律规定。

（4）企业知识。营销人员应熟悉自己企业的创业史和发展史、企业发展战略、规章制度、生产能力、技术条件、经营方式、服务项目、服务方式、付款条件、知名度、顾客评价等。

（5）顾客知识。营销人员要了解顾客的基本状况；顾客的需要和动机、购买力、购买方式、购买习惯；了解顾客的决策人、购买人、使用人的情况及购买心理等。

（6）营销环境知识。营销人员要随时掌握国内外政策法律环境、科学技术、市场供求状况、竞争状况、目标市场的人口结构及流动状况、风土人情、宗教信仰、生活和语言习惯、经济发展水平、交通运输状况等。

3. 营销人员的身心素质

营销人员的身体是其知识、能力、智慧的载体。营销人员必须具有健康的体魄。

营销人员的心理对营销活动具有十分重要的影响。营销人员应保持良好的心理状态。具体要求是：乐观自信、热情有爱心、理智、兴趣广泛、善解人意、与人合作、忍耐力等。

营销人员的仪表和风度是营销人员个人形象的重要体现。营销人员应恪尽礼仪之道，在营销活动中做到语言美、行为美、心灵美、仪表美。

4. 营销人员的职业能力

营销人员的职业能力是其综合素质的集中体现。营销人员应当具有调查能力、市场分析能力、市场开拓能力、营销策划能力、社交能力、应变能力、记忆力、组织协调能力、语言表达能力等。

✉ **相关链接**

商用车销售服务职业技能（中级）

工作领域	工作任务	职业技能要求
市场开拓	大客户渠道开拓	能够按照商用车大客户市场开拓流程，通过电话交流、网络沟通、上门拜访等方式，独自完成针对区域内商用车的调研工作；能够按照客户信息管理办法，分析大客户对象特征、寻求大客户群体特点，对调研信息进行整理、分析；能够按照商用车技术性能，结合区域调研分析结果，制定大客户渠道开拓方案；能够依据商用车销售流程，运用专业知识及沟通技巧，完成大客户联系工作
	大客户需求分析	能够根据大客户销售流程，通过邀请大客户到店和上门拜访等途径，规范完成大客户购车需求、购车计划等信息收集工作；能够针对收集到的商用车大客户信息，结合购车目标、营运范围等信息，独立完成大客户目标车型特征分析；能够根据大客户实际使用需求，结合商用车技术性能特征，筛选符合客户需求的车型；能够依据大客户现有车辆使用状况以及经营发展的需要，及时完成大客户车辆更新或增购需求分析
	大客户营销策划	能够合理运用客户信息管理系统，汇总、整理、提炼潜在商用车产品大客户信息；能够依据大客户关系管理要求，结合不同商用车大客户之间数据信息的差异，分析大客户潜在需求；能够灵活运用商用车生产厂商对大客户的特殊政策与关怀服务要求，按规范完成不同类型潜在大客户的营销方案制定；能够按照大客户关系管理要求，依据大客户营销方案内容，及时与潜在商用车大客户建立有效沟通
大客户销售	大客户拜访	能够根据商用车生产厂家大客户关系管理要求，针对所要拜访的大客户，独立完成拜访前的各项准备工作；根据商用车大客户拜访流程，运用沟通技巧，通过电话、微信等方式，完成大客户拜访预约工作；能够按照销售拜访礼仪规范，灵活运用销售拜访技巧，依次完成开场、产品优势呈现等产品展示工作；能够根据商用车大客户拜访流程，运用沟通技巧，邀约大客户进店洽谈
	商用车FABE介绍	能够根据销售流程的要求，充分利用各种资源，独立规范地完成车辆展示前的各项准备工作；能够依据商用车技术配置参数，合理运用标准话术，规范展示车辆各项性能；能够依据商用车技术参数，分析竞品车型的优劣势，并结合客户购车用途特征分析给客户带来的切身利益点；能够针对大客户在商用车产品介绍过程中提出的疑问与实际需求，为大客户制定符合实际需求的商用车产品采购方案
	大客户谈判	能够依据商务谈判要求，结合商用车产品介绍环节与大客户沟通结果，规范制定商务谈判方案；能够结合商用车大客户相关信息与商务谈判方案要求，与他人合作完成商务谈判场地布置、资料准备；能够利用谈判沟通技巧与谈判话术，规范实施商务谈判方案设定环节，促使谈判成功；能够按照销售合同签约要求，与大客户签订正式的销售合同
	大客户交车服务	能够根据大客户交车流程，结合大客户所购车型、数量等实际情况，完成交车仪式方案的策划；能够根据新车交付流程和车辆使用说明，以新车交接清单为依据，陪同客户完成随车用品清点和交接工作；能够按照新车交付流程和不同品牌商用车交车要求，与班组成员合作，合理利用各种资源，规范完成商用车大客户交车仪式；能够依据商用车技术参数，结合车辆操作规范和厂家保养政策，独立完成新车各项配置使用方法的现场培训，同时向客户介绍保养事项、推荐售后服务顾问
销售服务	大客户金融购车服务	能够根据大客户购车需求、金融机构相关要求，协助金融购车意向客户提交信用证明、资产抵押等各类资质审查材料；能够根据金融购车的相关要求，指导意向客户收集、整理相关资料，协助完成客户资质、信用的审查；能够根据金融购车流程，协助客户完成金融购车的各项交车服务工作；能够在金融期限满后，协助客户完成车辆相关手续的办理

工作领域	工作任务	职业技能要求
销售服务	二手商用车置换	能够按照二手商用车评估流程，结合商用车经营区域、经营用途、经营性质、行驶里程、轮胎状况等基本信息，对二手商用车进行初步评估；能够结合车辆技术参数以及车辆的运行状况，按照二手商用车价格计算方法，独立完成二手商用车价格确定；能够结合商用车销售流程、二手商用车置换优惠政策以及客户二手商用车报价，为客户制定车辆置换方案；能够依据商用车车务要求，协助客户完成二手商用车过户手续以及新车上牌等工作
	大客户保险方案策划	能够按照商用车保险条例要求，运用销售沟通技巧，精确获知客户车辆各项信息；能够按照财产保险服务对商用车的要求，根据保险相关规定，结合客户车辆运营等因素，快速准确地为客户制定个性化保险方案；能够依据汽车保险销售流程，从车辆使用风险、营运类别、保险类别、保险承保范围、事故赔付范围等方面，为客户讲解保险套餐的必要性、合理性以及保障范围等事项；能够运用车险回访话术，通过电话、微信等途径为客户提供各项回访服务工作，合理维系大客户日常关系
	大客户服务关怀	能够按照客户信息管理要求，从客户服务系统平台筛选大客户信息资料并进行分析，结合大客户商用车特征，独立完成个性化关怀方案的制定；能够按照大客户关怀方案，规范完成客户关怀材料、物资准备、定期走访等工作；能够按照商用车品牌厂家的客户关怀政策，通过电话、微信等途径，独立完成针对不同类型大客户的各项信息沟通工作；能够按照客户跟踪和投诉处理的要求，协同相关部门完成客户投诉问题处理

（资料来源：中德诺浩 1 + X 证书线上培训课程
https://teacher. knowhowedu. cn/home/course – list – global）

二、营销组织

现代企业的营销活动是通过一定的组织形式进行的。所以，企业应当建立有效的组织结构、配备高素质的营销人员、建立完善的营销制度。新时代，建立营销组织应当体现现代市场营销观念的基本思想。

（一）职能式营销组织结构

职能式营销组织结构是按照企业营销系统内部业务活动的相似性来设立营销机构。在企业内部，把相同或相类似的工作置于同一部门，由该部门全权负责组织内部该项职能的实施。这是一种传统的、普遍存在的组织形式（如图 1 –1 所示）。

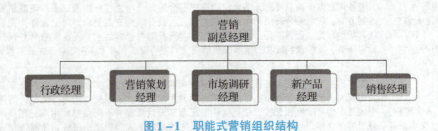

图 1 –1　职能式营销组织结构

1. 职能式营销组织结构的优点

机构简单，管理方便；各部门均由若干专业人员组成，有利于提高营销工作的专业化水平；有利于营销人员的学习、培训、交流，提高其履职能力。

2. 职能式营销组织结构的缺点

不利于指导企业产品结构的调整；不利于主要产品的推广和重要市场区域的开发；不利于培养高级营销和管理人才的全面工作能力；不利于协调部门关系，影响组织整体目标的实现，对环境的适应能力差，缺乏应变力。

3. 职能式营销组织结构的适用

企业发展初期、规模较小、产品品种少、技术水平一般、营销区域差别小的企业。

（二）产品管理型组织结构

产品管理型组织结构是一些大中型企业通常采用的部门划分形式。它是把某种产品或产品系列的全部营销活动及管理工作划归一个部门负责，然后，在各个部门内部再按职能化原则组建具体部门（如图1-2所示）。

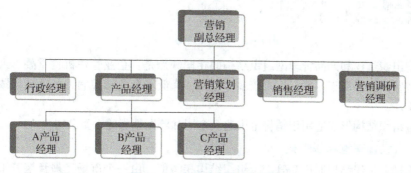

图1-2 产品管理型组织结构

（1）产品管理型组织结构实现了企业多元化经营与部门专业化经营的有机结合。整个企业向市场提供多种产品，企业内部的每个产品部门只向市场提供某一种或某一类产品，有利于实现产品的专业化管理。企业因多种经营而降低了经营风险，又因专业化经营而提高了效率，降低了成本。

（2）产品管理型组织结构有利于考核各部门的绩效。产品管理型组织结构以产品部为利润中心，利于企业对各产品部进行成本、利润和绩效的测定与评价；有利于企业根据测评结果结合市场变化调整产品结构。

（3）产品管理型组织结构促进了企业内部竞争。各产品部实行独立核算、自负盈亏，有利于调动各产品部的积极性，促进企业内各部门不断开发新产品、采取新工艺，提高市场营销力，改善管理水平，形成企业内部的竞争。

（4）产品管理型组织结构有利于培养高层管理人员。每个产品部是一个相对完全的企业。产品部经理拥有从产品制造到产品销售的决策、人事、营销、财务等各项管理权力，锻炼了他们独当一面的综合管理能力。这是发现、培养企业高层管理人员的好形式。

（5）产品管理型组织结构可能造成内部冲突。按产品划分部门，产品部门与非产品部门易发生冲突或摩擦，造成产品经理没有足够的权力有效地履行职责，而必须花更多时间和精力协调与其他部门的关系。

产品管理型组织结构适用于拥有多种产品或多种品牌的大型公司。

（三）地区型组织结构

地区型组织结构是根据地理因素来设立营销部门，把处在同一地区的经营业务和职责划分为同一部门，并归该地区的经理管理。按地区划分营销部门的原因：一是由于企业规模扩大且分散，引起交通和信息沟通困难，不利于管理；二是处在不同区域的市场，其营销环境有明显差异，需要采取与之相适应的管理理念、营销方式等（如图1-3所示）。

按地区划分管理部门，企业可能充分利用当地资源，实现了就地生产就地销售，有利于节约营销成本；有利于各部门因地制宜，制定营销政策、进行营销决策；提高了营销管理的适应性和有效性，同时也有利于培养企业的高层营销管理人员。

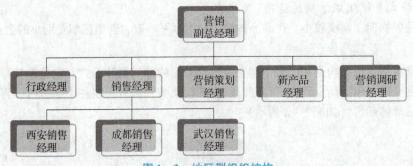

图1-3　地区型组织结构

地区型组织结构和产品管理型组织结构的相同缺点是：企业管理机构重叠、人员编制扩大，管理费增加；由于各部门权力较多、较大，降低了企业的控制力，容易导致各部门的本位主义。

地区型组织结构形式适用于销售范围遍及全国和跨国销售的大型公司。

（四）市场管理型组织结构

市场管理型组织结构同产品管理型组织结构相类似，由一个市场经理管辖若干细分市场经理，各市场经理负责自己所辖市场的年度销售利润计划和长期销售利润计划。

市场管理型组织结构有利于企业围绕特定客户的需要开展一体化营销活动。但是，这种形式管理费用高，易产生内部冲突。

（五）产品—市场管理型组织结构

产品—市场管理型组织结构是将"产品管理型组织结构"与"市场管理型组织结构"结合起来形成的矩阵式组织形式。在这一形式下，产品经理负责产品销售利润和计划，市场经理负责开发市场。这种组织形式吸收了两种形式的优点，有利于内部的联系、协作，发挥企业内部的各种资源优势（如图1-4所示）。

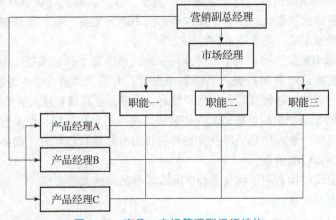

图1-4　产品—市场管理型组织结构

【任务实施】

实训1-1　调查企业营销组织及营销人员素质

一、实训目的

1. 使学生了解企业营销组织的形式、职责，理解营销组织的重要性。

2. 使学生了解企业营销人员的招聘、培训和工作情况，激发学生学习市场营销的自觉性。

二、实训内容

1. 了解某企业营销组织设置的演变。

2. 网上搜集若干大型企业营销组织设置状况。

3. 了解某企业营销人员招聘和培训情况。

4. 了解某企业对营销人员的素质要求。

三、实训步骤

1. 选定本地区若干企业。

2. 将全班学生分为若干小组，每小组6人。

3. 通过网络了解拟走访企业的概况。

4. 编写拟走访企业的营销组织机构的调查提纲。

5. 编写拟走访企业的营销人员的招聘、培训的调查提纲。

6. 走访企业，邀请企业营销负责人介绍企业营销组织、人员配备、职责划分等。

四、实训习题

1. 完成走访调查报告。

2. 组织全班讨论，总结不同企业营销组织设置的特点。

3. 讨论提高营销人员素质的途径。

实训1-2 市场营销观念

一、实训目的

1. 使学生了解企业的营销活动过程。

2. 使学生了解市场营销观念对企业的重要意义。

3. 引导学生树立现代市场营销观念。

二、实训内容

1. 了解某企业营销观念的演变。

2. 网上搜集若干大型企业营销观念的资料。

3. 走访企业各营销部门，了解其工作内容。

三、实训步骤

1. 选择若干不同类型的企业。

2. 将全班学生分为若干小组，每小组6人。

3. 走访企业，与企业营销部门召开座谈会。

4. 走访企业，与企业优秀营销人员召开座谈会。

四、实训习题

1. 各组分别完成调查报告。

2. 组织全班讨论企业营销理念。

【学以致用】

一、名词解释

1. 市场

2. 市场营销

3. 需要、需求、欲望

4. 营销观念

5. 数字营销

二、简答题

1. 正确理解市场和市场营销的含义对于从事市场营销活动有什么意义？

2. 现代市场营销观念的主要内容是什么？企业营销活动中，如何体现现代市场营销观念？

3. 市场营销人员的角色主要有哪些？

4. 什么是市场营销的4P组合？什么是市场营销的4C组合？分析两种组合之间的区别与联系。

三、思考题

1. 如何理解和评价"商场如战场"这句话？

2. 运用现代市场营销观念，评价"顾客永远是正确的"这句话。

3. "成交之后才是销售的开始"这种说法是否有道理？为什么？

4. 搜集全国劳动模范、北京百货大楼原售货员张秉贵的事迹，讨论新时期商务工作者应当学习张秉贵的哪些精神？

四、案例分析题

青岛啤酒，用数字化重构产业生态

具有百年品牌的青岛啤酒在经历经济周期的考验之后，总能寻找到全新的机会，再次焕发活力，这次的机遇就来自数字化。

10年间，青啤已经建立起完善的电商系统和终端系统，可触达全国近400万个销售终端。销售平台的建设，让青啤的产品有更多途径触达消费者，这里不仅有天猫、京东等大型电商平台，美团、饿了么等大型外卖平台。近来青啤还抓住零售新趋势，拓展社区团购平台，借助阿里、京东2B端的通路，让产品进入各社区小店，让消费者看得见、买得着，跨越最后一百米。

有了销售终端，自然还有销售分析，除线上数据的收集分析整理之外，青啤借助线下消费者扫码，实时掌握线下消费者的需求，升级服务。

因而，当线下渠道在疫情期间突然遇冷时，青啤即刻调整策略，充分利用销售平台优势，经过48小时的紧急部署，在全国320多个城市上线了青岛啤酒全国无接触配送地图小程序，客户下单后，系统将订单转配到经销商处，实现就近无接触送货。顾客打一个电话，几个小时内，几箱出厂不久的青岛啤酒就可以送上门来了。这使2020年春天的青岛啤酒让消费者有些"新鲜"，不仅是口味的"新鲜"、品类的"新鲜"，更是服务体验的"新鲜"、购买方式的"新鲜"。

另一个大的营销动作是线上分销员计划。消费者不仅在小程序上自己买，推荐给他人后也可以按销售比例赚取分成。疫情期间，通过系统数据分析发现，当啤酒的饮用场景转移到家中后，邻近社区的便利店销量在增长，同时消费者对便携式包装提出了新的要求。另外，由于大量人员回流到村镇，导致村镇的啤酒消费量大涨。以往这些数据都要通过走访才能发现，但是现在从系统终端就能发现，帮助公司及时调整销售策略。

（摘自《商学院》2020年5期《青岛啤酒，用数字化重构产业生态》）

问题： 1. 青岛啤酒采用了哪些创新性方式应对市场环境的变化？

　　　　2. 青岛啤酒的创新性方式体现了什么营销观念？

五、综合项目实训

（一）实训目的

通过实训，使学生理解和接受以消费者为中心的现代营销观念。

（二）实训内容和要求

1. 阅读资料

资料一　国美推出"心服务 新体验"活动

国美零售（以下简称"国美"）积极响应中国消费者协会号召，参与"凝聚你我力量

让消费更温暖"社会公益活动，推出"心服务 新体验"活动，包括以旧换新、闪店送、超值清洗三大服务举措，把温暖、尊重、安全、便利、实惠带给用户，提升用户获得感、幸福感、安全感，助力美好生活实现。

以旧换新助力产业升级，畅享绿色智能家电

国美积极响应国家扩内需、促消费政策，推出以旧换新服务，支持多种回收模式，更有贴心福利助力用户换新机。

用户在国美管家App、管家服务公众号、国美管家服务号、国美管家小程序、国美商城管家旗舰店以及遍布全国的国美线下实体店等多渠道下单"以旧换新"，并购新彩电、冰箱、洗衣机、空调时，可获得家电抵值换新券200~800元。

从2020年6月消费季起，国美"以旧换新"系列活动力度持续加大。其中针对北京地区用户，在原有节能补贴的基础上，国美加推以旧换新补贴，首批投入了5亿元，通过"换新＋节能"双重补贴，主要家电商品优惠幅度高达20%。

在消费者参与"以旧换新"活动的过程中，国美精选回收渠道，打通供应链环节，借助专业评测系统，提高了旧家电、旧手机回收估价的精确度，通过让用户手中的旧产品"升值"，达到降低用户新机置换门槛的目的，并进一步助力消费者畅享绿色智能家电，提振家电消费市场持续回暖。

"闪店送"即时配送，为用户嗨购加速度

当前国美正将服务升级为一个"大服务""深服务"网络，持续释放服务价值。依托于全国庞大的门店网络及线上的"一店一页"功能，7月国美上线本地"闪店送"服务，满足消费者对于极速达配送的需求。

依托全国1 296个城市的近3 000家门店，通过数字科技赋能，国美推动门店"万店上云"，在国美App增设"门店"频道，从而实现"一城一页""一店一页"，真正实现本地零售。门店周边3~5千米的用户，购小家电、3C商品可免费享受"闪店送"服务，下单3小时内（最快半小时）送达。

同时，通过"真人即时在线解答＋商品快速送达＋到店、到家服务"服务模式，使服务更高效，物流效率得到了极大提升。

超值清洗服务，让家焕然一新

随着消费不断升级，人们对生活的品质要求越来越高，家电清洗概念也渐渐深入人心。为此，国美推出"超值清洗"活动，波轮洗衣机、滚筒洗衣机、空调挂机、电热水器等可享受超值价89元清洗服务。

2020年5月，国美依托自身服务网络及技术研发能力，对服务能力、服务节点持续优化、提升，对响应用户、上门时限均统一标准。并通过技术手段，对各节点进行监控、预警、分析，形成服务闭环，驱动服务品质不断提升。

基于对用户不断激增的健康需求，2020年4月起，国美将每月27日打造为"清洁日"活动，在"清洁日"里国美向用户传递和普及家电清洗知识，为用户提供健康安全的到家家电清洁服务。

国美倡导以专业化、标准化的服务让用户省心又安心，不但增加家电的使用寿命，而且给用户一个健康舒适的生活环境。以油烟机清洗服务为例，国美清洗工程师采用实名制上门清洗，通过专业的设备进行验机并在油烟机周围实施环境防护，拆卸油杯、滤网后，使用环保安全清洁剂高温冲洗内壁，清洗部件及擦拭外壳，然后装机还原、试机使用，最后清理现场后离开。

（资料来源：中国消费者协会网）

资料二   三星手机雪崩式溃败中国：从20%跌到0.8%

三星虽然在全球市场一直维持着领先的地位，但在中国市场却是节节败退，其市场份额从2013年的第一（超过20%）一路滑落到2017年的0.8%。造成这一后果的原因主要有四个方面。

1. 国产竞争品牌快速崛起

2014年，中国智能手机市场开始显露出进入成熟期的迹象，各厂商间的技术差距在不断缩小，产品开始走向同质化的开端。

2013年以来，华为、小米、vivo、OPPO这四大国产品牌都在快速崛起，尤其是华为、vivo和OPPO，自2013年以来都几乎是以直线抬升的涨势在掠夺中国市场。其中，华为对三星冲击最大。由于三星手机一直主打的高端商务形象已经被华为替代，消费者对三星品牌的认识度在不断下降。

2. 本土化能力缺失：产品体验与渠道运营

在对智能手机使用者的随机走访中发现，手机产品的本土化能力薄弱是被一众消费者吐槽得最多的一点。三星手机的中文操作系统被他们调侃为"负优化"，"手机特别明显的越用越卡，如果其他手机用一年就卡，它只用半年"。

三星手机的系统功能和易用性也被评价为"不符合中国人审美和使用习惯"，很多界面功能的安排逻辑、一些针对中国用户的小功能都不如华为、小米等品牌。

此外，早在2014年，正是4G时代火热的萌芽期，不少中国手机品牌都在积极推出4G手机，运营商加大了对4G手机的补贴，但是，三星彼时还在集中销售3G手机，导致分销渠道库存堆积，影响利润。

3. 人工智能时代的落后者

目前，排名全球前三的苹果和华为，都已经开始积极进军人工智能领域，从芯片、应用、生态等多方面发力。相对而言，三星在AI布局中属于最不激进的一方。

先拿芯片为例，在CES 2018上，三星发布了最新旗舰处理器Exynos 9810，不过并没有搭载专用AI模块。与三星的"AI芯片"至今悬而未发相比，华为的麒麟970和苹果A11都已在其品牌机型中发布了将近半年。

在AI应用方面，三星打造集中在以Bixby为入口的语音、视觉、提醒、主页等功能。2016年10月7日，三星以2.15亿美元的价格收购了AI虚拟助手创企Viv Labs，它就是Bixby的前身。但即便如此，一直到2017年11月，三星才在北京推出了Bixby的中文版。

4. Note 7爆炸事件

从2016年8月末开始，三星Note 7开始陆续在欧洲地区报出手机电池爆炸事件，造成用户损伤与财产损失，同期欧洲地区开始对这款手机进行召回。

9月2日，三星宣布开放全球召回，召回美国、韩国、澳大利亚等10个国家和地区的共250万部Note7手机——中国除外。8月26日，三星Glalxy Note7国行版在北京正常发售。

三星企业在声明中表示目前在中国大陆销售的Note 7使用的是与其他国家不同的电池供应商，并不存在安全隐患。半个月后，三星公告首次召回国行1 858台产品，但再次重申中国行版不存在安全隐患。

从9月18日开始，中国用户陆续曝出了三星Note 7爆炸的新闻，但三星在经过调查分析后对此的回应是"为外部加热导致"，一直到同年10月11日，在国行版Note 7爆炸新闻接二连三曝出后，三星才宣布暂停Note 7的生产，并召回全部国行版本。

在发生爆炸事件后，三星手机在国内市场的形象一直不佳，在安抚消费者与复苏国内品牌形象方面动作较为迟缓，可以说是致使三星失去中国市场份额的最后一根稻草。至今仍有不少国家和地区要求航班飞行期间禁用或者禁止托运三星 Note7 手机。

2. 在网上搜集国美集团的营销理念资料。

3. 在网上搜集三星手机在中国的发展历程。

（三）实训组织与讨论

1. 将全班同学分为若干小组，分组讨论国美集团成功的秘诀。

2. 将全班同学分为若干小组，分组讨论三星手机在中国市场兴衰的原因。

项目二
分析市场营销机会

学习目标

- 知识目标
1. 理解市场营销环境的含义。
2. 掌握宏观环境和微观环境的内容。
3. 掌握 SWOT 分析方法。
4. 掌握 PEST 分析方法。
5. 熟悉竞争五力分析方法。

- 能力目标
1. 通过案例分析联系实际，提高对分析市场营销环境重要性的认知。
2. 通过基础素养及职业能力训练，提高市场分析能力。
3. 通过职业技术能力训练，提高学生的语言表达能力。
4. 通过职业分析能力训练，增强团队沟通与协作能力。

- 素质目标
1. 通过列举 2020 年新冠肺炎疫情给企业带来的影响，培养与时俱进、不断随着外界环境变化调整经营策略的动态发展思想；通过列举党和政府在抗击疫情中为了保护人民生命财产安全所做出的努力和取得的伟大胜利，激发学生对我国社会主义制度优越性的自豪感。

2. 通过学习环境分析，让学生认识我们目前所处的宏观大环境，并使学生建立积极适应外界环境变化的思想意识。

✉ 案例导入

日美轿车大战的胜利者

美国汽车制造业一度在世界上占据霸主地位，而日本汽车工业则是 20 世纪 50 年代学习美国发展而来的，但是时隔 30 年，日本汽车制造业突飞猛进，充斥欧美市场及世界各地，为此美国与日本之间出现了摩擦。

在 60 年代，当时有两个因素影响汽车工业：一是第三世界的石油生产被工业发达国家所控制，石油价格低廉；二是轿车制造业发展很快，豪华车、大型车盛行。但是擅长市场调查和预测的日本汽车制造商，首先通过表面经济繁荣，看到产油国与跨国公司之间暗中正酝酿和发展着的斗争，以及发达国家消耗能量的增加，预见到石油价格会很快上涨。因此，必须改产耗油少的轿车来适应能源短缺的环境。其次，随汽车数量增多，马路上车流量增多，停车场的收费会提高，因此，只有造小型车才能适应拥挤的马路和停车场。再次，日本制造商分析了发达国家家庭成员的用车状况。主妇上超级市场，主人上班，孩子上学，一个家庭只有一辆汽车显然不能满足需要。这样，小巧的轿车得到了消费者的喜爱。于是日本在调研的基础之上做出正确的决策。在20世纪70年代世界石油危机中日本物美价廉的小型节油轿车横扫欧美市场，市场占有率不断提高，而欧美各国生产的传统豪华车因耗油多、成本高，使销路大受影响。

　　思考题：

　　1. 分析在日美轿车大战中，造成美国汽车工业失败的原因是什么？

　　2. 分析日本制造商的市场营销调研结果在其日后汽车工业发展中的作用。

　　3. 结合日美轿车这一发展情况，试分析对我国企业的启示。

任务描述

　　杨帆是某大学三年级管理专业的学生，经过两年多的专业课和创新创业课程的学习，他有了自己创业的想法。他把其创业想法和项目告诉了市场营销代课老师，老师听后对其创业激情给予了肯定，但同时建议杨帆同学先不要急于投资，首先要树立环境分析意识，运用相关方法进行营销环境分析，在此基础上再进行创业决策。

任务分解

　　运用营销环境分析方法对一家真实企业所处营销环境进行分析；用 SWOT 分析法来进行自我剖析并编制个人发展规划。

知识准备

　　市场机会分析亦称市场内外分析、营销环境分析，就是通过营销理论，分析市场上存在哪些尚未满足或尚未完全满足的显性或隐性的需求，以便企业能根据自己的实际情况，找到内外结合的最佳点，从而组织和配置资源，有效地提供相应产品或服务，达到企业营销目的的过程。

任务一　认识市场营销环境

扫一扫

认识市场
营销环境

一、市场营销环境的含义

　　市场营销环境是泛指一切影响制约企业营销活动的因素和力量。它对企业的生存和发展有着极为重要的影响作用。根据对企业营销活动产生影响的方式和程度不同，可分为宏观市场营销环境和微观市场营销环境。

　　1. 宏观市场营销环境

　　宏观市场营销环境是指与企业间接相连，间接影响企业营销能力的一系列巨大的社会力量，包括人口环境、经济环境、自然环境、科学技术环境、政治法律环境、社会文化环境等。

　　2. 微观市场营销环境

　　微观市场营销环境指与企业紧密相连，直接影响企业营销能力的各种参与者，包括企业内部环境、供应商、营销中介、顾客、竞争者、公众等。这些因素与企业市场营销活动有着十分密切的联系，并对企业产生直接的影响。

二、市场营销环境的特点

1. 不可控性与能动性的统一

市场营销环境作为一种客观存在，有着自己的运行规律和发展趋势，不以企业的意志为转移。一般来说，企业无法摆脱和控制市场营销环境，特别是宏观市场营销环境。企业不能改变人口环境、经济环境、自然环境等。但企业可以主动适应市场营销环境，根据环境特点和变化趋势制定、调整市场营销策略。

2. 差异性与同一性的统一

不同的国家或地区之间，政治、经济、文化、法律等宏观环境存在着广泛的差异；不同的企业，微观环境也有着千差万别。

对于同一国家、同一行业的企业来说，其面对的宏观市场营销环境具有同一性。但相同的宏观环境下的不同的企业面临的威胁和机会是不同的。

3. 关联性与相对分离性的统一

我们在分析市场营销环境的时候，会列出政治、经济、法律、文化、自然、人口等各种要素分别研究，但这些要素之间并不是孤立存在的。它们互相影响、互相制约，某一因素的变化，会带动其他因素的变化，形成新的营销环境。

4. 多变性与相对稳定性的统一

市场营销环境是一个动态系统。在一定的时间段，政治、经济、法律、文化、人口、自然等要素具有相对稳定性。但从长期来看，随着时间的推移，人口、经济、科技等要素也会发生变化。所以企业既要适应当下的市场营销环境，又要善于捕捉和发现环境的变化趋势，及时调整市场营销策略。

5. 市场营销机会与环境威胁的统一

同样的市场营销环境，其中既包含市场机会也可能面临市场威胁，对于企业来说重要的是如何调整自己的营销策略，抓住机会、避免威胁。

三、营销环境调查的方法

营销环境调查的方法主要有两大类，即直接调查法和间接调查法。

（一）直接调查法

直接调查法又称一手资料法，指通过对主要区域的行业国内外主要厂商、贸易商、下游需求厂商以及相关机构进行直接的交流与深度访谈，获取行业相关产品市场中的原始数据与资料。常用的直接调查方法包括以下几种：

1. 访谈法

访谈法又称采访法、询问法，是第一手资料收集最常用、最基本的方法。它是调查员通过口头、书面或电信等方式向被调查者了解市场情况，搜集资料的一种实地调查方法。采用访谈法进行调查时，一般都事先把需要了解的问题制成调查表，因而又称调查表法。访谈法最根本的特点是通过直接或间接的回答来了解被调查者的看法和意见，可用于调查消费者信息和企业经营信息，供决策制定者使用。

2. 观察法

观察法主要是指调查者在没有提问或交流的情况下，凭借自己的眼睛或摄像、录音等器材，在调查现场进行实地考察，系统地记录人、物体或事件的行为模式的过程，反映当时的市场行为或状况。观察法常用于调查消费者购买行为及消费者对商品的花色、品种、规格、质量、技术服务等的看法。

3. 问卷法

问卷法是调查者运用统一设计的问卷向被选取的调查对象了解情况或征询意见的调查方法。问卷调查是以书面提出问题的方式搜集资料的一种研究方法。研究者将所要研究的问题编制成问题表格，以邮寄方式、当面作答或者追踪访问方式填答，从而了解被试对某一现象或问题的看法和意见，所以又称问题表格法。问卷法的运用，关键在于编制问卷、选择被试和结果分析。

（二）间接调查法

间接调查法又称二手资料法，指充分利用各种资源以及所掌握的历史数据与二手资料，及时获取相关行业的相关信息与动态数据。

四、当代市场营销面临的新环境

1. 经济全球化和反全球化并存

经济全球化是指生产要素在全球范围内流动、世界资源在全球范围内配置、世界各国经济在全球范围内相互交融的经济运行过程。反全球化是指一国政府或企业提高市场进入门槛，对资源在国际的正常流动采取限制性措施以保护国内市场的行为。经济全球化是一种发展趋向。

2. 产品转型升级的需求不断提高

消费者渴望以合理的价格和快捷的服务满足自己的需求，但消费者个性化需求趋势明显，同时缺乏稳定性，企业必须持续优化和升级产品，消费者才会对企业产生忠诚度。

3. 消费信息获取的便利性得到提升

在互联网时代信息壁垒被打破，消费者主要依靠口碑信息制定购买决策；同时，价格比较网站能使消费者迅速获得同类产品的价格信息。

4. 竞争范围不断扩大，强度不断提升

随着互联网技术的发展，很多企业开始以全球化视野来实施跨国营销，跨国竞争者的加入使市场竞争更为激烈。

5. 合作共赢与社会责任意识逐渐增强

企业在激烈的市场竞争中，要善于谋求与供应商、消费者，竞争者之间的合作共赢，在提供受消费者欢迎的优质产品或服务的同时，自觉承担社会道义和环境责任，为企业创造更加可持续的竞争优势。

扫一扫

中国崛起
惊心动魄

✉ 资料链接

2020，新冠肺炎疫情如何影响世界

正如历史上历次重大传染病给人类带来反思一样，2020 年这场全球公共卫生危机，也给全球化进程、社会治理、经济形态、发展理念、能源和粮食安全、观念习俗等人类诸多领域带来深刻影响。

倒逼社会治理改善

回顾历史上人类遭遇的重大传染病，黑死病让人们开始反思城市整洁的重要性，19 世纪的霍乱引发了大规模的城市再开发计划，1918 年西班牙流感让人们意识到社会公共卫生系统干预和流感预防的重要性……

巴西伊加拉佩研究所研究主任罗伯特·穆加指出，此次的新冠肺炎大流行同样将在世界多地带来城市和社会治理转型。

在一些国家和地区，不少疫情中心的死亡病例集中在少数族裔、贫困人口等弱势

群体，疫情放大了内部治理的短板和缺陷。要完善重大疫情防控救治体制机制，健全公共卫生应急管理体系；要推动社会治理和服务重心向基层下移……这是新冠肺炎疫情给世界上的重要一课。

亟须守护人类"饭碗"

粮食影响着人类未来。新冠肺炎疫情加剧了世界粮食系统的脆弱性。联合国粮农组织等国际机构近期发布的相关报告显示，新冠肺炎大流行可能会对全球粮食市场产生"历史性冲击"，将让全球 8 000 万至 1.3 亿人面临饥饿。

世界粮食计划署首席经济学家阿里夫·侯赛因指出，疫情同时对粮食的供给侧和需求侧造成了全球性的沉重打击。由于物流受阻，农民难以获得足够的种子和肥料，无法耕种也就没有收成；另一方面，疫情中失业的人们则因收入减少而无力购买食品。

世卫组织营养主管弗朗切斯·科布兰卡说："新冠肺炎疫情危机造成的粮食安全影响将在今后持续许多年。"

在疫情仍在全球蔓延的当下，解决粮食安全问题需要国际社会的共同努力。

刺激催生新型业态

在新冠肺炎疫情冲击下，不少传统行业面临洗牌，社会经济活动暂停导致高失业率，而一些新兴产业却应运而生、蓬勃发展。智能制造、无人配送、在线消费、医疗健康等数字经济产业正展现出强大的成长潜力。

新的工作和生活方式也在疫情中涌现。线上会议、线上购物、线上学习，甚至线上相亲……疫情期间，世界各地的很多人远离聚集性活动，开启了线上"云"生活。

在美国，由中西部大学组成的"十大名校学术联盟"为数十万学生提供在该联盟内其他大学在线上课的机会。

德国贝塔斯曼基金会经济学家蒂斯·彼得·森认为，疫情凸显数字经济的重要性。他说，计算机、机器人、自动化和其他数字技术运用的不断增加，将降低下一场流行病暴发时停产的风险。

合作才是抗疫利器

谭德塞在记者会上说，与 1918 年相比，如今全球化的世界紧密相连，新冠病毒因此在全球迅速传播。"如今我们拥有更先进的科技和知识来遏制新冠病毒"，他希望大流行能在两年内结束，而前提是"实现国家层面和国际层面的团结协作"。

在全球化时代，病毒超越了政治和地理边界，给世界带来全新挑战。但可以肯定的是，全球化进程不会因新冠肺炎疫情而戛然中断。不仅如此，全球化代表的开放、合作、进步、创新、多边主义等理念终将被证明为全球范围克服疫情的终极利器。

越来越多的人类实践证明，面对形形色色的全球性挑战，必须在全球层面合作解决。在日前举行的纪念联合国宪章签署75周年的线上论坛中，与会政界学界人士一致认为，新冠肺炎疫情进一步凸显了全球化时代多边主义的重要性。

全球化的时代，要用全球化的方法抗击全球性的疫情。正如联合国秘书长古特雷斯反复强调的，"这是一个讲科学、求团结的时刻"。

（资料来源：中国江苏网）

【初心茶坊】

分析总结在这次全球疫情面前中国人民能够取得防疫攻坚战重大胜利的原因，主要有：

1. 制度优势

在这次全球疫情面前中国人民能够取得防疫攻坚战重大胜利正是源于中国是社会主义制度国家，以人民为主体，国家宗旨为人民服务。而当国家陷入困难之时，人民也会肩负起拯救国家的责任，为国家奉献出自己的一切。

2. 以人为本

疫情发生后，党和政府高度重视，习近平总书记迅速做出指示，坚决打赢这场没有硝烟的战争。从武汉封城到各地启动一级响应，这都可以看出党和政府面对新冠肺炎疫情的态度，切实地为人民群众着想，把人民群众的生命安全放在首位。

3. 党的领导

在习近平总书记和党中央的坚强领导下，举国上下同时间赛跑、与病魔较量，从中央到地方、从城市到乡村各个领域、各个方面，全力奋战、众志成城，共同打响了疫情防控的阻击战，充分彰显了我们党决策果断、全民动员、举国攻坚的体制优势。

4. 国力强大

疫情发生后，党中央第一时间研究、部署和指挥疫情防控，保证战役工作有条不紊地进行。党的集中统一领导更有助于集中人才资源、物质资源，汇聚中国力量，凝聚中国信心。同时为国际抗疫战争提供了宝贵经验和时间。

任务二　宏观营销环境

扫一扫

人口环境

宏观营销环境是指对企业营销活动造成市场机会和环境威胁的主要社会力量，包括人口、经济、自然、科学技术、社会文化、政治法律等企业不可控的宏观因素。

一、人口环境

人口是构成市场的第一位因素。人口环境就是指一定时期一定区域的人口状况，是市场营销的基本要素。对人口环境的分析包括以下几方面的内容。

（一）人口数量

人口的多少直接决定着市场的潜在容量，特别是基本生活消费品的需求量，人口越多，市场规模就越大，但同时众多的人口也会给企业带来威胁。人口多、增长快决定了在一定时期消费者对食品、衣着和住宅等基本生活消费品的需求仍会增长，粮食、能源和住宅等方面的供需矛盾将进一步加大，这就为食品加工、建筑建材业和新型能源产业等一些相关企业提供了发展机遇。但是，另一方面，人口的迅速增长，也会给企业营销带来不利的影响。比如，人口的迅速增长会引起食品短缺、重要矿产资源枯竭、环境污染以及生活质量恶化等一系列问题，从而导致整体市场营销环境的恶化。

（二）人口结构

人口结构，即各类人口占总人口的比重，主要包括性别结构、年龄结构、家庭结构、社会结构和民族结构等。

（1）性别结构。不同性别的消费者对于产品消费的需求差别很大，一百个男性和一百个女性的日常消费大大不同，所以企业在研究人口的时候不能只关注人口数量，同时要关注人口数量的性别构成。

（2）年龄结构。不同年龄阶段的消费者对于产品消费的需求千差万别，比如，一百个婴儿、一百个青年、一百个老人，他们的日常消费内容完全不同。我们在研究人口环境的时候对于人口的年龄结构研究不可忽视。

（3）家庭结构。家庭发展到不同的阶段，其消费支出的重点会有明显不同。按照家庭的成长发展，可划分为以下七个阶段。

未婚期（单身期）：有一定的经济收入，基本上没有经济负担，消费主要以满足自身需求为主。

新婚期：有一定的收入和购买力，消费向家庭建设转移。

满巢前期：夫妻有了孩子（6岁以下），消费重心开始转向孩子。

满巢中期：孩子（6~18岁）开始上学，花销在培养孩子上的费用增加，家庭的消费支出发生较大变化。

满巢后期：孩子长大，但在经济上仍不能独立，花销在孩子吃穿和教育上的费用最大。

空巢期：孩子离家自理，剩下夫妻二人生活，此时消费重心可能向旅游、健康、娱乐方向发展。

孤独期：老人丧偶、单身独处，对医疗保健服务、情感陪护的需求增加。

（4）社会结构。人口的社会分布，决定了企业在市场中的定位，如果产品以薄利多销为主，市场开拓的重点应放在农村，反之则应把市场营销重心放在城市。

（5）民族结构。我国是个多民族国家，不同民族的生活方式、文化传统、生活禁忌等会有所不同。企业在研究人口环境的时候应关注目标市场的民族特点。

（三）人口的地理分布

人口的地理分布，是指人口在地理空间上的分布状态。人口的地理分布表现在市场上，就是人口的集中程度不同，则市场大小不同。

市场消费需求与人口的地理分布密切相关。各区域的自然条件、经济发展水平、市场开放程度以及社会文化传统、社会经济、人口政策等因素不同，不同区域的人口具有不同的消费特点和消费习惯。

二、经济环境

经济环境是指影响企业市场营销方式与规模的经济因素，主要包括经济发展状况、收入与支出模式、储蓄与信贷等因素。

（一）经济发展状况

（1）经济发展水平。企业的市场营销活动受到一个国家或地区整个经济发展水平的制约。经济发展水平较高的国家和地区，强调产品的款式、性能和特色，重资本密集型产业；经济发展水平较低的国家和地区，则侧重于产品的功能和实用性，重劳动密集型产业。

（2）地区发展状况。地区经济的不平衡发展，对企业的投资方向、目标市场及营销战略的制定都会带来巨大影响。

（3）产业结构。产业结构是指各产业部门在国民经济中所处地位和所占比重及相互之间的关系。一个国家的产业结构反映该国的经济发展水平。

（二）消费者收入

消费者收入是指消费者个人从各种来源所得的货币收入，通常包括个人工资、奖金、退休金、其他劳动收入、红利、租金、馈赠等。消费者收入直接影响其购买力，影响市场规模的大小。

（1）国民收入，指一个国家物质生产部门的劳动者在一定时期内所创造价值的总和。人均国民收入等于一年国民收入总额除以总人口，大体上反映了一个国家的经济发展水平。

（2）个人收入，指个人在一定时期内通过各种来源所获得收入的总和。包括薪资、租金收入、股息股利、社会福利收入、失业救济金、保险等。

（3）个人可支配收入，指个人收入中扣除各种税款（所得税等）和非税性负担（如工会会费、养老保险、医疗保险等）后的余额。

（4）个人可任意支配收入，指可支配的个人收入减去消费者用于购买生活必需品的固定支出（如房租、保险费、分期付款、抵押借款）所剩下的那部分个人收入。

（三）消费者支出模式

消费者支出模式是指消费者个人或家庭的总消费支出中各类消费支出的比例关系，也即人们常说的消费结构。

对这个问题的分析要涉及"恩格尔系数"，恩格尔系数指食物消费支出占总支出的比重。恩格尔系数是衡量一个国家、一个地区、一个城市以及一个家庭的生活水平高低的标准，恩格尔系数越小说明越富裕，越大则说明生活水平越低。

✉ 知识链接

恩格尔系数

恩格尔系数（Engel's Coefficient）是食品支出总额占个人消费支出总额的比重。19世纪德国统计学家恩格尔根据统计资料，对消费结构的变化得出一个规律：一个家庭收入越少，家庭收入中（或总支出中）用来购买食物的支出所占的比例就越大，随着家庭收入的增加，家庭收入中（或总支出中）用来购买食物的支出比例则会下降。推而广之，一个国家越穷，每个国民的平均收入中（或平均支出中）用于购买食物的支出所占比例就越大，随着国家的富裕，这个比例呈下降趋势。

恩格尔系数是根据恩格尔定律而得出的比例数。19世纪中期，德国统计学家和经济学家恩格尔对比利时不同收入的家庭的消费情况进行了调查，研究了收入增加对消费需求支出构成的影响，提出了带有规律性的原理，由此被命名为恩格尔定律。其主要内容是指一个家庭或个人收入越少，用于购买生存性的食物的支出在家庭或个人收入中所占的比重就越大。对一个国家而言，一个国家越穷，每个国民的平均支出中用来购买食物的费用所占比例就越大。恩格尔系数则由食物支出金额在总支出金额中所占的比重来最后决定。

其计算公式如下：

$$恩格尔系数 = 食物支出金额 \div 总支出金额 \times 100\%$$

联合国根据恩格尔系数的大小，对世界各国的生活水平有一个划分标准，即一个国家平均家庭恩格尔系数大于60%为贫穷；50%～60%为温饱；40%～50%为小康；30%～40%属于相对富裕；20%～30%为富足；20%以下为极其富裕。按此划分标准，20世纪90年代，恩格尔系数在20%以下的只有美国，达到16%；欧洲、日本、加拿大，一般在20%～30%，是富裕状态。东欧国家，一般在30%～40%，相对富裕。剩下的发展中国家，基本上属于小康。

1978年中国农村家庭的恩格尔系数约68%，城镇家庭约59%，平均计算超过60%，当时的中国是贫困国家，温饱还没有解决。当时中国没有解决温饱的人口有两亿四千八百万人。改革开放以后，随着国民经济的发展和人们整体收入水平的提高，中国农村家庭、城镇家庭的恩格尔系数都在不断下降。到 2003 年，中国农村居民家庭恩格尔系数已经下降到 46%，城镇居民家庭约 37%，加权平均约 40%，就是说已经达到小康状态。可以预测，中国农村、城镇居民的恩格尔系数还将不断下降。根据《时事报告》杂志 2016 年第 2 期《6.9% 的经济增速怎么看》提供的数据，中国 2015 年的恩格尔系数已经降为 30.6%。

恩格尔系数在中国是否适用学术界一直存有争议，持否定意见的认为中国居民生活状况并不符合恩格尔定律，如 1997 年福建省城镇居民恩格尔系数在全国各省中最高，达到 62%，海南省为 59%；而生活水平较低的陕西省城市居民恩格尔系数为 47%，宁夏为 46%。

尽管有争议，但总体看，中国城镇居民生活水平的变化还是符合恩格尔规律的。

首先，恩格尔系数是一种长期的趋势，随着居民生活水平的不断提高，恩格尔系数逐渐下降已为中国城镇居民消费构成变化资料所证实。20 世纪 80 年代以前城市居民恩格尔系数一直在 55% 以上；1985—1995 年，尽管各年恩格尔系数有波动，但这十年间恩格尔系数一直在 50%~59%；1996 年以来，恩格尔系数一直在 50% 以下。2009 年年末统计出：2008 年，我国城镇居民家庭恩格尔系数为 37.9%；农村居民家庭恩格尔系数为 43.7%。

（网络资料）

（四）消费者储蓄和信贷情况

消费者的储蓄额占总收入的比重和可获得的消费信贷，也影响实际购买力。当收入一定时，储蓄越多，现实消费量就越小，潜在消费量反而越大；反之，储蓄越少，现实消费量就越大，潜在消费量反而越小。

消费者信贷对购买力的影响也很大，它是一种预支的购买能力，能够使消费者凭信用取得商品使用权在先，按期归还贷款在后。发达的商业信贷使消费者将以后的消费提前了，对当前社会购买是一种刺激和扩大。

> ❋ 小试牛刀
>
> 你和你的家庭使用过哪些消费信贷类产品？该类产品对你们的消费产生了哪些影响？

三、政治法律环境

政治与法律是影响企业营销活动的重要的宏观环境因素，主要包括一个国家或地区的政治体制、政治局势、方针政策以及法律法规等。政治因素像一只有形之手，调节着企业营销活动的方向，法律因素规定了企业营销活动及其行为的准则。政治与法律相互联系，共同对企业的市场营销活动发挥影响和作用。

（一）政治环境

政治环境是指企业市场营销活动的外部政治形势和状况以及国家的方针和政策。

政治环境对企业营销活动的影响主要表现为国家政府所制定的方针政策，如财政货币政策、能源环保政策、人口发展政策等，都会对企业营销活动产生重要影响。

（二）法律环境

法律环境是指国家或地方政府颁布的各项法规、法令和条例等。企业应在法律法规许可的范围内进行各项经营活动。

法律环境是企业营销活动的法律保障，同时也对市场消费需求的形成和实现具有一定的调节作用。从事国际营销活动的企业，不仅要遵守本国的法律法规，也要遵守国外的法律制度和法律法规。

四、科学技术环境

科学技术是第一生产力，科技的发展对经济发展有巨大的影响，不仅直接影响企业内部的生产和经营，同时与其他环境因素互相依赖、互相作用，给企业营销活动带来有利与不利的影响。如新技术革命，既给企业的市场营销创造了机会，同时也造成了威胁。

五、社会文化环境

社会文化主要是指一个国家、地区的教育水平、宗教信仰、价值观念、消费习俗、消费流行等的总和。

（一）教育水平

受教育程度不仅影响劳动者收入水平，而且影响着消费者对商品的鉴别力，影响消费者心理、购买的理性程度和消费结构，从而影响企业营销策略的制定和实施。

（二）宗教信仰

消费者的宗教信仰会直接对其消费行为产生深刻的影响。

（三）价值观念

价值观念是指人们对社会生活中各种事物的态度和看法。不同的文化背景下，价值观念差异很大，影响着消费需求和购买行为。

（四）消费习俗

消费习俗是指历代传递下来的一种消费方式，在饮食、服饰、居住、婚丧、节日、人情往来等方面都表现出独特的心理特征和行为方式。

（五）消费流行

由于社会文化多方面的影响，使消费者产生共同的审美观念、生活方式和情趣爱好，从而导致社会需求的一致性，这就是消费流行。消费流行在服饰、家电以及某些保健品方面，表现最为突出。

✉ **资料链接**

肯德基的市场沉浮

商海沉浮，世事难料。1973 年 9 月，中国香港市场的肯德基公司突然宣布多间家乡鸡快餐店停业，只剩下四家还在勉强支持。

在美国，顾客一般是驾车到快餐店，买了食物回家吃。因此，在店内是通常不设座的。在中国香港市场的肯德基公司仍然采取不设座位的服务方式。

为了取得肯德基家乡鸡首次在香港推出的成功，肯德基公司进行了声势浩大的宣传攻势，在新闻媒体上大做广告，采用该公司的世界性宣传口号"好味到舔手指"。凭着广告攻势和新鲜劲儿，肯德基家乡鸡还是火红了一阵子，很多人都乐于一试，一时间门庭若市。可惜好景不长，3 个月后，就"门前冷落鞍马稀"了。到 1975 年 2 月，首批进入香港的美国肯德基连锁店集团全军覆没。

在世界各地拥有数千家连锁店的肯德基为什么唯独在中国香港遭受如此厄运呢？经过认真总结经验教训，发现是中国人固有的文化观念决定了肯德基的惨败。

10年后，肯德基带着对中国文化的一定了解卷土重来，并大幅度调整了营销策略。广告宣传方面低调，市场定价符合当地消费，市场定位于16～39岁的顾客。1986年，肯德基家乡鸡新老分店的总数在香港为716家，占世界各地分店总数的十分之一强，在香港快餐业中，与麦当劳、汉堡包皇、必胜客薄饼并称四大快餐连锁店。

肯德基公司70年代为什么会在中国香港全军覆没？80年代该公司为什么又能取得辉煌的成绩呢？原因有以下几个方面：

1. 鸡的口味和价格不符合香港市场的消费习惯和消费水平。

2. 在店内不设座的方式不符合香港市场的就餐习惯。

3. 在世界其他地方行得通的广告词"好味到舔手指"在中国人的观念里不容易被接受。舔手指被视为肮脏的行为，味道再好也不会去舔手指。人们对这种广告产生了反感。

肯德基公司在70年代因为忽视了香港的社会文化环境，忽视了中国人固有的文化观念，忽视了中国人的消费习惯和购买行为特点，导致其产品在香港市场全军覆没。80年代，肯德基公司总结上次开拓市场的经验，吸取上次的失败教训，注重对市场营销环境的研究，采取了富有针对性的营销策略，因此取得了辉煌的成绩。

（网络资料）

【初心茶坊】

企业的经营管理活动并非企业自身独立的活动，必然与周围环境发生各种各样的联系，各种环境的变化决定或影响着企业的经营管理。企业必须关注、监测和预测其周围市场营销环境的发展变化，并善于分析和识别由于环境变化而造成的主要市场机会和威胁，及时采取适当的措施和对策，使其经营管理与市场营销环境的发展变化相适应。

六、自然环境

营销学上的自然环境，主要是指自然物质环境，即自然界提供给人类各种形式的物质财富，如矿产资源、森林资源、土地资源、水力资源等。自然环境也处于发展变化之中。当代自然环境最主要的动向是：自然资源日益短缺，能源成本趋于提高，环境污染日益严重，政府对自然资源的管理和干预不断加强。所有这些，都会直接或间接地给企业带来威胁或机会。因此，企业必须积极从事研究开发，尽量寻求新的资源或代用品。同时，企业在经营中要有高度的环保责任感，善于抓住环保中出现的机会，推出"绿色产品""绿色营销"，以适应世界环保潮流。譬如，控制污染的技术及产品，如清洗器、回流装置等创造一个极大的市场，并探索一些不破坏环境的方法去制造和包装产品。

任务三　微观营销环境

扫一扫

微观环境

微观市场营销环境是指与企业紧密相连、直接影响企业营销能力和效率的各种力量和因素的总和，主要包括企业自身、供应商、营销中介、顾客、竞争者及社会公众。这些因素与企业有着双向的运作关系，在一定程度上，企业可以对其进行控制或施加影响。

一、企业自身

企业自身包括市场营销管理部门、其他职能部门和最高管理层。企业为开展营销活动，必须依赖于各部门的配合和支持，即必须进行制造、采购、研究与开发、财务、市场营销等业务活动。

营销部门在制定和实施营销目标与计划时，不仅要考虑企业外部环境力量，而且要充分考虑企业内部环境力量，争取高层管理部门和其他职能部门的理解和支持。

二、供应商

供应商是指向企业提供生产经营所需资源的企业或个人。供应商所提供的资源主要包括原材料、零部件、设备、能源、劳务、资金及其他用品等。供应商对企业的营销活动有着重大的影响。供应商对企业营销活动的影响主要表现在：

（1）供货的稳定性与及时性。

（2）供货的价格变动。

（3）供货的质量水平。

三、营销中介

营销中介是指为企业融通资金、销售产品给最终购买者提供各种有利于营销服务的机构，包括中间商、实体分配公司、营销服务机构（调研公司、广告公司、咨询公司）、金融中介机构（银行、信托公司、保险公司）等。它们是企业进行营销活动不可缺少的中间环节，企业的营销活动需要它们的协助才能顺利进行，如生产集中和消费分散的矛盾需要中间商的分销予以解决，广告策划需要得到广告公司的支持等。

1. 中间商

中间商是协助企业寻找消费者或直接与消费者进行交易的商业企业，包括代理中间商和经销中间商。代理中间商不拥有商品所有权，专门介绍客户或与客户洽商签订合同，包括代理商、经纪人和生产商代表。经销中间商购买商品并拥有商品所有权，主要有批发商和零售商。

2. 实体分配公司

实体分配公司主要是指协助生产企业储存产品并将产品从原产地运往销售目的地的仓储物流公司。实体分配包括包装、运输、仓储、装卸、搬运、库存控制和订单处理等方面，基本功能是调节生产与消费之间的矛盾，弥合产销时空上的背离，提高商品的时间和空间效用，以利适时、适地和适量地将商品供给消费者。

3. 营销服务机构

营销服务机构主要是指为生产企业提供市场调研、市场定位、促销产品、营销咨询等方面的营销服务，包括市场调研公司、广告公司、传媒机构及市场营销咨询公司等。

4. 金融中介机构

金融中介机构主要包括银行、信贷公司、保险公司以及其他对货物购销提供融资或保险的各种金融机构。企业的营销活动因贷款成本的上升或信贷来源的限制而受到严重的影响。

四、顾客

顾客就是企业的目标市场，是企业服务的对象，也是营销活动的出发点和归宿，它是企业最重要的环境因素。按照顾客的购买动机，可将国内顾客市场分为消费者市场、生产者市场、中间商市场、政府市场和国际市场五种类型。

五、竞争者

竞争者是指与企业存在利益争夺关系的其他经济主体。企业的营销活动常常受到各种竞争者的包围和制约，因此，企业必须识别各种不同的竞争者，并采取不同的竞争对策。

1. 愿望竞争者

愿望竞争者是指提供不同产品、满足不同需求的竞争者。

2. 一般竞争者

一般竞争者是指提供不同产品、满足相同需求的竞争者。

3. 产品形式竞争者

产品形式竞争者是指产品同类，但规格、型号、款式不同的竞争者。

4. 品牌竞争者

品牌竞争者是指产品规格、型号、款式均相同，但品牌不同的竞争者。

六、公众

公众是指对企业实现营销目标的能力有实际或潜在利害关系和影响力的团体或个人。企业所面临的公众主要有以下几种：

1. 融资公众

融资公众是指影响企业融资能力的金融机构，如银行、投资公司、证券经纪公司、保险公司等。

2. 媒介公众

媒介公众是指报纸、杂志、广播电台、电视台等大众传播媒介，它们对企业的形象及声誉的建立具有举足轻重的作用。

3. 政府公众

政府公众是指负责管理企业营销活动的有关政府机构。企业在制订营销计划时，应充分考虑政府的政策，研究政府颁布的有关法规和条例。

4. 社团公众

社团公众是指保护消费者权益的组织、环保组织及其他群众团体等。企业营销活动关系到社会各方面的切身利益，必须密切注意并及时处理来自社团公众的批评和意见。

5. 社区公众

社区公众是指企业所在地附近的居民和社区组织。

6. 一般公众

一般公众是指上述各种公众之外的社会公众。一般公众虽然不会有组织地对企业采取行动，但企业形象会影响他们的惠顾。

7. 内部公众

内部公众是指企业内部的公众，包括董事会、经理、企业职工。

所有这些公众，均对企业的营销活动有着直接或间接的影响，处理好与广大公众的关系，是企业营销管理的一项极其重要的任务。

任务四　市场营销环境分析

扫一扫

SWOT分析法

为了对企业所处的环境有一个全面的认知，需要运用专业的环境分析方法。环境分析法是一种识别特定企业风险的方法，是根据对企业面临的外部环境和内部环境的系统分析，推断环境可能对企业产生的风险与潜在损失的一种识别风险的方法。常用的环境分析方法包括：SWOT分析法、PEST分析法、波特竞争五力法等。

一、SWOT 分析法

（一）SWOT 分析法简介

SWOT 分析法又称态势分析法，是美国旧金山大学管理学教授韦里克在 20 世纪 80 年代初期提出的，主要用于从企业内部和外部收集资讯，分析市场环境、竞争对手，制定企业发展战略。SWOT 分析法是用来确定企业自身的竞争优势 S（Strength）、竞争劣势 W（Weak）、机会 O（Opportunity）和威胁 T（Threaten），从而将公司的战略与公司内部资源、外部环境有机地结合起来的一种科学的分析方法。在 SWOT 分析法中，优势劣势分析主要着眼于企业自身的实力及其与竞争对手的比较，而机会和威胁分析将注意力放在外部环境的变化及对企业的可能影响上，但是，外部环境的同一变化给具有不同资源和能力的企业带来的机会与威胁却可能完全不同，因此，两者之间又有紧密的联系。

（1）优势（Strength），是组织机构的内部因素，具体包括：有利的竞争态势；充足的财政来源；良好的企业形象；技术力量；规模经济；产品质量；市场份额；成本优势；广告攻势等。

（2）劣势（Weak），也是组织机构的内部因素，具体包括：设备老化；管理混乱；缺少关键技术；研究开发落后；资金短缺；经营不善；产品积压；竞争力差等。

（3）机会（Opportunity），是组织机构的外部因素，具体包括：新市场；新需求；外国市场壁垒解除；竞争对手失误等。

（4）威胁（Threaten），也是组织机构的外部因素，具体包括：新的竞争对手；替代产品增多；市场紧缩；行业政策变化；经济衰退；客户偏好改变；突发事件等。

从整体上看，SWOT 可以分为两部分：

第一部分为 SW，主要用来分析内部条件；

第二部分为 OT，主要用来分析外部条件。

利用这种方法可以从中找出对自己有利的、值得发扬的因素，以及对自己不利的、要避开的东西，发现存在的问题，找出解决办法，并明确以后的发展方向。

根据这个分析，可以将问题按轻重缓急分类，明确哪些是急需解决的问题，哪些是可以稍微拖后一点儿的事情，哪些属于战略目标上的障碍，哪些属于战术上的问题，并将这些研究对象列举出来，依照矩阵形式排列，然后用系统分析的思想，把各种因素相互匹配起来加以分析，从中得出一系列相应的结论。而这些结论通常带有一定的决策性，有利于领导者和管理者做出较正确的决策和规划（如图 2-1 所示）。

图 2-1 SWOT 分析概念图

（二）SWOT 分析法的主要步骤

1. 分析环境因素

运用各种调查研究方法，分析出公司所处的各种环境因素，即外部环境因素和内部能力因素。外部环境因素包括机会因素和威胁因素，它们是外部环境对公司的发展直接有影响的有利和不利因素，属于客观因素。内部环境因素包括优势因素和弱点因素，它们是公司在其发展中自身存在的积极和消极因素，属主动因素。在调查分析这些因素时，不仅要考虑到历史与现状，而且要考虑未来发展问题。

2. 构造 SWOT 矩阵

将调查得出的各种因素根据轻重缓急或影响程度等排序方式，构造 SWOT 矩阵。在此过程中，将那些对公司发展有直接的、重要的、大量的、迫切的、久远的影响因素优先排列出来，而将那些间接的、次要的、少许的、不急的、短暂的影响因素排列在后面，如表 2-1 所示。

表 2-1　SWOT 分析矩阵

内部因素 外部因素	优势——S 逐条列出优势，如管理、人才、学科、设备、科研和信息发展等方面的优势	劣势——W 逐条列出劣势，如在左边"优势"中所列举的这些领域劣势
机会——O 逐条列出机会，如目前和将来的政策、经济、新技术、市场普及等	SO 战略 发挥优势 利用机会	WO 战略 利用机会 克服劣势
威胁——T 逐条列出威胁，如上面"机会"中所列举的那些范围的威胁	ST 战略 利用优势 回避威胁	WT 战略 清理或合并组织，与巨人通行，走专、精、特之路

3. 制订行动计划

在完成环境因素分析和 SWOT 矩阵的构造后，便可以制订出相应的行动计划。

制订计划的基本思路是：发挥优势因素，克服弱点因素，利用机会因素，化解威胁因素；考虑过去，立足当前，着眼未来。运用系统分析的综合分析方法，将排列与考虑的各种环境因素相互匹配起来加以组合，得出一系列公司未来发展的可选择对策。

将 SWOT 各因素相互匹配组合，可制定出以下对策：

（1）防御型战略——WT 对策（劣势＋威胁），即着重考虑劣势因素和威胁因素，努力使这些因素趋于最小。如某企业针对企业产品质量差（内在劣势）、供应渠道不稳定（外部威胁）的经营状况，可采取 WT 对策，强化内部管理，提高产品质量，稳定供应渠道，必要时采取后向一体化策略。

（2）扭转型战略——WO 对策（劣势＋机会），即着重考虑劣势因素与机会因素，努力使劣势因素趋于最小，使机会因素趋于最大。如某汽车服务型企业面对汽车产品和服务高速增长的市场（外在机会），却缺乏核心技术（内在劣势）的状况，可采取 WO 对策，采用高技术水平人才聘用、专利购买、高技术型企业并购等策略。

（3）多种经营战略——ST 对策（优势＋威胁），即着重考虑优势因素和威胁因素，弥补不足，把握机会，努力使优势因素趋于最大，使威胁因素趋于最小。如某企业拥有良好的渠道资源（内在优势），但是相关政策限制其经营其他商品（外在威胁），可采取 ST 对策，多种经营，充分发挥该渠道优势。

（4）增长型战略——SO 对策（优势＋机会），即着重考虑优势因素和机会因素，扬长避短，发挥项目优势，把握市场机会。如某企业资源雄厚（内在优势），而市场供应严重不足（外在机会），可采取 SO 对策，增加产品系列，产品功能升级，满足细分市场的需求。

由上可见，WT 对策是企业处于最困难情况下不得不采取的对策，WO 对策和 ST 对策是企业处于一般情况下的对策，SO 对策则是一种最理想的对策。

⊠ **资料链接**

某公司员工满意度 SWOT 分析（如表 2-2 所示）

表 2-2　某公司员工满意度 SWOT 分析

内部因素 外部因素	优势 S 认同并遵守公司制度 热爱学习，力求上进 员工心地无私	劣势 W 薪酬待遇在行业中偏低 加班较多，导致员工疲惫 企业文化建设薄弱
机会 O 组织结构正在调整 股份制改造和上市机会	SO 战略 成立人力资源部，强化人力资源管理，后备干部的选拔、培养	WO 战略 聘请管理顾问，大力推进企业文化建设，建立科学合理的绩效考核与薪酬制度
威胁 T 技术人才和熟练工流失 人员素质低	ST 战略 成立培训部，通过持续的培训提升员工素质；引入高素质人才	WT 战略 高薪挽留部分人才

该公司决定确立三个改进弱项，由新成立的人力资源部和培训部开展弱项改进：

第一，改变公司目前使用的工资制度，建立科学合理的绩效考核与薪酬制度；

第二，建立内部培训制度，进行全员素质教育；

第三，大力推进企业文化建设。

（三）成功应用 SWOT 分析法的简单规则

（1）进行 SWOT 分析的时候必须对公司的优势与劣势有客观的认识；

（2）进行 SWOT 分析的时候必须区分公司的现状与前景；

（3）进行 SWOT 分析的时候必须考虑全面；

（4）进行 SWOT 分析的时候必须与竞争对手进行比较，比如优于或是劣于你的竞争对手；

（5）保持 SWOT 分析法的简洁化，避免复杂化与过度分析。

◈ **小试牛刀**

请根据学习的 SWOT 分析法对自己进行分析，分别列出自己的优点、缺点，并总结目前环境对你来说有哪些机会和威胁，最终形成自己的人生发展规划。

二、PEST 分析法

（一）PEST 分析法简介

PEST 分析是指宏观环境的分析，P 是政治（Politics），E 是经济（Economy），S 是社会（Society），T 是技术（Technology）。在分析一个企业外部所处的背景的时候，通常是通过这四个因素来进行。

1. 政治法律环境（P）

政治环境主要包括政治制度与体制、政局、政府的态度等；法律环境主要包括政府制定的法律、法规。

2. 经济环境（E）

构成经济环境的关键战略要素：GDP、利率水平、财政货币政策、通货膨胀、失业率水平、居民可支配收入水平、汇率、能源供给成本、市场机制、市场需求等。

3. 社会文化环境（S）

影响最大的是人口环境和文化背景。人口环境主要包括人口规模、年龄结构、人口分布、种族结构以及收入分布等因素。

4. 技术环境（T）

技术环境不仅包括发明，而且包括与企业市场有关的新技术、新工艺、新材料的出现和发展趋势以及应用背景。

PEST 分析法通常采用矩阵式的方法，就是在坐标中分成四个象限。如用政治和经济两个做坐标，政治环境和经济环境都好的情况下，就应该发展。政治环境和经济环境都不理想的情况下，就不能发展。环境一个好一个不太好时，就要适当考虑，可以发展也可以不发展。PEST 分析法通常用于企业外部环境分析。

（二）PEST 分析模型

表 2 - 3 是一个典型的 PEST 分析模型。

表 2 - 3　PEST 分析模型

政治（包括法律）	经济	社会	技术
环保制度	经济增长	收入分布	政府研究开支
税收政策	利率与货币政策	人口统计、人口增长率与年龄分布	产业技术关注
国际贸易章程与限制	政府开支	劳动力与社会流动性	新型发明与技术发展
合同执行法 消费者保护法	失业政策	生活方式变革	技术转让率
雇用法律	征税	职业与休闲态度 企业家精神	技术更新速度与生命周期
政府组织/态度	汇率	教育	能源利用与成本
竞争规则	通货膨胀率	潮流与风尚	信息技术变革
政治稳定性	商业周期的所处阶段	健康意识、社会福利及安全感	互联网的变革
安全规定	消费者信心	生活条件	移动技术变革

⊠ 资料链接

企业实施逆向物流的 PEST 分析

1. 政治环境

伴随着世界环保意识的逐渐增强，逆向物流在实践运营领域和管理研究领域越来越受到重视。随着资源枯竭威胁的加剧和垃圾处理能力不足，在众多工业化国家中，废品控制已经成为一个众人瞩目的焦点问题。而且对使用过的产品及材料的再生恢复，已逐渐成为企业满足消费市场需求的关键力量，因而许多发达国家已经强制立法，责令生产商对产品的整个生命周期负责，要求他们回收处理所生产的产品或包装物品等。在产品所有权已经转移的情况下，政府通过立法以迫使企业对产品负起责任，这直接促使了近年来逆向物流的迅速发展。

在国际社会环保要求的大环境下，我国也越来越重视对废旧产品的处理问题，加强了环境资源保护方面的国内立法，其中有许多法律法规与逆向物流有关。

2. 经济环境

在中国经济保持较平稳发展的情况下，GDP 仍然保持 8% 以上增长率，中国的实体经济不会产生激烈波动。宏观经济的变化不会影响制造行业的整体发展方向，只会带来行业的结构性调整，服务出口的需求将有一部分逐渐被服务内需所取代，能够快速调整业务结构适应市场变化的企业有望在这一轮金融危机中获得发展先机。为缓解金融危机引起的出口下降对我国经济产生的不利影响，国家出台一系列经济刺激措施，并实行适度放宽的财政政策和货币政策，社会固定资产投资有加速迹象，尤其是国家出台 4 万亿的刺激方案，直接促进基础建设步伐的加快，并形成对下游产业及物流产业的重大影响。而且通货膨胀得到抑制，企业、政府、个人的收入仍然增加较快。

面对以上经济环境，逆向物流的机会与挑战并存。产品生命周期正在变得越来越短，这种现象在许多行业都变得非常明显，尤其是计算机行业。新品和升级换代产品以前所未有的速度推向市场，推动消费者更加频繁购买。当消费者从更多的选择和功能中受益时，这种趋势也不可避免地导致了消费者使用更多的不被需要的产品，同时也带来了更多的包装、更多的退货和更多的浪费问题。缩短的产品生命周期增加了进入逆向物流的浪费物资以及管理成本。面对这日渐强大的消费者群体，在以服务营销为主导思想的全球化企业的经营战略中，许多公司都将逆向物流看成是提升竞争力的重要法宝。企业通过对废旧物品的回收再利用，一方面可以减少生产成本，减少物料的消耗，挖掘废旧物品中残留的价值，直接提高经济效益；另一方面，可以在激烈的竞争环境中，提升企业的环保形象，改善企业与消费者的关系，间接地提高企业的经济效益。

3. 社会环境

当前，在科学技术的有力推动下，人类征服自然和改造自然的能力大大增强。然而对自然界强有力的征服与改造，却导致了环境污染、资源枯竭、能源危机、生态破坏和气候反常等一系列全球性的严重危机。以"高投入、高消耗、高污染"为特征的传统工业发展模式已难以为继。为此，人们开始追寻理想的方法，以期最大限度地减轻工业的负面影响，从而达到持久地实现福利增长和人与自然的和谐相处。于是，循环经济概念应运而生。循环经济要求人类的经济活动以 3R 为准则，即减量（Reduce），减少进入生产和消费过程的物质量，从源头节约资源使用和减少污染物排放；再利用（Reuse），要求提高产品和服务的利用效率，产品能以初始形式多次使用，减少一次性用品的污染；再循环（Recycle），要求物品完成使用功能后能够重新变成再生资源。在大力提倡循环经济的今天，物流业的发展也将顺应这一要求。逆向物流的出现也弥补了正向物流单向运作模式的缺陷，有利于减少不恰当的物流所带来的环境污染，减少因焚烧、填埋带来的资源浪费，同时也降低了企业处理产品的成本，改善企业经营绩效，产生巨大的生态效益和经济效益。

4. 技术环境

从技术层面上讲，改革开放以来中国政府和企业就一直注重创新环保新技术，并取得了一定的效果。节能环保新技术在广泛的领域得以应用：绿色食品和药品的包装，汽车替代能源，天然气、石化、金属、建筑等。同时，从农业到工业的各个领域鼓励节能减排新技术的研发。相关的研讨会、博览会、成果展也在各地进行。可以说，在环保领域形成了一套较完整的激励机制。因此，技术环境也为企业实施逆向物流提供了保证。

集中式回收处理中心的建立。集中式回收处理中心作为处理回收物资的第一个节点，具有强大的分类、处理、库存调节功能。回收中心通过强大的分类功能，按照企业的要求，将回收物品分为能再次出售的、能修理后再次出售的、无法再利用的，并做出不同的处置决策。能再次销售的立即返回分销体系，能再加工后出售的进入再加工阶段，无法再利用的则拆解，提炼出有用的原材料，通过统一有效的处理过程，能加快处理速度，实现从回收物品获取利润的最大化。此外，回收中心能够有效减少销售部无法销售的库存产品，结合生产计划和市场需要，对多余的库存，进行重新调配和销售，并且与生产计划结合，有效降低整个生产过程的成本。借助于专业化和规模化优势，降低运输成本和储存成本。

利用信息技术及完善的信息系统，对逆向物流从入口到最后处置的全过程进行信息跟踪和管理，能显著缩短逆向物流处置周期。如利用 EDI 技术和射频技术自动采集回流物品信息、自动归类，直接跟踪回流过程；通过对回流物品原因及最后处置情况进行编码，有利于对逆向物流过程进行实时跟踪和评估。此外，基于 EDI 的信息系统还能实现生产环节与销售环节之间共享退货信息，为企业提供包括质量评价和产品生命周期的各类营销信息，减少逆向物流过程中的不确定性，使退货在最短时间内分流，为企业节约大量的库存成本和运输成本。

（网络资料）

三、波特竞争五力分析法

波特竞争五力模型是迈克尔·波特（Michael Porter）于 20 世纪 80 年代初提出的。他认为行业中存在着决定竞争规模和程度的五种力量，这五种力量综合起来影响着产业的吸引力以及现有企业的竞争战略决策。五种力量分别为同业竞争者的竞争程度、潜在竞争者进入的能力、替代品的替代能力、供应商的议价能力与购买者的议价能力。

从一定意义上来说该分析隶属于外部环境分析方法中的微观分析。波特竞争五力模型用于竞争战略的分析，可以有效地分析客户的竞争环境。该分析法是对一个产业盈利能力和吸引力的静态断面扫描，说明的是该产业中的企业平均具有的盈利空间，所以这是一个产业形势的衡量指标，而非企业能力的衡量指标。通常，这种分析法也可用于创业能力分析，以揭示本企业在本产业或行业中具有何种盈利空间（如图 2 - 2 所示）。

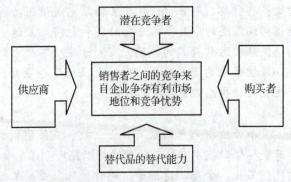

图 2 - 2　波特竞争五力模型

（一）供应商的议价能力

供应商主要通过其提高投入要素价格与降低单位价值质量的能力，来影响行业中现有企业的盈利能力与产品竞争力。供应商力量的强弱主要取决于他们所提供给买主的是什么投入要素，当供应商所提供的投入要素其价值构成了买主产品总成本的较大比例，对买主产品生产过程非常重要，或者严重影响买主产品的质量时，供应商对于买主的潜在议价能力就大大增强。一般来说，满足以下条件的供应商会具有比较强大的议价能力：

（1）供应商行业为一些具有比较稳固市场地位而不受市场激烈竞争困扰的企业所控制，其产品的买主很多，以至于每一单个买主都不可能成为供应商的重要客户。

（2）供应商各企业的产品各具有一定特色，以至于买主难以转换或转换成本太高，或者很难找到可与供应商企业产品相竞争的替代品。

（3）供应商能够方便地实行前向联合或一体化，而买主难以进行后向联合或一体化（注：简单按中国说法就是店大欺客）。

（二）购买者的议价能力

购买者主要通过其压价与要求提供较高的产品或服务质量的能力，来影响行业中现有企业的盈利能力。购买者议价能力影响主要有以下原因：

（1）购买者的总数较少，而每个购买者的购买量较大，占了卖方销售量的很大比例。

（2）卖方行业由大量相对来说规模较小的企业所组成。

（3）购买者所购买的基本上是一种标准化产品，同时向多个卖主购买产品在经济上也完全可行。

（4）购买者有能力实现后向一体化，而卖主不可能进行前向一体化（注：简单按中国说法就是客大欺店）。

（三）潜在竞争者的威胁

潜在竞争者在给行业带来新生产能力、新资源的同时，希望在已被现有企业瓜分完毕的市场中赢得一席之地，这就有可能会与现有企业发生原材料与市场份额的竞争，最终导致行业中现有企业盈利水平降低，严重的话还有可能危及这些企业的生存。潜在竞争者进入威胁的严重程度取决于两方面的因素：进入新领域的障碍大小与预期现有企业对于进入者的反应情况。

进入障碍主要包括规模经济、产品差异、资本需要、转换成本、销售渠道开拓、政府行为与政策、不受规模支配的成本劣势、自然资源、地理环境等方面，这其中有些障碍是很难借助复制或仿造的方式来突破的。预期现有企业对进入者的反应情况，主要是采取报复行动的可能性大小，则取决于有关厂商的财力情况、报复记录、固定资产规模、行业增长速度等。总之，新企业进入一个行业的可能性大小，取决于进入者主观估计进入所能带来的潜在利益、所需花费的代价与所要承担的风险这三者的情况。

（四）替代品的替代能力

两个处于不同行业中的企业，可能会由于所生产的产品是互为替代品，从而在它们之间产生相互竞争行为，这种源自于替代品的竞争会以各种形式影响行业中现有企业的竞争战略。

（1）现有企业产品售价以及获利潜力的提高，将由于存在着能被用户方便接受的替代品而受到限制。

（2）由于替代品生产者的侵入，使得现有企业必须提高产品质量，或者通过降低成本来降低售价，或者使其产品具有特色，否则其销量与利润增长的目标就有可能受挫。

（3）源自替代品生产者的竞争强度，受产品买主转换成本高低的影响。

总之，替代品价格越低、质量越好、用户转换成本越低，其所能产生的竞争压力就强；而这种来自替代品生产者的竞争压力的强度，可以具体通过考察替代品销售增长率、替代品厂家生产能力与盈利扩张情况来加以描述。

(五) 同业竞争者的竞争程度

大部分行业中的企业之间的利益都是紧密联系在一起的，作为企业整体战略一部分的各企业竞争战略，其目标都在于使自己的企业获得相对于竞争对手的优势，所以，在实施中就必然会产生冲突与对抗现象，这些冲突与对抗就构成了现有企业之间的竞争。现有企业之间的竞争常常表现在价格、广告、产品介绍、售后服务等方面，其竞争强度与许多因素有关。

一般来说，出现下述情况将意味着行业中现有企业之间竞争的加剧，这就是行业进入障碍较低，势均力敌竞争对手较多，竞争参与者范围广泛；市场趋于成熟，产品需求增长缓慢；竞争者企图采用降价等手段促销；竞争者提供几乎相同的产品或服务，用户转换成本很低；一个战略行动如果取得成功，其收入相当可观；行业外部实力强大的公司在接收了行业中实力薄弱企业后，发起进攻性行动，结果使刚被接收的企业成为市场的主要竞争者；退出障碍较高，即退出竞争要比继续参与竞争代价更高。在这里，退出障碍主要受经济、战略、感情以及社会政治关系等方面因素的影响，具体包括：资产的专用性、退出的固定费用、战略上的相互牵制、情绪上的难以接受、政府和社会的各种限制等。

✉ **资料链接**

基于波特竞争五力模型的传媒行业实例研究

1. 产业内竞争者

由于文化产业发展空间广阔，国家政策积极扶持，近年来，各类资本不断涌入，行业并购重组风起云涌，上市公司与各类资本联姻的文化产业基金发展迅速。并购重组已成为文化传媒企业拥抱互联网和移动互联网时代，实现跨越式发展的重要手段。传媒产业的固定成本高、退出壁垒高以及规模经济的要求，使企业必须谋求市场份额来维持自己的发展，这在很大程度上也加大了企业间的竞争。另一方面是来自电视媒体的竞争。在湖南地区广告总额中，电视广告占60%以上份额，且随着以湖南卫视为代表的电视媒体影响力的不断提升，电视媒体对全国性企业和地方领先企业的广告吸引力仍在增加，从而在一定程度上影响广告商在报纸媒体上的广告投放。

2. 供应商的议价能力

虽然目前越来越多的传媒企业与供应商取得长期的合作，但是从整体上看，媒体与供应商一直进行着控制与反控制的斗争。这主要体现在供给方要求提高供应产品价格、减少工作时间等方面。

3. 购买者的议价能力

随着社会的进步，顾客的选择越来越多，并对传媒产品提出了质量更高、信息更丰富、价格更低廉、更重视参与感等要求。且顾客的需求也呈现出多样化与个性化的特点，这在很大的程度上增强了顾客讨价还价的能力。

4. 潜在竞争者的威胁

传媒业是目前发展潜力很大的一个行业，市场广阔且利润水平高。但是，初始投资是维持传媒基本经营活动的必须资金支撑。在资金限制下，除了实力强大的投资者外，一般很难进入。其次，传媒业具有技术要求与规模经济效益，这不仅表明投资需求量大，而且投资回报周期长，增加了投资的风险与不确定性，进而进一步加大了进入壁垒。随着传媒业的重组、收购、兼并的扩张步伐的加快，培育出许多大型传媒企业集团，产业集中程度高，有较强的能力把进入者"扼杀在摇篮中"。

5. 替代品的威胁

网络、移动互联网、云计算等信息时代网络技术与传统行业结合，深刻改变着文化产业的内在结构和人们的文化消费习惯，也为文化产业的发展带来全新契机。出版传媒业将利用互联网、移动互联网等全新技术与介质，加快传统产业的改造与提升，加快实现数字化战略转型升级。

对图书出版业来说，新媒体对受众人群的分流使传统出版业面临较大竞争压力。图书发行零售环节也明显感觉到了亚马逊、当当等网络书店带来的挑战。新媒体（网络广告、电影、公关、有线电视等）行业处于成长初期，市场潜力巨大，能迅速抢占市场份额，传统媒体行业处于成熟后期，行业饱和度较高，面临着新的挑战。

（网络资料）

【任务实施】

实训 2-1　市场营销环境分析

【实训目的】

掌握市场营销环境分析的方法。

【实训内容】

请为学校附近开设的文印店进行营销环境分析。

【实训要求】

运用所学理论方法，对该文印店经营环境进行评价分析，并用 SWOT 分析方法对环境威胁与机会进行分析描述。

【实训方法】

从影响文印店经营的宏观环境、微观环境的主要因素入手进行分析，根据校园周边环境情况进行经营环境评价分析。

实训 2-2　运用 SWOT 分析法进行自我分析

【实训目的】

树立环境分析的意识。

【实训内容】

运用所学习的 SWOT 分析法对自我进行分析，并以此为基础列出自己的人生发展规划。

【实训要求】

将自主完成的实训内容保存为"学号姓名.doc"的文档上交。

【实训方法】

从自身的学习、兴趣爱好、特长、性格等内部因素，结合外界的专业发展机会、时代发展趋势等宏观因素分别列出优势、劣势、机会和威胁，进而确定自己未来的发展方向和行动方法。

【学以致用】

一、简答题

1. 市场营销环境包括哪些？
2. 简述 SWOT 分析法的内容。
3. 简述 PEST 分析法的内容。
4. 简述波特竞争五力分析法的内容。

二、判断题

1. 市场营销环境是一个动态系统，每一个环境因素都随着社会经济的发展而不断变化。　　　　　　　　　　　　　　　　　　　　　　　　　　　（　　）

2. 差异性是指细分市场之间客观存在着对某种产品购买和消费上明显的差异性，不同的细分市场对营销组合应该有不同的反应。　　　　　　　　　（　　）

3. 恩格尔系数越大说明生活越富裕。　　　　　　　　　　　　　（　　）

4. PEST 是微观环境分析方法。　　　　　　　　　　　　　　　（　　）

5. 波特竞争五力属于微观分析法。　　　　　　　　　　　　　　（　　）

三、选择题

1. 企业的营销活动不可能脱离周围环境而孤立地进行，企业营销活动要主动地去（　　）。

A. 控制环境　　　　B. 征服环境　　　　C. 改造环境　　　　D. 适应环境

2. （　　）因素是最明显、最容易衡量和运用的细分变数。

A. 人口环境　　　　B. 地理环境　　　　C. 消费心理　　　　D. 购买行为

四、案例分析题

案例一　冻鸡出口

欧洲一冻鸡出口商曾向阿拉伯国家出口冻鸡，他把大批优质鸡用机器屠宰好，收拾得干净利落，只是包装时鸡的个别部位稍带点血，就装船运出了。当他正盘算下一笔交易时，不料这批货竟然被退了回来。他迷惑不解，便亲自去进口国查找原因，才知退货原因不是质量有问题，只是他的加工方法触碰了阿拉伯国家的禁忌，不符合进口国的风俗。阿拉伯国家人民信仰伊斯兰教，规定杀鸡只能用人工，不许用机器；只许男人杀鸡，不许妇女动手；杀鸡要把鸡血全部洗干净，不许留一点血渍，否则便认为不吉祥。因此，欧洲商人的冻鸡虽好也仍然难逃被退货的厄运。

思考：

1. 分析欧洲商人被退货的原因。

2. 欧洲商人应采取什么措施？

案例二　"都是 PPA 惹的祸？"

先前，"早一粒，晚一粒"的康泰克广告曾是国人耳熟能详的医药广告，而康泰克也因为服用频率低、治疗效果好而成为许多人感冒时的首选药物。2000 年 11 月 17 日，国家药监局下发关于立即停止使用和销售所有含有 PPA 的药品制剂的紧急通知，并在 11 月 30 日前全面清查生产含 PPA 药品的厂家。一些消费者平时较常用的感冒药如康泰克、康得、感冒灵等因为含 PPA 而成为禁药。

2000 年，中国国家药品不良反应检测中心花了几个月的时间对国内含 PPA 药品的临床试用情况进行统计，再结合一些药品生产厂家提交的用药安全记录，发现服用含 PPA 的药品制剂（主要是感冒药）后会出现严重的不良反应，如过敏、心律失调、高血压、急性肾衰、失眠等症状；一些急于减轻体重的肥胖者（一般是年轻女性），由于盲目加大含 PPA 的减肥药的剂量，还出现了胸痛、恶心、呕吐和剧烈头痛。这表明这类药品制剂存在不安全的问题，要紧急停用。虽然涉及一些常用的感冒药，会对生产厂家不利，但市面上可供选择的感冒药还有很多，对患者不会造成任何影响。

11 月 17 日，天津中美史克制药有限公司的电话几乎被打爆了，总机小姐一遍遍跟打电话的媒体记者解释：公司没人，都在紧急开会。仍有不甘心的，电话打进公司办公室，还真有人接听——一位河南的个体运输司机证实：确实没人。这是国家药品监督管理局发布暂停使用和销售含 PPA 的药品制剂通知的第二天。

这次被列入暂停使用名单的有 15 种药，但大家只记住了康泰克，原因是"早一粒，晚一粒"的广告非常有名。作为对媒体广泛询问的一种回应，中美史克公司11月20日在北京召开了记者会，总经理杨伟强宣读了该公司的声明，并请消费者暂停服用这两种药品，至于能否退货，还要依据国家药监局为此事件做出的最后论断再定。他们的这两种产品已经进入了停产程序，但他们并没有收到有关康泰克能引起脑中风的副反应报告。对于自己的两种感冒药——康泰克和康得被禁，杨伟强的回答是：中美史克在中国的土地上生存，一切听从中国政府的安排。为了方便回答消费者的各种疑问，他们专设了一条服务热线。另据分析，康泰克与康得退下的市场份额每年高达6亿元。不过，杨伟强豪言：我可以丢了一个产品，但不能丢了一个企业。这句豪言多少显得有些悲怆：6亿元的市场，没了！紧接着，中美史克未来会不会裁员，也是难题。

6亿元的市场，康泰克差不多占了中国感冒药市场的一半，太大了！生产不含PPA感冒药的药厂，同时面临了天降的机会和诱惑。他们的兴奋形成了新的潮流。由于含PPA的感冒药被撤下货架，中药感冒药出现热销景象，感冒药品牌从三国鼎立又回到了春秋战国时代。

中美史克失意，三九得意，三九医药集团的老总赵新先想借此机会做一个得意明星。在接受央视采访时称：三九有意在感冒药市场大展拳脚。赵新先的概念是化学药物的毒害性和对人体的副作用已越来越引起人们的重视。无论在国内还是国外，中药市场前景非常被看好。三九生产的正是中药感冒药。三九结合中药优势论舆论，不失时机地推出广告用语："关键时刻，表现出色"颇为引人注目。

也想抓住这次机会的还有一家中美合资企业——上海施贵宝，借此机会大量推出广告，宣称自己的药物不含PPA。

在这些大牌药厂匆匆推出自己的最新市场营销策略时，一种并不特别引人注意的中药感冒药——板蓝根，销量大增，供不应求。

2000年11月发生PPA事件后，谁能引领感冒药市场主流曾被众多业内人士所关注。经过一年多的角逐，感冒药市场重新洗牌，新的主流品牌格局已经形成。调查显示，白加黑、感康、新康泰克、泰诺、百服宁等品牌在消费者中的知名度居前列。

思考：

1. 本案例中，中美史克公司遇到了什么危机？公司的经营环境发生了哪些变化？

2. 中美史克公司遇到哪些宏观环境因素变化？公司是否采取了相应的对策？

3. 如果你是中美史克的总经理，在自己的产品被禁而竞争对手大举进攻的情况下，你下一步将采取何种措施？

五、综合项目实训

市场营销环境分析

（一）实训目的

通过实训，使学生掌握市场营销环境分析的内容及方法与流程，能够在实践中应用环境分析的方法从而找到市场机会。

（二）实训材料

某职业技术学院有几位毕业生打算自主创业，准备在学院附近开办一个快递中心，请你帮助他们评价分析经营环境，以及应采取的相应策略。

（三）实训方法

从影响快递中心经营的宏观环境、微观环境的主要因素入手进行分析，根据校园周边环境情况进行经营环境评价分析。

（四）实训要求

运用所学理论方法，对该快递中心经营环境进行评价分析，并用SWOT分析方法对环境威胁与机会进行分析描述。

分析购买者与竞争者

学习目标

● 知识目标

1. 正确理解消费者市场的特征。
2. 掌握影响消费者购买行为的主要因素。
3. 了解消费者购买决策的一般过程。
4. 掌握组织市场购买行为的分析。
5. 掌握不同竞争模式下的竞争策略。

● 能力目标

1. 具备分析消费者市场需求发展变化的能力。
2. 具备认识我国现阶段一些典型行业竞争状况的能力。

● 素质目标

1. 严格遵守国家的法律法规，理性消费，增强责任意识。
2. 加强自我修养，合理规避竞争风险。

⊠ 案例导入

后疫情时代中国消费市场需求的六大新趋势

对于中国消费市场尤其是在线消费市场而言，2020 年这样一个特殊年份，可能是一个划时代的时间节点。在中国电商行业 20 多年的高速发展之后，技术进步、模式创新、国货品牌崛起等因素引发的供给变革，逐渐成长为市场主力的"90 后"和"Z 世代"消费者带来的需求分级，再叠加疫情等宏观变量对整个市场的全面影响，虽然中国消费者的消费能力仍在持续增长，但他们的消费意愿、消费观念，却正在发生深层次的结构性改变。

以 2020 年的"双 11"为例，为了在工作、家庭和自我三个层面提升幸福度，中国消费者的消费行为呈现出六大新趋势——职场幸福趋势、居住幸福趋势、外在幸福趋势、内在幸福趋势、健康幸福趋势、情感幸福趋势。

办公室，是现代都市人最主要的活动场景之一。为了缓解职场压力，提升工作环境的健康度、舒适度，成为诸多新时代职场人最直接有效的选择。首先，职场人的身体保健意识明显增强。"买最贵的人体工学椅，加最久的班"，不是一句调侃，而是现实却无奈的选择。其次，职场人对工作环境舒适度的追求正在不断提升，这既反映了职场人"享受当下，重视此刻"的普遍心态，更体现了年轻一代职场人的全新消费理念。不过，对办公小件的选择也存在明显的地域差异，加湿器是北方消费者的首选，而南方消费者最偏爱的却是取暖机。

告别工作场景，回到居住环境，健康依然是消费者重点追求的幸福选项之一。这一点，在后疫情时代表现得更加突出。数据显示，消费者在购买家电时更加注重安全和卫生，健康功能已成为家电最重要的卖点。健身，当然也是健康类消费中的重要一项，而由于疫情的影响，职场人的健身场所，正在从健身房向家庭转移。

回归家庭：提升每个成员的幸福度

一场疫情，让更多人意识到了家庭生活的重要性，越来越多的人更愿意和家人聚在一起，在家享受一顿饭、一部电影的时间。反映在数据层面，则是改善家庭及家庭成员生活状态相关产品和服务的销量激增，青中年"给父母和孩子下单，为爱花钱"趋势日益明显。亲子教育，则是家庭消费的另一种重要内容，并且，"90后"父母表现出明显的"氪金育儿"倾向，母婴营养辅食、亲子课程、益智玩具等，细致入微，消费选择日益多元。此外，举家出游也成为消费者热选，亲子乐园景区度假广受欢迎。

自我实现：为了成长和快乐而消费

在2020年这样一个特殊的年份，面对外部的动荡，越来越多的人对于自身成长和精神世界有了更多的关注、思考和投入。显然，用户正在从标品化的使用追求转向非标品的精神追求，持续学习成为缓解焦虑的一剂良药，并且，为课程付费的理念正在深入人心。"上班谋生存，下班求发展"，正在成为新时代职场人的共识。读书，依然是众多职场人实现自我提升的重要手段。在自我实现层面，"90后"和"Z世代"消费者表现出了与前人显著差异的消费取向，并彰显了多个细分市场的巨大潜力。

受益于"勇于尝新"的新一代消费者的，还有诸多创新产品和服务。比如，"90后"和"Z世代"用户不像前人只买熟悉的品牌和产品，他们愿意购买小样，先试后买，不断尝新，给自己更多选择，并由此催生了"小样经济"的快速发展。在消费市场持续扩容的大背景下，一个正在发生的重要变化是，一方面，消费者愿意为自己真正喜爱的商品支付一定的溢价；另一方面，消费者也不会过度追求品牌效应。这也意味着，中国消费市场正在步入"消费升级和消费分级并存"的理性消费时代。

任务描述

从对后疫情时代中国消费市场需求的六大新趋势分析中，可以看到大三管理专业学生杨帆要想创业，他不仅要认识消费者市场的概念及特征，掌握影响消费者购买行为的主要因素，了解购买者决策过程经历的阶段及影响因素，并且要根据所学内容进行消费者购买行为分析、组织市场购买行为分析及市场竞争分析。

任务分解

通过网络了解消费者需求的发展变化；深入市场进行实际考查参观，与市场经营人员交流沟通，了解消费者市场的新变化。

知识准备

购买者是指在市场经济条件下，有获得某种商品或服务且具有货币购买力的欲望并实施购买（消费）行为的个人、家庭和组织。本书按照市场主体不同，分别从消费者市场和组织购买者市场来分析购买者的行为特征，对购买者需求进行研究。

任务一　消费者市场购买行为分析

一、消费者市场的特征

消费者市场又称消费品市场，是指为满足个人或家庭需要而购买商品或劳务形成的市场。它是许多商品的最终归宿，在所有的市场类型中是最重要的，也是起决定作用的市场。它有以下特征：

（一）购买的非盈利性

消费者市场的购买者是为了满足自身的生活消费需要，而不是为了盈利去转卖，或者进行再加工。这有别于生产者市场和中间商市场。

（二）选择商品的非专家型

消费者市场涉及的商品千千万万，他们不可能全部了解。所以一般都缺乏专业的商品知识和市场知识。在购买商品时，容易受广告宣传、促销方式、商品包装和服务态度等影响。

（三）消费需求的层次性

不同消费者的收入水平、社会阶层、受教育程度等的差别，使消费者对各类消费资料的需求有急有缓，有低有高，表现出一定的层次性。虽然每一个消费者的需求在一段时期处在一定的层次上，但社会经济中必然同时存在高中低不同的需求。

（四）商品消费之间的替代性

消费品中除了少数商品不可替代外，大多数商品都可找到替代品或可以互换使用的商品。因此，消费者市场中商品的品种、类别、品牌等之间的竞争更激烈。

（五）参与者的广泛性

消费者人数众多，市场广阔。从城市到乡村，从国内到国外，不论其是否直接购买，但一定是生活资料的消费者。而且每次购买的数量小、次数多，这就要求经营者广泛设点，方便消费者购买。

（六）消费需求的流行性

消费需求不仅受消费者内在因素的影响，还会受环境、时尚、价值观等外在因素的影响。时代不同，消费者的需求也会有很大的差别。

二、影响消费者购买行为的主要因素

消费者购买行为的形成过程十分复杂。一个人之所以去买方便面，可能源自内在的需要，也可能来自外部的刺激，他选择方便面而不是其他的食品又是由许多必然和偶然的因素共同作用的结果。因此，消费者购买商品的行为看似简单，实际有许多相关的影响因素。具体包括经济因素、社会和文化因素、心理因素等。

（一）经济因素

经济因素是分析消费者购买行为的基础。从经济因素来分析消费者的购买行为，认为消费者总是根据自己的有限收入和所能获得的市场信息，去购买自己最急需、最有价值的东西。经济学家作此分析是建立在一定的假设条件下：

（1）竞争是完全的，市场格局中不存在任何垄断。

（2）信息是完全的，市场上所有信息是完全沟通的，企业了解消费者的需求，消费者也了解企业的生产。在此条件下，消费者的购买行为主要考虑以下三个方面的问题：

第一，产品的功能与价格的相互统一。产品的价格和性能的比值（性价比）是决定消费者是否购买的支配因素，它决定了消费者购买的方向、品种、品牌等。性价比越高，消费者越愿意接受。

第二，边际效用递减规律。边际效用是指每增加一个单位商品的消费而增加的利益。一般情况下，对某种商品购买得越多，其需求的满足程度就越大，也就是总效用越大。但随着购买数量的增加，其边际效用却是递减的。比如对一个饥肠辘辘的人来说，第一个烧饼可以救命，第二个可以充饥，越吃到后边，对他的满足程度越低，直至可能损害其健康。边际效用递减规律告诉我们，消费者的购买力是有限的，他们总是把钱用在能够取得最大边际效用的商品上。只有当产品的价格下降，或者产品的质量或性能得到改进，用相同的货币可以得到更大的效用时，才会刺激新的需求。

第三，产品的价格能否适应目标市场消费者的购买力。消费者购买行为是一种理性的行为，产品的价格是一个很重要的影响因素。低收入者往往比高收入者对价格更敏感，因此，企业必须考虑其开发的产品及制定的价格能否为目标市场的消费者接受。

（二）社会和文化因素

现代市场营销观念认为，随着人们可任意支配收入的增加，市场商品日益多样化，人们的需求越来越广泛，要求越来越高，经济因素对消费者的影响越来越小，而社会文化、心理的影响会相对增大。消费者的需求和欲望受社会地位、社会关系、文化环境等的影响而各不相同。企业必须认真研究这些因素的影响，并采取相应的对策。

1. 社会因素

社会因素主要包括消费者所处的相关群体、家庭、社会角色与地位及社会阶层等。

（1）相关群体。相关群体是指那些影响人们的行为、态度和意见并且与之产生相互作用的群体。相关群体对消费者的影响主要通过三个途径表现：

第一，相关群体为每一个消费者提供了各种可供选择的消费行为或生活方式的模式，也就是说，每一相关群体就是生活方式的模式，即一个细分市场，进入哪一个群体，即接受何种生活模式。

第二，引起人们的仿效欲望，从而影响人们对某种事物或商品的态度，起牵引作用。

第三，使人们的行为趋于某种一致化，从而影响人们对某种商品的选择。

相关群体有以下几种分类：

①首要群体：联系最紧密的群体，如家庭、朋友、同事、邻居等。

②次要群体：联系不是最紧密的，但通过某种要素联系起来，如职业协会、宗教、班级等。

③有共同志趣的群体：它不是正式的社会团体，其成员没有正式的交往，联系比较松散，只是有共同的兴趣。如歌星与歌迷、球星与球迷。有许多人会效仿明星的一举一动。这些名人及其崇拜者无形中形成一个有共同志趣的团体，该团体内有影响力的人物，称为"意见领袖"，他使用的产品会被崇拜者和追随者效仿使用。

（2）家庭。家庭成员之间的相关影响最为强烈和持久，对购买行为影响极大，是最重要的消费群体。在一个家庭中，丈夫、妻子和孩子对购买产品或服务时的作用和影响到底有多大，既取决于家庭权威中心的类型，是丈夫做主型、妻子做主型，还是共同决定型，也取决于产品种类或他们处在购买决策过程中的哪一步。购买与生活方式关系很大，在美国，妻子一直是家庭购买活动的主要完成者，特别是在食品、日用品和服装上。由于现在大多数的妇女在工作，她们希望丈夫也帮家里买东西，所以情况正在变化。例如，45%的轿车是妻子做主买的，40%的食品购买是丈夫付的款。然而，在不同国家或社会阶层情况有所不同，比如现在中国家庭独生子女的特殊地位，打破了传统的"权威"而影响购买决策。市场营销人员必须对目标市场的有关情况不断进行研究。

（3）社会角色与地位。一个人可以同时属于多种组织，如家庭、俱乐部或其他组织。

每个人在组织中的位置可以用社会角色和地位来定义。比如：张三与父母在一起时，他是儿子；在家里，他是丈夫，是父亲；在单位，他是演员。

社会角色代表一种地位，反映了社会对这种地位的承认，或代表一定时期人们普遍的看法。比如，在人们的心目中，军人的形象是威武刚毅，教师的形象是文质彬彬。人们在消费中常选择代表其社会地位的产品。

（4）社会阶层。社会阶层是指一个社会按一定的标准将社会成员划分为相对稳定的不同层次，每一个层次都是由具有相似的社会经济地位、利益和价值观的人组成的群体。不同的社会阶层，消费者的价值观念、生活方式、购买模式都是不一样的，从营销角度分析，社会阶层有下列四个特性：

①在同一社会阶层内，人们具有基本相同的价值观、经济状况、兴趣爱好等。

②人们以社会阶层决定其社会地位，即社会地位和社会阶层之间具有关联性。

③人们在社会阶层中的位置并不是由某个单一的因素决定的，而是由他们的收入、职业、学历、价值观等多因素来决定，多种因素的权数是不一样的。

④社会阶层是连接而非分散的。

在我国，各种社会阶层是客观存在的，一般按收入等因素将我国城市居民划分为五个消费层次：富豪及超富豪型、富裕型、小康型、温饱型、贫困型。

美国社会分七个阶层：上上、上下、中上、中等、中下、下上、下下。

✉ 资料链接

美国七种主要社会阶层的划分

1. 上上层（不到2%）：他们是继承了大量的遗产、出身显赫的阶层。

2. 上下层（2%左右）：他们是职业和业务能力非凡、拥有高薪和大量财产的阶层。

3. 中上层（12%）：他们没有高贵的出身，也没有多少财产，关心的是自己的职业前途。例如已经获得自由职业者、独立的企业家及公司经理等职位的人。

4. 中等层（32%）：他们是中等收入的白领与蓝领工人，居住在"城市中较好的一侧"，并力图"干一些与自己的身份相符的事"的阶层。

5. 中下层（38%）：他们是中等收入的蓝领工人和那些过着"劳动阶层的生活方式的人"，而不论他们收入多高、学校背景及职业怎样。

6. 下上层（9%）：他们的工作与财富无缘，虽然生活水平刚好在贫困线以上，却无时不在追求较高的阶层。

7. 下下层（7%）：他们是与财富不沾边的，一看就知道贫穷不堪，常失业或干"最肮脏的工作"，他们对寻找工作不感兴趣，长期依赖着公众或慈善机构的救济。

2. 文化因素

文化因素是指人类在社会历史发展过程中所创造的物质财富和精神财富的总和，包括民族传统、宗教信仰、风俗习惯、教育层次和价值观念等。文化是决定人们需求和行为的最基本因素，每一种社会和文化内部都包含若干亚文化群，它们以特定的方式将各成员联系在一起，形成相对独特的态度、信仰和生活方式。每一种亚文化群可以把它看成是一个细分市场。

（1）民族传统。各民族都有自己的文化传统。如中华民族一向有勤劳、节俭的传统，在消费上表现为重积累、重计划等。在选择商品时追求实惠和耐用，相对而言不太注重外观包装，而且大部分开支是用于日用品，讲理智。而西方有些国家则不同，一向强调享受人生，在消费行为上表现为注重当前消费效果，购买时不太讲实用，冲动性购买较多，选择商品时讲究环境、追求商品外观装饰等。

（2）宗教信仰。世界上的宗教信仰多种多样，对于相关信徒的婚丧嫁娶、饮食起居等有许多规定，这些规定无疑影响到人们的消费购买行为。如信奉伊斯兰教的人们都要吃清真食品，禁食猪肉。在这些教区推销猪肉及猪肉制品显然是一大营销禁忌。一些宗教节日和与宗教信仰有关的传统节日往往是消费者的消费旺季，也是营销人员推销相关商品的黄金时间。

（3）风俗习惯。不同的国家、地区和民族都有其独特的风俗习惯，这些风俗习惯有的是因历史、宗教而形成的，有的是因自然环境、经济条件所决定的。如东方国家习惯上把红色作为吉祥的象征，而在法国和瑞典则视红色为不祥之兆。为此，当中国的红色爆竹在这些国家或地区销售时，销路自然不畅，后改用灰色，才把销路打开。在我国，有中秋吃月饼、端午吃粽子的传统，因而每年的中秋、端午都出现对月饼和糯米的购买热潮。

（4）教育层次。现实社会中，人们所受教育的程度和层次是存在差异的，这些差异也会影响到人们的消费行为。如教育层次较低的群体在选择购买食品时，易流于对某一食物的盲目倾向性消费并较多地受到味觉的驱使，而教育层次较高的群体则依据科学、合理的营养组合原则来选购食品；教育层次较高的家庭，购买儿童玩具比较注重玩具对儿童智力的开发，而层次较低的家庭对玩具的选购则偏向于满足儿童的直接玩耍要求。

（5）价值观念。价值观念是指人们对事物的是非与优劣的评判原则和评判标准。改革开放前，中国消费者认为富裕并非是光荣之事，标新立异是不合群之举。这种观念反映到服装消费上，便是追求朴素、大众化的格调。而改革开放后，人们的价值观念发生了重大变化，在购买服装时更多地倾向于式样、面料、色彩的新颖，注重服装与个性的协调，追求个性化。

（三）心理因素

消费者的购买行为还会受到动机与需要、知觉、学习、态度与信念等主要心理因素的影响。

1. 动机与需要

动机是推动个人进行各种活动的驱策力。动机是行为的直接原因，促使个人采取某种行动，规定行为的方向。

动机由需要而生。消费者的购买行为，是消费者解决他的需要问题的行为。不同的人有不同的需要，人们在生理上、精神上的需要也就具有广泛性与多样性。每个人的具体情况不同，解决需要问题轻重缓急的顺序自然各异，也就存在一个"需要层次"。急需满足的需要，会激发起强烈的购买动机，需要一旦满足，则失去了对行为的激励作用，即不会有引发行为的动机。

1943年，马斯洛（Abraham. h. maslow）提出需求层次理论，他认为人有一系列复杂的需求，按其优先次序分成生理需求、安全需求、社交需求、尊重需求和自我实现需求五类，依次由较低层次到较高层次。

第一层次是生理需求，指能满足个体生存所必需的一切需要，如食物、衣服，等等。这类需求的级别最低，人们在转向较高层次的需求之前，总是尽力满足这类需求。

第二层次是安全需求，指能满足个体免于身体与心理危害恐惧的一切需要，如收入稳定、强大的治安力量、福利条件好、法制健全等。和生理需求一样，在安全需求没有得到满足之前，人们唯一关心的就是这种需求。

第三层次是社交需求，指能满足个体与他人交往的一切需要，如友谊、爱情、归属

感，等等。社交需求包括对友谊、爱情以及隶属关系的需求。当生理需求和安全需求得到满足后，社交需求就会凸显出来，进而产生激励作用。

第四层次是尊重需求，指能满足他人对自己的认可及自己对自己认可的一切需要，如名誉、地位、尊严、自信、自尊、自豪等。尊重需求既包括对成就或自我价值的个人感觉，也包括他人对自己的认可与尊重。

第五层次是自我实现需求。自我实现是人类最高层次的需求，指满足个体把各种潜能都发挥出来的一种需求实，如不断地追求事业成功、使技术精益求精，等等。自我实现需求的目标是自我实现，或是发挥潜能。

其中前三种需求可称为缺乏型需求，只有在满足了这些需求后，个体才能感到基本上舒适。后两种需求可称之为成长型需求，因为它们主要是为了个体的成长与发展。

马斯洛认为各层次需求之间有以下关系：

（1）一般来说，这五种需求像阶梯一样，从低到高。低一层次的需求获得满足后，就会向高一层次的需求发展。

（2）这五种需求不是每个人都能满足的，越是靠近顶部的成长型需求，满足的百分比越少。

（3）同一时期，个体可能同时存在多种需求，因为人的行为往往是受多种需求支配的。每一个时期总有一种需求占支配地位。

2. 知觉

消费者被激发起动机后，随时准备行动。然而，如何选择则受他对相关情况的知觉程度的影响。

知觉是指人们的感觉器官对外界的刺激或情境的反应或印象。知觉不但取决于刺激物的特征，而且还依赖于刺激物同周围环境的关系以及个人所处的状况。人的知觉过程存在三种机制。

（1）选择性注意——人们感觉到的刺激，只有少数引起注意、形成知觉，多数会被有选择地忽略。一般来说，以下情况容易引起注意并形成知觉：

①与最近的需求有关的事物；

②正在等待的信息；

③大于正常、出乎预料的变动。

（2）选择性曲解——人们对注意到的事物，往往喜欢按自己的经历、偏好、当时的情绪、情境等因素做出解释。这种解释可能与企业的想法、意图一致，也可能相差很大。

（3）选择性记忆——人们容易忘掉大多数信息，却总是能记住与自己态度、信念一致的东西。企业的信息是否能留存于顾客记忆中，对其购买决策影响甚大。

3. 学习

学习指人会自觉、不自觉从很多渠道、经过各种方式获得后天经验。消费者的学习过程中，以下几点特别需要关注：

（1）加强：购后非常满意，会加强信念，以至于重复购买。

（2）保留：称心如意或非常不满，会念念不忘。

（3）概括：感到满意会爱屋及乌，对有关的一切也产生好感；反之，则会殃及池鱼。

（4）辨别：一旦形成偏好，需要时会百般寻求。

4. 态度与信念

通过实践和学习，人们获得了自己的信念和态度，他们又反过来影响人们的购买行为。态度是人对事物所持有的持久的、一致的评价、反应，包括三个互相联系的成分：信念、情感与倾向。

态度的形成是逐渐的，产生于与产品、企业的接触，其他消费者的影响，个人的生活经历、家庭环境的熏陶。态度一旦形成，不会轻易改变。

信念是被一个人所认定的可以确信的看法。信念可以建立在不同的基础上。如"吸烟有害健康"，以"知识"为基础的信念；"汽车越小越省油"，可能是建立在"见解"之上；某种偏好，很可能由于"信任"而来。消费者更易于依据"见解"和"信任"行事。

✉ 资料链接

微信——人们生活方式的改变

2021年1月19日，腾讯高级执行副总裁、微信事业群总裁张小龙在"2021微信公开课PRO"重头戏的"微信之夜"活动上亮相。在一个多小时的时间里，他从视频号、直播等方面分享了微信十年的重要进展。他说，虽然多了很多功能，但微信还是像十年前那样简单，"小而美的产品，有自己的灵魂，我和团队的工作也因此而有意义"。

张小龙表示，去年这个时候，还想不到微信公开课会以视频号直播的方式来举行，而这个方式因为疫情变成了现实。他说，当初开发微信，是因为自己需要一个沟通的工具。"当时也没有想到，十年后的微信会是这样，十年后来看，觉得自己特别幸运，是'上帝选中的那个人'"。

张小龙在演讲中表示，每天有10.9亿用户打开微信，3.3亿用户进行了视频通话；有7.8亿用户进入朋友圈，1.2亿用户发表朋友圈，其中照片6.7亿张，短视频1亿条；有3.6亿用户读公众号文章，4亿用户使用小程序。微信支付已经像钱包一样，成了一个生活用品。"十年后，微信变成了某种意义上的生活方式，这要感谢微信平台上的每一个创作者"。

张小龙在演讲中首先谈到视频号。2020年1月9日，他在2020微信公开课PRO上预告：微信的短内容一直是微信要探索的方向；10天之后，微信视频号正式开启内测。张小龙说，视频表达变得越来越普及，最近5年，微信每天发送视频数量上升了33倍，视频化表达会是下一个10年内容的主体。他称，微信在2019年组建小团队开发视频号，当时定位视频化的微博，发布的时候，很多媒体不看好，但自己却认为，"不看好反而才有戏"。

微信团队对视频号的定义是：视频号是一个人人可以记录和创作的平台，也是一个了解他人、了解世界的窗口。张小龙说，视频应该是以结构化的数据而非文件的方式存在云端，并且很容易分享出去。视频号的意义，与其说是视频，不如说是"号"，因为有了一个公开的号，意味着每个人都有了一个公开发声的身份。将来微信里流通的视频内容会越来越多以视频号的形式来存在。微信就像一个视频图书馆，随着时间沉淀越来越多的视频内容。他说，希望视频号未来变成每一个普通人都能用的东西，不仅仅是大V和网红。

2020年10月，微信视频号上线直播，两个月后，微信视频号直播支持推拉流直播。谈到直播时，张小龙说，互联网内容形态一直在演变，越来越碎片化，他也一直在思考"什么样的内容形态能被普通人接受"，而直播是有这个机会的。"短视频有创作门槛，需要做精美的内容，但直播不用"，他说，一个真实的直播应该是很轻松的，未来直播会变成很多人在用的一种个人的表达方式，它的终极形态是"每个人都是别人的眼睛"。在微信的下个迭代版本中，将设置直播入口，希望今年春节有一些人通过直播的方式来拜年。

谈到用户隐私保护时，张小龙表示："确实不会看你们的聊天记录，如果要看会被开除的，我们这里不保存聊天记录。"他也表示，收到很多用户投诉聊天记录被窃取，输入什么就会看到相应的广告。出于保护用户的隐私，微信就要自己做一个输入法。"输入法是信息输入的第一个入口，会有一些想象不到的输入方式产生"。

在 2019 年微信公开课的"微信之夜"上，张小龙曾发表了长达 4 小时的演讲，他在演讲中总结了微信 8 年，并阐述了他的产品观。去年的微信公开课，张小龙以视频的形式亮相，在 12 分钟里分享了对信息互联的 7 个思考，包括隐私的出让、信息获取的被动、社会关系的扩大和复杂、信息传播的快速、信息选择的困难、信息的多样性、搜索的困难。

三、购买者决策过程

在购买时，消费者要经过一个决策过程，包括认识需求、收集信息、选择评价、购买决策和购后感受。营销者应该了解每一个阶段中的消费者行为，以及哪些因素在起影响作用。这样就可以制定针对目标市场的行之有效的营销方案。

（一）认识需求

消费者有需求，才可能有购买行为。需求可能由内部刺激引起；也可能由外部刺激引起。这时消费者可能会察觉到他目前的实际状况与理想状况的差异，会认识到需求。

（二）收集信息

1. 消费者如何收集信息

消费者最终的购买行为一般需要相关信息的支持。认识到需要的消费者，如果目标清晰、动机强烈，购买对象符合要求，购买条件允许，又能买到，消费者一般会立即采取购买行动。

在许多场合，认识到的需求不能马上满足，只能留存记忆当中。随后，消费者对这种需求或者不再进一步收集信息，或者积极主动收集信息。

2. 消费者搜集信息的积极性

（1）需求十分迫切的消费者，会主动寻找信息。

（2）需求强度较低的消费者，不一定积极、主动寻找信息，但对有关的信息保持高度警觉、反应灵敏——处于"放大的注意"的状态。比如，一个人想在不久以后购买电脑，他会对有关的广告、商店里的电脑品牌、熟人或不相识者关于电脑的议论，比平时更加留心。

（3）需求强度继续增加到一定程度，就会像需求一开始就很强烈的消费者，进入积极主动寻求信息的状态。

3. 消费者收集信息的程度

消费者收集信息的范围和数量取决于两个因素：购买类型和风险感。

（1）购买类型。初次购买的信息要多，范围较广；重复购买所需信息较少，内容也不一样。

（2）风险感。消费者对风险的认识，一方面受产品、价格影响：价格越高，使用时间越长，风险感越大，就会努力搜寻更多的信息；另一方面受个人因素影响：同样的购买，谨小慎微的人风险感就大，办事马虎的人风险感则小。消费者容易感受到的购买风险主要有：

①效用风险——所购产品是否适用；

②经济风险——花钱是否值得；

③名誉风险——被品头论足，人们会怎么看待。

4. 消费者信息的来源

消费者的信息来源主要有以下几种。

（1）个人来源：家庭、朋友、邻居、熟人等。

（2）商业来源：广告、销售人员、经销商、包装、陈列、展销会等。

（3）公共来源：大众媒介、消费者权益保护机构等。

（4）经验来源：接触、检查及使用某产品等。

这些信息来源的相对影响力因产品和消费者的不同而变化。总的说来，信息主要来自商业来源，而最有影响力的是个人来源，公共来源的信息可信度较高。

（三）选择评价

通过收集信息，消费者熟悉了市场上的竞争品牌，如何利用这些信息来评价确定最后可选择的品牌？其过程一般是：某消费者只能熟悉市场上全部品牌的一部分，而在熟悉的品牌中，又只有某些品牌符合该消费者最初的购买标准，在有目的地收集了这些品牌的大量信息后，只有个别品牌被作为该消费者重点选择的对象。

（四）购买决策

在评价选择阶段，消费者会在选择组的各种品牌之间形成一种偏好；也可能形成某种购买意图而偏向购买他们喜爱的品牌。但是，在购买意图与购买决策之间，有两种因素还会产生影响作用。

第一种因素是其他人的态度，第二种因素是未预期到的情况。这两种因素若对购买意图有强化作用，则购买决策会顺利实现；反之，则购买决策受阻。

（五）购后感受

1. 购后感受的含义

消费者购买以后，往往通过使用或消费购买所得，检验自己的购买决策；重新衡量购买是否正确；确认满意程度；作为今后购买的决策参考。预测、衡量购后感受，有两种理论：

（1）"预期满意"理论。该理论认为，消费者购买产品以后的满意程度取决于购买前期望得到实现的程度。如果感受到的产品效用达到或超过购前期望，就会感到满意，超出越多，满意感越大；如果感受到的产品效用未达到购前期望，就会感到不满意，差距越大，不满意感越大。

（2）"认识差距"理论。这种理论认为，消费者在购买和使用产品之后对产品的主观评价和产品的客观实际之间总会存在一定的差距，可分为正差距和负差距。正差距指消费者对产品的评价高于产品实际和生产者原先的预期，产生超常的满意感。负差距指消费者对产品的评价低于产品实际和生产者原先的预期，产生不满意感。

2. 消费者满意的价值

消费者对产品满意与否直接决定着以后的行为。消费者满意的价值体现在以下几方面：

（1）忠诚于你的公司时间更久。

（2）购买公司更多的新产品，增加购买数量，提高购买产品的等级。

（3）为你的公司和品牌、产品说好话。

（4）忽视竞争者品牌和广告并对价格不敏感。

（5）向公司提出产品/服务的建议。

（6）由于交易惯例化而比新顾客降低了服务成本。

四、购买者类型

消费者购买决策随其购买类型的不同而变化。阿萨尔根据消费者在购买过程中参与者的介入程度和品牌间的差异程度，将消费者购买行为划分为四种类型。

（一）复杂的购买行为

复杂的购买行为是指消费者在购买价格高昂、购买频率低、不熟悉的产品时，会投入很大精力和时间，如电脑、汽车、商品房等。一般来说，如果消费者不知道产品类型，不了解产品性能，也不知晓各品牌之间的差异，缺少购买、鉴别和使用这类产品的经验和知识，则需要花费大量的时间收集信息，学习相关知识，做出认真的比较、鉴别和挑选等购买努力。

（二）习惯性的购买行为

习惯性的购买行为是指在购买价格低廉、品牌间差异性小的产品时，消费者的介入程度会很低，并且会形成购买习惯，如酱油、啤酒等。对于类似的低度介入的产品，消费者没有对品牌信息进行广泛研究，也没有对品牌特点进行评价，对决定购买什么品牌也不重视；相反，他们只是被动地接受信息。消费者不会真正形成对某一品牌的态度，他之所以选择这一品牌，仅仅因为它是熟悉的。产品购买之后，由于消费者对这类产品无所谓，也就不会对它进行购后评价。

（三）减少不协调感的购买行为

减少不协调感的购买行为指消费者在购买产品时的介入程度并不高，但在购买后容易产生后悔、遗憾，并会设法消除这种不协调感。比如有些产品价格高但是各品牌之间并不存在显著差异，消费者在购买时不会广泛收集产品信息，也不投入很大精力去挑选品牌，购买过程迅速而简单，但是在购买以后容易认为自己所买产品具有某些缺陷或觉得其他同类产品有更多的优点而产生失调感，怀疑原先购买决策的正确性。

（四）寻求多样性的购买行为

寻求多样性的购买行为是指消费者在购买某些价格不高但各品牌间差异显著的产品时，容易有很大的随意性，频繁更换品牌。比如饼干这样的产品，品种繁多、各品牌间差异大、价格便宜，消费者在购买前不做充分评价，就决定购买，待到入口时再做评价。但是在下次购买时又转换其他品牌。转换的原因是厌倦原口味或想试试新口味，是寻求产品的多样性而不一定有不满意之处。

任务二   组织市场购买行为分析

一、组织市场的结构和特征

扫一扫

组织市场
购买行为分析

（一）组织市场的概念

组织市场是指工商企业为从事生产、销售等业务活动以及政府部门和非营利组织为履行职责而购买产品和服务所构成的市场。

（二）组织市场的类型

组织市场一般包括生产者市场、中间商市场、非营利性组织市场和政府市场。

（1）生产者市场。生产者市场也称产业市场或企业市场，是指购买产品或服务用于生产其他产品或服务，以供销售、租赁或提供给其他人以获取利润的组织和个人。

（2）中间商市场。中间商市场也称转卖者市场，是指购买商品或劳务以转售或出租给他人获取利润为目的的个人和组织，包括批发商和零售商。

（3）非营利性组织市场。非营利性组织泛指所有不以营利为目的、不从事营利性活动的组织。我国通常将非营利性组织称为"机关团体、事业单位"。

（4）政府市场。政府市场是指为执行政府的主要职能而采购或租用产品的各级政府单位和下属各部门。

（三）组织市场的特征

（1）组织需求是一种派生需求。组织机构购买产品是为了满足其顾客的需要，也就是说，组织机构对产品的需求，归根结底是从消费者对消费品的需求中派生出来的。显然，皮鞋制造商之所以购买皮革，是因为消费者要到鞋店去买鞋的缘故。

（2）购买决策过程的参与者往往不只是一个人，而是由很多人组成。甚至连采购经理也很少独立决策而不受他人影响。

（3）由于购买金额较大，参与者较多，而且产品技术性能较为复杂，所以，组织购买行为过程将持续较长一段时间，几个月甚至几年都是可能的，这就使企业很难判断自己的营销努力会给购买者带来怎样的反应。

（4）物质产品本身并不能满足组织购买者的全部需求。企业还必须为之提供许多配套服务。

二、组织市场购买行为的分析

（一）组织市场购买行为的类型

（1）直接重购。直接重购是指采购部门按照过去的订货目录和基本要求继续向原先的供应商购买产品。这是最简单的一种购买类型。

（2）修正重购。修正重购是指改变原先所购产品的规格、价格或其他交易条件后再进行购买。用户会与原先的供应商协商新的供货协议甚至更换供应商。

（3）新购。新购是初次购买某种产品和服务。这是最复杂的购买类型。

在直接重购的情况下，购买者所做的决策数量最少。而在新购的条件下，购买者所做的决策数量最多。

（二）组织市场购买行为的参与者

（1）使用者。使用者是直接具体使用某种产品或服务的人员。使用者往往是提出购买某种产品的倡议者。使用者在购买产品的品种、规格中起着重要作用。

（2）影响者。影响者是直接或间接参与购买过程，并在采购中心发挥一定行政威力，进而影响采购决策的人员。

（3）决策者。决策者是有权决定买与不买，决定购买产品规格、数量和供应商的人员。

（4）批准者。批准者是有权批准决策者或购买者所提的购买方案的人员。

（5）采购者。采购者是被赋予权利并按照采购方案选择供应商和商谈采购条款的人员。

（6）信息控制者。信息控制者是企业外部和内部能够控制信息流传到决定者、使用者和采购中心成员的人员。

（三）影响组织市场购买决策的主要因素

影响购买决策的基础性因素是经济因素，即产品的质量、价格和服务，但在不同供应商的产品质量、价格和服务基本没有差异的情况下，其他因素就会对购买决策产生重大影响。这些因素可以分为四大类：环境因素、组织因素、人际因素和个人因素。

1. 环境因素

环境因素包括国家的经济前景、市场需求水平、技术发展、竞争态势、政治法律状况等。

2. 组织因素

组织因素主要应考虑以下问题。

(1) 购买中心的管理层级有多少？

(2) 有多少人参与购买决策？是哪些人？

(3) 购买中心成员间的互动程度如何？

(4) 购买中心的选样或评估标准是什么？

(5) 组织的购买政策有哪些？它对购买者有哪些限制？

3. 人际因素

采购中心一般包括使用者、影响者、采购者、决定者和信息控制者，这五种成员都参与购买决策过程。这些参与者的地位、职权、说服力和相互之间的关系各有不同，这种人际关系会影响组织市场的购买决策和购买行为。

4. 个人因素

购买决策过程中的每一个参与者都带有个人动机、直觉和偏好，这些因素受决策参与者的年龄、收入、教育、专业文化、个性以及对风险意识态度的影响。

三、组织市场购买决策过程

组织市场的购买决策过程与消费者的购买决策过程相比，一般更复杂。购买决策过程可分为 8 个阶段，如图 3 - 1 所示。

图 3 - 1　组织市场购买决策过程

(1) 提出需要。提出需要是购买决策过程的起点。它是指用户认识到了某个问题或某种需要，且该问题或该需要可以通过得到某一产品或服务来解决时，便开始了采购过程。

(2) 确定总体需要。需要提出后，进一步分析需要，确定所需产品的品种、性能、特征、数量和服务等。确定标准化的产品的要素相对比较容易，而非标准化的复杂产品的要素则需采购人员、使用者、技术人员乃至高层决策人员共同协商才能确定。

(3) 说明需要。它是第二阶段的延伸，就是对所需产品更详细、更精确的描述，对所购产品的品种、性能、特征、数量和服务，写出详细的技术说明书，作为采购人员的采购依据。

(4) 寻找供应商。指采购人员根据产品技术说明书的要求寻找最佳供应商。

(5) 征求建议。对已物色的多个候选供应商，购买者应请他们提交供应建议书，取得预购产品的相关信息资料，如产品目录、质量标准、价目表等，尤其是对价值高、价格高的产品，还要求他们写出详细的说明，对经过筛选后留下的供应商，要求他们提供正式的说明。

(6) 选择供应商。指对供应商提供的产品质量、数量、价格、信誉、交货期限和技术服务等加以分析评价，以选择符合企业自身要求的最终供应商。

(7) 签订合约。指用户根据所购产品的技术说明书、需要量、交货时间、退货条件、担保书等内容与供应商签订最后的订单。

(8) 绩效评价。指用户对各供应商的绩效进行评价，通过绩效评价，以决定维持、修正或中止向供应商采购。

由上述可见，组织市场的购买决策过程是在购买前所进行的、从产生需要到对即将购买的产品进行评估的一系列过程。但是具体过程是依不同的购买类型而定，并非所有的购买类型都要经过这 8 个阶段，直接重购和修正重购可能跳过某些阶段，新购则要经历完整的 8 个阶段，如表 3 – 1 所示。

表 3 – 1　不同购买行为类型的购买决策过程

购买类型 购买阶段	新购	修订再采购	直接再采购
1. 提出需要	是	可能	否
2. 确定总体需要	是	可能	否
3. 说明需要	是	是	是
4. 寻找供应商	是	可能	否
5. 征求建议	是	可能	否
6. 选择供应商	是	可能	否
7. 签订合约	是	可能	否
8. 绩效评价	是	是	是

任务三　市场竞争分析

扫一扫

市场竞争主要策略

市场竞争是市场经济的一般特征。只要商品生产和商品交换存在，就必然存在竞争。在市场经济中，任何企业都无法回避竞争。企业要想在市场上取得成功，就必须积极参与市场竞争。而参与市场竞争的基本前提就是在探究、掌握市场竞争规律的基础上制定符合企业目标和实力的竞争战略。

一、市场竞争者的类型

企业不能独占市场，他们都会面对形形色色的竞争者。在竞争性的市场上，除来自本行业的竞争对手外，还有来自替代用品生产者、潜在加入者、原料供应者和购买者等多种力量的竞争。从消费者的角度看，竞争者可以分为以下几种类型：

（一）欲望竞争者

即提供不同产品、满足不同消费欲望的竞争者。消费者在同一时刻的欲望是多方面的，但很难同时满足，这就出现了不同需要，即不同产品的竞争。例如，消费者在年终收入有较多增加后，为改善生活，可以是添置家庭耐用消费品，可以是外出旅游，也可以是装修住宅等，出现了许多不同的欲望，但从时间与财力方面来说，消费者只能选择力所能及的项目，作为这一时期的欲望目标。

（二）属类竞争者

即满足同一消费者欲望的不同产品之间的可替代性，是消费者在决定需要的类型之后出现的次一级竞争，也称含义竞争。例如，消费者需要买家庭耐用消费品，到底是购买家庭娱乐设施，还是购买新式家具，或是购买家庭健身器材，消费者要再选择其中一类，以满足这一消费欲望。

（三）产品竞争者

即满足同一消费者欲望的同类产品不同形式之间的竞争。消费者在决定了需要的属类之后，还必须决定购买何种产品。例如，若消费者决定购买家庭娱乐设施，那他还需决定是购买大屏幕电视机，还是购买摄像机，或是购买高级音响设备。

（四）品种竞争者

产品还有很多品种，如果消费者决定购买大屏幕彩色电视机，那么市场上有晶体显像管彩色电视机、背投彩色电视机、等离子彩色电视机或液晶彩色电视机，他还要决定到底选择其中的哪一种。

（五）品牌竞争者

每一种大屏幕电视机又有许多不同的厂家生产，如长虹、TCL、康佳等多种国产品牌以及进口日、韩产品可供选择。

以上几种竞争方式紧密关联，如图3-2所示。

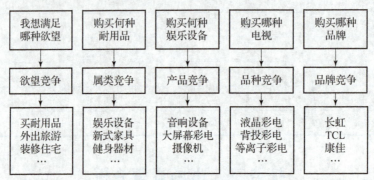

图3-2　五种竞争类型

二、市场竞争模式

市场竞争是市场经济中同类经济行为主体为自身利益的考虑，以增强自己的经济实力，排斥同类经济行为主体的相同行为的表现。市场竞争的内在动因在于各个经济行为主体自身的物质利益驱动，以及为丧失自己的物质利益被市场中同类经济行为主体所排挤的担心。当某一行业刚刚开始形成，处于幼稚期时，行业内的企业很少；由于产品销路好，整个行业迅速成长起来，这时，其较高的行业利润会吸引一些竞争对手纷纷介入；随着行业的成熟和发展，竞争越来越激烈；最后，只剩下少数几家实力强大的企业坚守阵地，形成寡头、瓜分市场。根据行业内企业对市场上产品数量和价格的影响能力的大小，可将行业竞争结构划分为完全竞争、完全垄断、垄断竞争和寡头垄断4种类型。

（一）完全竞争市场

完全竞争市场又称纯粹竞争市场，是指一种竞争完全不受任何阻碍和干扰的市场。一个完全竞争的市场应具备以下条件：

（1）有众多的市场主体，即极大数量的买者和卖者。卖者数量多，每个卖者在市场上占有的份额很小，个别买者购买量的变化不影响商品的市场价格；同时，众多买者中的任何一个也无法以自己需求量的变化对市场价格发生作用。

（2）市场客体是同质，即产品不存在差别，且买者对于具体的卖方是谁没有特别的偏好。这样，不同的卖者之间就能够进行完全平等的竞争。

（3）总生产资源可以完全自由流动，每个厂商都可以依照自己的意愿自由地进入或退出市场。

（4）信息是充分的，即消费者充分了解产品的市场价格、性能特征和供给状况；生产者充分了解投入品的价格、产成品的价格及生产技术状况。

最接近以上条件的市场是农产品市场。因此，一般把农产品市场称作完全竞争的市场。

在完全竞争市场上，市场价格由供求双方的竞争决定，个别卖者和个别买者都是这一价格的接受者。换句话说，在市场所指定的价格下，市场对个别卖者产品的需求是无限的，对个别买者产品的供给也是无限的。完全竞争市场是一最理想的市场类型。因为在这种市场状况下，价格可以充分发挥其调节作用，在长期均衡中实现市场价格＝边际成本＝平均成本。从整个社会来看，总供给与总需求相等，资源得到了最优配置。但是，完全竞争的市场也有其缺点。如：无差别的产品使消费者失去了选择的自由；各厂商的平均成本最低不见得就使社会成本最低；生产规模都很小的生产者无力进行重大的技术突破。在现实经济生活中，完全竞争的情况是极少的，而且，一般说来，竞争最后必然导致垄断的形成。

（二）完全垄断市场

完全垄断市场又称独占性市场，是指完全由一家企业所控制的市场。完全垄断市场存在的条件：

（1）卖方是独此一家，别无分店，而买家则很多。

（2）由于各种条件的限制，如技术专利、专卖权等，使其他卖者无法进入市场。

（3）市场客体是独一无二的，不存在替代品。

在完全垄断市场上，由于只有一家做主，因而这一卖主就可以操纵价格。操纵价格必然高于实际价格。因为垄断企业作为价格的制定者，他知道每多售出一单位的产品都将导致价格的下降，这会使他通过限制产量来控制价格，从而把价格保持在较高水平上，以获取最大利润。

（三）垄断竞争市场

垄断竞争市场，是指既存在垄断，又存在竞争，既不是完全竞争又不是完全垄断的市场。

垄断竞争市场存在的条件：

（1）产品之间存在差别。产品差别是指同一类产品在性能、质量、外观、包装、商标或销售等条件方面的不同。正由于产品有差别，不同的产品就可以以自己的特色在一部分消费者中形成垄断地位；同样也正由于差别不过是同类产品之间的差别，同类产品的使用价值会形成一种垄断和竞争并存的状态。

（2）市场上存在着较多的供给厂商，且没有一个是占明显优势的，因而相互之间存在着竞争。

（3）厂商进入或退出市场的障碍较小。

（4）交易的双方都能够获得足够的信息。

垄断竞争市场的主要特点在于，这个市场既存在有限度的垄断，又存在着不完全的竞争。这一特点表现在价格方面，就是价格的差异。垄断竞争市场运行的效果是有利有害的。对消费者而言，其好处是，不同特色的产品可以满足消费者的不同偏好；其不足是，这一有好处的活动须付出较高的代价。对生产者而言，短期超额利润的存在可以激发他们进行创新的内在动力，但垄断竞争又会使销售成本增加。

（四）寡头垄断市场

寡头垄断市场，是指由少数几家厂商所垄断的市场。寡头垄断市场形成的原因是：在这类市场上存在进入的障碍。如某些产品的产量达到一定规模后平均成本才会下降，生产才是有利的；或者在某一行业中存在着资源的垄断；或者是寡头们本身采取了种种排他性措施；或者是政府对这些寡头给予了扶持与支持等。

在寡头垄断市场上，每家厂商的产量都占有相当大的份额，从而每一厂商对整个行业的价格都有举足轻重的影响。但是，每家厂商在做出价格与产量的决策时，不但要考虑到本身的成本与收益情况，还要考虑到该决策受市场功能的影响以及其他厂商可能做出的反应。合伙谋求最大利润的可能性，会使寡头厂商通过各种或明或暗的形式就价格和产量达成某种协议。如合法地组织一个贸易协会或卡特尔，由协会或卡特尔指定价格，分摊生产配额。更为普遍的办法则是采用价格领导制，即首先一个或几个寡头率先推出价格，其余寡头追随其后确定各自的价格。

三、市场竞争主要策略

（一）低成本策略

低成本策略是指通过降低产品生产和销售成本，在保证产品和服务质量的前提下，使自己的产品价格低于竞争对手的价格，以迅速扩大的销售量提高市场占有率的竞争策略。企业采用低成本策略，利用追求规模经济、专利技术、原材料的优惠待遇等途径，形成企业在同行业中的低成本优势。如果一个企业能够取得并保持全面的成本领先地位，那么它只要能使自己的价格相等或接近于行业的平均价格水平，这种低成本优势就会转化为企业的高收益。当然，对于一个在成本上占领先地位的企业而言，同时还必须重视自己产品和服务的相对质量。如果企业一味地追求低成本而致使消费者失去了对企业产品和服务的信任度，那么企业所依赖的成本领先优势无法让其取得满意的市场占有率，而企业必须进一步提高降价幅度，这种实际营销状况已经抵消了原有成本优势能给企业带来的竞争优势。

（二）差别化策略

差别化策略是指通过发展企业别具一格的营销活动，争取在产品或服务等方面独有特性，使消费者产生兴趣而消除价格的可比性，以差异优势产生竞争力的竞争策略。企业采用差别化策略，利用产品设计、使用功能、外观、包装、品牌、服务、推销方式等途径，形成在同行业中别具一格的企业形象。如果一个企业能够取得并保持自己的差别化优势，并使消费者乐意接受其产品和服务较高的价格，那么这种价格足以弥补其形成自身特色而发生的额外成本。当然，对于要在某些方面做到与众不同的企业而言，付出的代价往往会比较高。但是，要使差别化策略充分发挥竞争优势，企业必须在保持自己受到市场认可的独特性的同时，使自己的成本尽可能降低。

（三）聚焦策略

聚焦策略是指通过集中企业力量为某一个或几个细分市场提供有效的服务，充分满足一部分消费者的特殊需要，以争取局部竞争优势的竞争策略。企业采用聚焦策略，利用完善适应自身能力的目标市场营销策略，达到原本并不拥有全面竞争优势的目标市场中的有利地位。聚焦策略的运用可以是着眼于企业目标市场上的成本优势，从某些细分市场上成本领先争取竞争优势；也可以着眼于在企业目标市场上取得差别化优势，从满足特定市场中消费者需求获取竞争优势。

当然，采用聚焦策略的企业所选定的目标市场如果和其他部分市场没有任何差异的话，那么这种竞争策略是无法获得成功的。事实上，在一般的市场范围中都会存在部分未能得到满足的消费需求，而聚焦策略就是帮助企业专门致力于为这部分市场服务，从而在与竞争对手目标市场的差异中获取竞争优势。

【任务实施】

实训3-1 消费者购买行为分析

一、实训目的

通过实训使学生认识消费者市场的特征，掌握影响消费者购买行为的主要因素，了解购买者决策过程经历的阶段及影响因素。

二、实训组织

学生划分学习小组，分别选择几种典型的消费产品，如家电、服装、汽车、住房等，讨论影响这些商品购买行为的主要因素，购买决策过程经历的阶段及影响因素。

三、实训步骤

1. 了解消费者市场的特征

（1）购买目的的非盈利性；

（2）选择商品的非专家型；

（3）消费需求的层次性；

（4）商品消费之间的替代性；

（5）参与者的广泛性；

（6）消费需求的流行性。

2. 熟悉影响消费者购买行为的主要因素

（1）经济因素；

（2）社会文化因素；

（3）心理因素等。

3. 了解购买者决策过程经历的阶段及影响因素

（1）认识需求；

（2）收集信息；

（3）选择评价；

（4）购买决策；

（5）购后感受。

四、实训内容及要求

1. 选定某些典型产品，以学习小组为单位，分组调研和讨论。

2. 掌握市场消费者购买的过程。

3. 结合调研资料，进行分组讨论，总结某些产品市场消费需求发展变化的新趋势，形成报告。

实训3-2 组织市场购买行为分析

一、实训目的

分析组织市场的购买行为。

二、实训步骤

1. 了解组织市场的特征

（1）组织需求是一种派生需求；

（2）购买决策过程的参与者往往不只是一个人，而是由很多人组成；

（3）购买行为过程持续较长时间；

（4）物质产品本身并不能满足组织购买者的全部需求，企业还必须为之提供许多配套服务。

2. 了解组织市场购买行为的参与者

（1）使用者；

（2）影响者；

（3）决策者；

（4）批准者；

（5）采购者；

（6）信息控制者。

3. 了解影响组织市场购买决策的主要因素

（1）环境因素；

（2）组织因素；

（3）人际因素；

（4）个人因素。

4. 了解组织市场的购买决策过程

（1）提出需要；

（2）确定总体需要；

（3）说明需要；

（4）寻找供应商；

（5）征求建议；

（6）选择供应商；

（7）签订合约；

（8）绩效评价。

三、实训内容及要求

1. 选定学生熟悉的单位，比如学校，以学习小组为单位，分组分析和讨论：

（1）日常办公用品采购的影响因素；

（2）教学实训设施采购的影响因素。

2. 分别分析和讨论日常办公用品和教学实训设施采购经历的过程。

实训 3－3　市场竞争分析

一、实训目的

（1）使学生了解当前竞争的基本情况；

（2）掌握分析竞争的方法。

二、实训步骤

1. 了解市场竞争者的类型

（1）欲望竞争者；

（2）属类竞争者；

（3）产品竞争者；

（4）品种竞争者；

（5）品牌竞争者。

2. 了解行业竞争结构

（1）完全竞争；

（2）完全垄断；

（3）寡头垄断；

（4）垄断竞争。

三、实训内容及要求

1. 选定学生熟悉的消费领域及产品，以学习小组为单位，分组分析和讨论：

（1）什么样的竞争者属于欲望竞争者；

（2）什么样的竞争者属于属类竞争者；

（3）什么样的竞争者属于产品竞争者；

（4）什么样的竞争者属于品种竞争者；

（5）什么样的竞争者属于品牌竞争者；

2. 分析和讨论几个不同行业的竞争状况：

（1）烟草行业；

（2）家电制造。

形成简单的分析报告，提出初步的竞争策略。

【学以致用】

一、名词解释

1. 消费者市场

2. 组织市场

3. 决策过程

4. 完全竞争市场

5. 完全垄断市场

6. 垄断竞争市场

7. 差异化竞争策略

8. 低成本竞争策略

9. 集焦策略

二、简答题

1. 消费者市场有哪些特征？

2. 影响消费者市场购买行为的主要因素有哪些？

3. 马斯洛需求层次理论的主要内容是什么？

4. 组织市场的特征有哪些？影响组织市场购买行为的因素有哪些？

5. 现代市场的特征有哪些？

6. 市场竞争策略有哪些？

三、思考题

1. 如何认识现代市场消费需求出现的新变化？

2. 伴随人民收入的增加，生活水平在不断提高，消费流行会出现怎样的变化？试选择几种商品进行分析。

3. 垄断会排除竞争，导致效率的低下，而竞争到一定程度又会形成寡头垄断，怎么理解这两者的关系？

四、案例分析题

案例一 华为的逆袭之路

在以前，苹果是当之无愧的老大哥，任何手机与苹果手机相比多多少少都会有一些不足，而现在华为在经过前一段时间的制裁风波后，坚持创新，努力突破，最终形成了在高端手机市场几乎与苹果势均力敌的态势。

据京东数据显示，2020 年 11 月 1 日至 11 月 11 日超六千元价位的手机销量中华为 Mate30 Pro 5G 排名第一，而 iPhone11 Pro 只是位列第二，虽然凭借着双十一的降价苹果市值重回万亿巅峰，但却失守市场第一的地位。

现在华为的增长势头越来越猛了，逐渐与苹果在高端手机市场分庭抗礼，形成针锋相对的局势。苹果似乎也开始为自己的前途担心了，相信大家从双十一苹果降价就可以看出来了，以前的苹果都是以大佬自居的，很少参与这些活动。

似乎是感受到了来自华为的压力，首次参与天猫双十一就给出了苹果史上的最大折扣"最高直降 1 111 元，红包券定时连发 4 天……还可以叠加 24 期免息"，这在以前几乎是不可想象的。

反观华为的逆袭，仔细想想似乎也是理所当然，华为以技术创新作为其前进的动力，举个例子"AI 随心转屏"功能，依靠姿态感应器，可识别人脸和手机的相对关系，根据人眼部位置的变化自动旋转屏幕，即使手机平躺在桌面上也可以让屏幕自动旋转，提供最舒适的观屏体验。

曾几何时外国品牌霸占中国市场，而中国本地的手机品牌只能在夹缝中生存，而现在这种情况不复存在，中国手机品牌不断在逆境中挑战自我，坚持创新，最终造就了华为、小米、vivo、OPPO 等一系列手机知名品牌与外国手机争霸市场。而现在中西智能手机品牌的战争慢慢演变成了华为与苹果的两雄争霸。

问题：

1. 国产手机是如何从无到有，一步一步发展到现在的？

2. 华为的逆袭之路给我们怎样的启示？

案例二　科技造车：小米、阿里、百度亲自下场，颠覆哪些行业逻辑？

科技巨头正掀起新一轮造车潮。

2021 年 3 月 30 日，雷军在小米春季新品发布会上宣布，小米正式进军智能电动汽车行业。雷军在发布会上透露，小米是从 2021 年 1 月 15 日开始调研造车的，这将是自己人生最后一次重大创业项目。雷军表示，在过去 75 天里，小米进行了 85 场业内拜访沟通，与 200 多位汽车行业资深人士进行了深度交流。也正因为如此，行业内曾多次传闻小米将进军造车领域。

2 月 26 日，有媒体报道称，"华为计划推出自有品牌电动车，目前正和长安汽车、北汽蓝谷协商代工制造"。受此消息影响，午后北汽蓝谷直线封停，长安汽车一度大涨 9.5%。随后，华为回应称消息不实，并重申不造车，表示将聚焦 ICT（信息通信技术），做智能汽车增量部件供应商，帮助车企造好车。

自 2020 年以来，有关科技企业下场造车的消息频频登上热搜。

2020 年 11 月，长安汽车董事长朱华荣宣布，长安汽车将携手华为、宁德时代联合打造一个全新高端智能汽车品牌，涵盖自主可控的智能电动汽车平台以及一系列智能汽车产品。同月，由上汽集团、浦东新区和阿里巴巴集团三方联合打造的百亿级高端智能纯电动汽车项目"智己汽车"正式启动。2021 年 1 月，智己汽车两款量产定型车（一款智能纯电轿车和一款智能纯电 SUV）首发亮相。

2021 年 1 月 11 日，百度官宣以整车制造商的身份进军汽车行业，将和战略合作伙伴吉利控股集团共同组建一家新的汽车公司。2 月 18 日，在百度 2020 年财报电话会议上，李彦宏表示，与吉利的合资公司 CEO 和品牌名称已经确定。

2 月 20 日，在富士康科技集团（又名鸿海精密）举行的开工庆典仪式上，公司董事长刘扬伟在回答记者提问时透露，第四季度左右会有 2~3 个按照 MIH 平台设计的汽车发布；富士康正与吉利、法拉第未来（Faraday Future）探讨电动汽车方面的合作事宜。此前在 1 月，富士康才刚与吉利控股集团签署战略合作协议成立合资公司。

科技企业为何扎堆入局？

2020 年，尽管新冠肺炎疫情导致汽车总销量下滑五分之一，但全球电动汽车市场所展现的爆发力和发展潜力超市场预期，EVvolumes.com 网站统计的数据显示，去年全球电动汽车销量逆势增长超 43%，达 324 万辆。

在国内市场，新能源汽车销量自去年 7 月起逐月大幅攀升，不仅以极快的速度修复了 2019 年 6 月底以来因补贴退坡带来的市场下滑，更展现出强劲的复苏能力。根据中汽协发布的数据，2020 年全年国内新能源汽车销量达 136.7 万辆，同比增长 10.9%；2021 年 1 月，国内新能源汽车销售 17.9 万辆，同比增长 238.5%，连续 7 个月刷新单月销量历史纪录。中汽协指出，2021 年新能源汽车销量将增至 180 万辆，同比增长 40%。

在国外，欧洲也已成为电动汽车行业发展的新引擎。数据显示，2020 年欧洲新能源乘用车注册量达 136.7 万辆，同比增长 142%。从市场份额来看，新能源汽车销量占整个欧洲车市份额的 11%，其中纯电车型占比 6.2%，插电混动车型占比 4.8%。德国、挪威等国家在内的电动汽车市场销量实现快速增长。

伴随着新能源汽车市场规模的逐渐扩大，消费者对车辆智能化的关注度也不断提升。根据 HIS Markit 发布的《2020 年中国智能网联市场发展趋势报告》数据，2020 年，全球汽车市场的智能汽车渗透率仅为 45%，预计 2025 年将提升至 60%；届时，中国市场的智能汽车渗透率将达到 75%。安信证券研报也分析认为，智能汽车是继智能手机后又一划时代的颠覆，但其所带来的规模性影响以及市场增量都将远超手机。

同时，政策红利也正当时。2020 年 10 月发布的《节能与新能源汽车技术路线图（2.0 版）》进一步强调了纯电驱动发展战略，提出至 2035 年，新能源汽车市场占比超 50%，燃料电池汽车保有量达到 100 万辆左右，节能汽车全面实现混合动力化，汽车产业实现电动化转型。值得注意的是，新版路线图中还首次提出了产业"碳排放"目标。同月，国务院印发的《新能源汽车产业发展规划（2021—2035 年）》提出，到 2025 年，我国新能源汽车新车销量占比达到 20% 左右，高度自动驾驶汽车实现限定区域和特色场景商业化应用。到 2035 年，纯电动汽车成为新销售车辆的主流，高度自动驾驶汽车实现规模化应用。

市场的上扬态势和利好政策的推动使新能源汽车开启了新一轮的发展机遇，资本对新能源汽车企业的热情再次升温。2020 年，特斯拉市值涨幅近 7 倍，市值也从百亿增至 8 000 亿美元，一度成为全球市值最高的汽车公司；蔚来最高股价涨幅达 14 倍；小鹏和理想市值与 IPO 时相比最高涨幅达 300%。

自 2020 年 12 月业界首次传出百度下场造车消息至官方正式宣布，一个月时间内，百度股价上涨 67%，市值时隔两年后再度站上 800 亿美元。小米造车的消息传出后也直接刺激了在港交所上市的小米集团股价上涨。2 月 19 日下午收盘前 20 分钟，小米股价涨幅一度达 12%，即便随后小米对外表示"暂没回应，等待公告"，但当天收盘小米集团股价仍上涨 6.42% 至 30.65 港元/股，市值增至 7 722.8 亿港元。

业内专家表示，不断扩张的市场和巨大的增值潜力，加之电动智能供应链逐渐成熟为新进入者造车奠定的制造基础，让许多科技巨头对"造车"跃跃欲试，企图分一杯羹。

合资还是亲自下场？

虽然造车的巨大蛋糕诱人，但真正要参与到整车制造的环节中也并非易事。对于互联网巨头来说，从零开始搭建一套班底来造车，资金和时间都是需考量的重要因素。

按照一般车企的规划，造车最快也要 36 ~ 40 个月，之后才能进入营销环节，而前置的技术规划、工厂建设等至少也要 1 ~ 2 年时间。换句话说，造车的时间成本至少是 5 年，而 5 年的周期对于一家互联网科技公司来说，企业的产品迭代或已进行了数轮，甚至企业战略都可能会发生巨大变化。

因此，许多互联网企业通过投资或绑定造车新势力的方式，参与到汽车行业中。如阿里巴巴此前投资了小鹏汽车，去年又和上汽合资成立了智己汽车，同时斑马系统也正迭代焕新，三条路并进。腾讯则是投资蔚来汽车，车联网系统方面与吉利、广汽、长安进行合作。

但从特斯拉开始，传统的造车逻辑已被颠覆，智能驾驶功能在汽车制造环节愈发重要，传统主机厂已难只用工厂、流水线、造车资质来"称霸"智能汽车时代。但与此同时，科技公司要想快速实现造车，唯有"借力"传统车企。因此，不同于以往长安与华为、上汽与阿里的合作模式中主要由汽车制造商占主导地位，百度决定与传统主机厂吉利合作，下场造车，将合作领域从车载系统延伸至整车层面。与此同时，造车的收益来源也正发生变化。

汽车行业销售利润率正逐年下滑，全国乘用车市场信息联席会秘书长崔东树此前在公开场合发布的一项数据显示，汽车行业利润率已从 2014 年的 9% 降低至 2019 年的 6.3%。2020 年前 9 个月，行业利润率仅为 6.4%。汽车制造本身已不再是高收益，智能网联技术正逐渐重塑行业利润链。

根据摩根士丹利公布的数据，特斯拉 FSD 完全自动驾驶功能将占据其市值三分之一，汽车电子占比已经成为 Model 3 成本价值占比最高的部分之一，仅次于动力和电池系统。

将会对汽车行业产生哪些影响？

联网科技公司造车的背后，实际上是汽车行业面向"新四化"的转变，"软件定义汽车"正成为未来汽车发展的趋势。这样的转变也将会对多年来成型的汽车工业带来冲击。

对于科技公司加速向汽车行业深度渗透这一现象，清华大学车辆与运载学院副研究员、汽车产业与技术战略研究院院长助理刘宗巍曾公开表示："跨界者往往不受行业既有'藩篱'的束缚，因此更有可能产生极具颠覆性的创新理念。而赢得智能汽车市场竞争的关键在于，谁能率先拿出真正满足未来用户及社会需求的汽车产品。从这一角度来看，科技公司的入场会使新老车企面临挑战。"

问题：

1. 怎样理解新技术的应用对传统汽车制造业带来的冲击？

2. 在企业的竞争中怎样适应这种"降维打击"？

五、综合项目实训

消费者购买行为分析

（一）实训目的

通过实训，使学生掌握影响消费者购买行为的主要因素，能够对影响消费者购买行为的因素进行分析。

（二）实训内容和要求

1. 实训内容：在校外周边实地观察，进行消费者购买行为分析。

2. 实训要求：明确实训目的以及纪律、安全要求，明确外出实训需完成的任务。

（三）实训组织

以策划团队为单位完成实训任务。

（四）实训操作步骤

1. 以小组为单位，在校外周边进行实地观察。

2. 能描述各自看到的购买行为和购买过程。

3. 进行分组讨论与分析。

4. 学生发言，汇报结论，教师点评。

（五）德育渗透

消费并不是奢侈的事情，学会理性、经济地消费，是我们每个人都应该有的观念，引导并培养学生理性消费的价值观。

进行 STP 分析

学习目标

- 知识目标

1. 掌握市场细分的概念和方法。
2. 熟悉市场细分的依据。
3. 掌握目标市场选择的方法。
4. 理解市场定位的方法和步骤。

- 能力目标

1. 通过学习使学生掌握 STP 战略的知识点。
2. 通过基础素养及职业能力训练，提高市场营销策略制定能力。
3. 通过职业技术能力训练，提高学生的语言表达能力。
4. 通过职业分析能力训练，增强团队沟通与协作能力。

- 素质目标

培养学生正确认识市场细分、目标市场选择和市场定位对企业有效营销的影响，由此引出学生对我国"发展中国家"定位的理解。

☒ 案例导入

宜家在中国

在欧美等发达国家，宜家把自己定位成面向大众的家居用品提供商。因为其物美价廉、款式新、服务好等特点，受到广大中低收入家庭的欢迎。

但到了中国之后，其市场定位做了一定的调整，因为：中国市场虽然广阔，但普遍消费水平低，原有的低价家具生产厂家竞争激烈接近饱和，市场上的国外高价家具也很少有人问津。于是宜家把目光投向了大城市中相对比较富裕的阶层。宜家在中国的市场定位是"想买高档货，而又付不起高价的白领"。这种定位是十分巧妙准确的，获得了比较好的效果，原因在于：①宜家作为全球品牌满足了中国白领人群的心理；②宜家卖场的各个角落和经营理念都充斥着异国文化；③宜家家具有顾客自己拼装（DIY），免费赠送大本宣传刊物，自由选购等特点。

以上这些已经吸引了不少知识分子、白领阶层的眼球，加上较出色的产品质量，让宜家在吸引更多新顾客的同时，稳定了自己固定的回头客群体。宜家的产品定位及品牌推广在中国如此成功，以至于很多中国白领把"吃麦当劳，喝星巴克的咖啡，用宜家的家具"作为一种风尚。

（网络资料）

任务描述

　　某大学三年级管理专业的学生杨帆计划创业，通过前期的市场环境和消费者分析，觉得其创业项目大有可为，但具体应该怎样进行市场定位才合适是眼下必须先决策的事情。

任务分解

　　首先熟悉市场细分、目标市场选择、市场定位的基本含义；通过相关案例分析，了解一家企业的市场定位过程，掌握市场定位方法。

知识准备

　　STP 是营销学中营销战略的三要素。在现代市场营销理论中，市场细分（Market Segmenting）、目标市场（Market Targeting）、市场定位（Market Positioning）是构成公司营销战略的核心三要素，被称为 STP 营销。

扫一扫

市场细分

任务一　市场细分

一、市场细分的概念和作用

（一）市场细分的概念

　　市场细分（Market Segmenting）就是根据消费者的不同特征，把一种产品的整体市场划分为若干子市场的过程。市场细分不是对产品进行分类，而是对消费者的需求和欲望进行分类。同一细分市场的顾客需求具有更多的共同性，不同细分市场之间的需求具有明显的差异性。

（二）市场细分的作用

　　（1）市场细分有利于发掘新的市场机会、满足潜在市场需求。市场机会是已出现但尚未满足的需求，运用市场细分的手段便于发现这类需求，并从中寻找适合本企业开发的需求，使企业赢得市场主动权。

　　（2）市场细分有利于企业选定目标市场，集中使用资源。特别是对于资源有限的小企业来说，只有通过市场细分，选定目标市场，集中使用资源，扬长避短、有的放矢地开展市场营销活动，增强市场竞争优势。

　　（3）市场细分有利于企业制定和调整市场营销组合策略，实现企业市场营销战略目标。企业在未细分的整体市场上，一般只会采取一种市场营销组合策略。由于整体市场上的市场需求差异较大，使企业市场营销活动往往不能取得令人满意的效果。而市场细分后，某个细分市场的消费者需求基本相似，企业能有针对性地制定和调整市场营销组合策略，顺利实现企业市场营销战略目标。

二、市场细分的原则

　　从企业市场营销的角度看，无论消费者市场还是产业市场，并非所有的细分市场都有意义。在细分市场时，必须认真分析、测定是否具备从事有效经营的条件。所选择的细分市场必须具备下述条件。

（一）可衡量性原则

即说明该细分市场购买者的资料必须能够加以衡量和推算，否则，将不能作为细分市场的依据。如细分市场中消费者的年龄、性别、文化、职业、收入水平等都是可以衡量的，而要测定细分市场中有多少具有"依赖心理"的消费者，则相当困难，以此为依据细分市场，将会因此无法识别、衡量而难以描述，市场细分也就失去了实际操作的意义。

（二）可进入性原则

即企业所选择的目标市场是否易于进入，企业营销工作有可行性，企业的营销组合通过适当的营销途径必须能达到目标市场等。这主要表现在三个方面：首先，企业具有进入某个细分市场的资源条件的竞争实力；其次，企业有关产品的信息能够通过一定传播途径顺利传递给细分市场的大多数消费者；最后，企业在一定时期内能将产品通过一定的分销渠道送达细分市场。否则，细分市场的价值就不大。

（三）可盈利原则

即所选择的细分市场有足够的需求量且有一定的发展潜力，以使企业赢得长期稳定的利润。应当注意的是，需求量是指对本企业的产品而言，并不是泛指一般人口和购买力。

（四）相对稳定性原则

即指分市场必须具有相对的固定性。如果目标市场变化过快、变动幅度过大，可能会给企业带来经营风险和损失。细分市场的相对稳定性并不是指细分市场一定是一成不变的，随着企业市场营销环境的变化，企业也可以放弃现有的细分市场，选择新的富有吸引力的细分市场。只有这样，企业的市场营销活动才能适应变化的市场营销环境。

（五）差异性原则

即指细分出来的子市场之间的消费者需求要有明显的差异。如果细分出来的子市场消费者需求不能找到明显不同，则这两个子市场应合并为同一个细分市场。

（六）相似性原则

即指在同一细分市场内的消费者需求要有相似性。如果细分出的同一个子市场消费者有着明显不同的消费需求，则这个子市场应该再细分为不同的子市场。

三、市场细分的依据

市场细分的依据是指消费者具有的明显不同的特征以及分类的依据。由于消费者市场和产业市场的购买者动机和目的不同，因而市场细分的依据也有所不同。

（一）消费者市场细分的依据

1. 根据地理环境细分

即按照消费者所处的地理位置、自然环境来细分市场。具体变量包括：国家、地区、城市规模、不同地区的气候及人口密度、生产力布局、交通运输和通信条件等。

地理环境细分的主要理论依据是：处在不同地理环境的消费者，他们对企业的产品有不同的需求和偏好，他们对企业所采取的市场营销组合策略会有不同的反应。例如，防暑降温、御寒保暖之类的消费品按照不同气候带细分市场是很有意义的。

地理因素细分标准如表 4 - 1 所示。

表4-1 地理因素细分标准

划分标准	典型细分
地理区域	东北、华北、西北、华南、东南
城市规模（人口）	超大城市（1000万人以上）、特大城市（500万~1000万人）、大城市（100万~500万人）、中等城市（50万~100万人）、小城市（50万人以下）
人口密度	城市、郊区、乡村、边远地区
气候	南方、北方；亚热带、热带、温带；潮湿、寒冷等

2. 根据人口状况细分

可以依据的人口统计变量包括年龄、婚姻、职业、性别、收入、受教育程度、家庭生命周期、国籍、民族、宗教、社会阶层等。显然，这些人口变量因素与需求差异性之间存在着密切的关系。人口状况细分是市场细分的一个重要标准。人口状况细分变量更容易测量和获取，但消费者需求和购买行为并不仅仅取决于人口状况变量，所以，市场细分还要依据消费者心理、消费者行为、消费者收入等细分标准。

（1）按年龄细分。人们在不同年龄阶段，由于生理、性格、爱好、社交等方面的不同，在消费需求方面往往有很大的区别，从而可以划分出各具特色的消费者市场，如婴儿商品市场、儿童商品市场、少年商品市场、青年商品市场、中年商品市场和老年商品市场等。

（2）按性别细分。不同性别的人在对商品的需求和购买行为上有着显著的差异，不少商品不仅在用途上有明显的差异，如男、女化妆品等，而且在购买行为、购买动机、购买角色等方面也有很大的差异。如女性是服装、化妆品、厨房用品、床上用品等市场的主要购买对象，而男性则是香烟、高档家具、车辆、体育用品等产品或服务的主要购买对象。

（3）按收入细分。收入直接影响消费者的购买力，决定了市场消费者的消费能力，是市场细分的一个重要因素。收入水平的不同，不仅影响消费者购买商品的性质，如收入高的家庭比收入低的家庭更易购买高价商品，而且还将影响其购买行为和购买习惯。

（4）按民族与国籍细分。不同民族与国籍的人们有着不同的传统习惯、风俗与文化、宗教信仰与生活方式、购买方式等，从而呈现出不同的消费者需求。

（5）按职业与教育细分。职业不同获取的收入也不同，消费需求也就存在一定的差异。人们受教育程度不同，消费习惯也不相同。教育程度不同的人，在志趣、生活方式、文化素养、价值观念等方面会有所不同，进而影响人们的消费方式和购买行为。

3. 根据心理细分

即按照消费者的生活方式、个性特点等心理变量来细分市场。很明显，按照上述的几种标准划分的出于同一群体中的消费者，有时对产品的需求仍显示出差异性，这通常是心理因素在发挥作用。心理因素十分复杂，包括个性、购买动机、价值观念、生活格调、追求的利益等。譬如，生活格调是指人们对消费、娱乐等特定习惯和方式的倾向性。追求不同生活格调和品位的消费者对商品的爱好和需求有很大差异。现在越来越多的企业，尤其是在服装、化妆品、家具、餐饮、旅游等行业的企业越来越重视按照人们的生活格调和品位来细分市场。

4. 根据行为因素细分

即按照消费者的购买行为细分市场，包括消费者进入市场的程度、使用产品频率、偏好程度等变量。按消费者进入市场程度，通常可以划分为常规消费者、初次消费者和潜在消费者，依次可划分若干不同的细分市场。一般而言，资历雄厚、市场占有率较高的企业，特别注意吸引潜在购买者，企业通过营销战略，特别是广告促销策略及优惠的价格手段，把潜在消费者变为企业产品的初次消费者，进而再变为常规消费者。而一些中、小企业，特别是无力开展大规模促销活动的企业，注重吸引常规消费者。

（二）产业市场细分的依据

一般的消费者市场细分依据大多也适用于产业市场。但由于产业市场还具备消费者市场不同的市场特性，因此还存在以下细分依据：

（1）最终用户行业。在产业市场上，不同最终用户行业对同一类产品的使用往往不尽相同，对同类产品的需求也不同。企业应利用最终用户行业的细分标准，不断寻找市场机会，采取不同的营销策略，以满足不同最终用户行业的需要。

（2）用户规模。在产业市场上，按用户规模可细分为大量用户、中量用户、少量用户、非用户。大量用户的数量虽少，但购买力强；少量用户数量虽多，但购买力弱。针对大量用户宜由销售经理负责，采取直接联系、直接销售的方式；对于少量用户，宜由指定推销员负责，通过上门推广、展销、广告等手段销售产品。

（3）用户地理位置。产业市场，可根据用户地理位置细分市场，选择用户较集中的地区作为目标市场，集中企业销售力量，采取直销的方式，便于产品运输，降低成本。对于较分散的用户，则可充分利用中间商网络进行分销。

（4）用户采购方式。产业市场用户的不同采购方式，也为市场细分提供了依据。例如，是租赁产品还是购买产品，是单一供应源还是双重供应源，是招标采购还是谈判采购。

（5）其他变量。此外，在产业市场，企业还可根据用户能力（需要很多服务、需要一些服务、需要很少服务等）、用户采购标准类型（追求价格型、追求服务型、追求质量型等）等变量细分市场。

四、市场细分的方法

1. 完全细分法

完全细分法是指对某种产品整体市场所包括的消费者进行最大限度细分的方法。每一个消费者都是一个细分市场。例如，近几年流行的服装定制、家具定制、整体厨房定制等都是完全细分法的表现形式。该方法是一种极端化、理想化的方式，企业向每一个消费者提供不同的市场营销组合策略。但在现代市场营销活动中，由于考虑规模效益，不能将整体市场分得过细。

2. 一元细分法

一元细分法是指对某种产品整体市场，选择影响消费者或用户需求最主要的某一因素作为细分标准，进行市场细分。例如，女性化妆品差异的主要影响因素是年龄，可以针对不同年龄阶段的女性设计适合不同需要的化妆品。

3. 多元细分法

多元细分法是指对某种产品的整体市场，根据两个或两个以上的标准综合细分的方法。该方法使用的细分标准是并列的，无先后顺序和重要与否的区别。例如，某服装公司以性别、年龄和收入三个变量将市场划分为多个细分层面，如为收入较高的年轻女性市场提供高档职业女装。

4. 系列变量细分法

系列变量细分法是指根据企业经营的特点并按照影响消费者需求倾向的多个细分标准，按照一定的顺序由粗到细地进行市场细分的方法。

企业在进行市场细分时，必须注意以下三个问题：

（1）市场细分的标准是动态的，随着市场营销环境的变化而变化。

（2）不同的企业在市场细分时，应采取不同的标准和方法。

（3）同一个企业在市场细分时可采用多种细分方法。

五、市场细分的步骤

美国市场营销学家麦卡锡提出市场细分的整套程序，这一程序包括以下七个步骤。

（一）选定产品市场范围

每一个企业，都有自己的追求目标，作为制定发展战略的依据。一旦决定进入哪一个行业，接着便要考虑选定可能的产品市场范围。

（二）列举潜在顾客的基本需求

选定产品市场范围以后，从地理、行为和心理变量等方面，大致估算一下潜在的顾客有哪些需求，这一步能掌握的情况有可能不那么全面，但却为以后的深入分析提供了基本资料。

（三）分析潜在顾客的不同需求

公司再依据人口变量做抽样调查，向不同的潜在顾客了解，哪些需求对他们更为重要。

（四）移去潜在顾客的共同需求

现在公司需要移去各分市场或各顾客群的共同需求。这些共同需求固然重要，但只能作为设计市场营销组合的参考，不能作为市场细分的基础。

（五）为分市场暂时取名

公司对各市场剩下的需求，要做进一步分析，并依据各分市场的顾客特点，暂时安排一个名称。

（六）进一步认识各分市场的特点

现在，公司还要对每一个分市场的顾客需求及其行为，做更深入的考察。看看各分市场的特点掌握了哪些，还要了解哪些，以便进一步明确各分市场有没有必要再作细分，或重新合并。

（七）测量各分市场的大小

即在调查基础上，估计每一细分市场的消费者数量、购买频率、平均每次的购买数量等，并对细分市场上产品竞争状况及发展趋势做出分析。

【行业典范】

麦当劳的市场细分

市场细分是1956年由美国市场营销学家温德尔·斯密首先提出来的一个新概念。它是指根据消费者的不同需求，把整体市场划分为不同的消费者群的市场分割过程。每个消费者群便是一个细分市场，每个细分市场都是由需要与欲望相同的消费者群组成。麦当劳的成功正是在市场细分上做足了功夫。它根据地理、人口和心理要素准确地进行了市场细分，并分别实施了相应的战略，从而实现了企业的营销目标。

一、麦当劳根据地理要素细分市场

麦当劳有美国国内和国际市场，而不管是在国内还是国外，都有各自不同的饮食习惯和文化背景。麦当劳进行地理细分，主要是分析各区域的差异。如美国东西部的人喝的咖啡口味是不一样的。通过把市场细分为不同的地理单位进行经营活动，从而做到因地制宜。

　　每年，麦当劳都要花费大量的资金进行认真、严格的市场调研，研究各地的人群组合、文化习俗等，再编写详细的细分报告，以使每个国家甚至每个地区都有一种适合当地生活方式的市场策略。

　　例如，麦当劳刚进入中国市场时大量传播美国文化和生活理念，并以美国式产品牛肉汉堡来征服中国人。但中国人爱吃鸡，与其他洋快餐相比，鸡肉产品也更符合中国人的口味，更加容易被中国人所接受。针对这一情况，麦当劳改变了原来的策略，推出了鸡肉产品。在全世界从来只卖牛肉产品的麦当劳也开始卖鸡了。这一改变正是针对地理要素所做的，也加快了麦当劳在中国市场的发展步伐。

　　二、麦当劳根据人口要素细分市场

　　通常人口细分市场主要根据年龄、性别、家庭人口、生命周期、收入、职业、教育、宗教、种族、国籍等相关变量，把市场分割成若干整体。而麦当劳主要是从年龄及生命周期阶段对人口市场进行细分，其中，将不到开车年龄的划定为少年市场，将20~40岁的年轻人界定为青年市场，还划定了年老市场。

　　人口市场划定以后，要分析不同市场的特征与定位。例如，麦当劳以孩子为中心，把孩子作为主要消费者，十分注重培养他们的消费忠诚度。在餐厅用餐的小朋友，经常会意外获得印有麦当劳标志的气球、折纸等小礼物。在中国，还有麦当劳叔叔俱乐部，参加者为3~12岁的小朋友，定期开展活动，让小朋友更加喜爱麦当劳。这便是相当成功的人口细分，抓住了该市场的特征与定位。

　　三、麦当劳根据心理要素细分市场

　　根据人们的生活方式划分，快餐业通常有两个潜在的细分市场：方便型和休闲型。在这两个方面，麦当劳都做得很好。例如，针对方便型市场，麦当劳提出"59秒快速服务"，即从顾客开始点餐到拿着食品离开柜台标准时间为59秒，不得超过一分钟。针对休闲型市场，麦当劳对餐厅店堂布置非常讲究，尽量做到让顾客觉得舒适自由。麦当劳努力使顾客把麦当劳作为一个具有独特文化的休闲好去处，以吸引休闲型市场的消费者群。

（网络资料）

任务二　选择目标市场

一、目标市场基本概念

　　目标市场（Market Targeting）就是企业决定要进入的市场，企业在对整体市场进行细分之后，要对各细分市场进行评估，然后根据细分市场的市场潜力、竞争状况、本企业资源条件等多种因素决定把哪一个或哪几个细分市场作为目标市场。

　　在企业营销活动中，必须首先选择和确定目标市场。这是因为：首先，选择和确定目标市场，明确企业的具体服务对象，是企业制定营销战略的首要内容和基本出发点；其次，并非所有细分市场对企业都具有同等吸引力，只有那些和企业资源条件相适应的细分市场对企业才具有较强的吸引力，才是企业的最佳目标市场。

扫一扫

目标
市场策略

二、选择目标市场的依据

1. 有一定的规模和发展潜力

　　企业必须考虑的第一个问题是潜在的细分市场是否具有适度规模和成长潜力。"适度规模"是个相对的概念，大企业往往重视销售量大的细分市场，而小企业往往也避免进入大的细分市场，转而重视销售量小的细分市场。

细分市场的规模衡量指标是细分市场上某一时期内现实消费者购买某种产品的数量总额。细分市场成长潜力的衡量指标是细分市场上在某一时期内，全部潜在消费者对某种产品的需求总量。这就是要求企业首先调查细分市场的现实消费者数量及购买力水平，其次要调查细分市场潜在消费者数量及购买力水平。

2. 具有足够的市场吸引力

细分市场可能具有适度规模和成长潜力，然而从长期盈利的观点来看，细分市场未必具有长期吸引力。细分市场吸引力的衡量指标是成本和利润。

美国市场营销学家迈克尔·波特认为，有五种群体力量影响整个市场或其中任何细分市场。企业应对这五种群体力量对长期盈利能力的影响做出评价。这五种群体力量是：同行业竞争者、潜在的新参加的竞争者、替代产品、购买者和供应商议价能力。细分市场内激烈竞争，潜在的新参加的竞争者的加入、替代产品的出现、购买者议价能力的提高、供应商议价能力的加强都有可能对细分市场造成威胁，使其失去吸引力。

3. 符合企业目标和能力

细分市场虽然有较大的吸引力，但不能推动企业实现发展目标，甚至分散企业的精力，使之无法完成其主要目标，这样的市场应考虑放弃。另一方面，还应考虑企业的资源条件是否适合在某一细分市场经营。只有选择那些企业有条件进入、能充分发挥其资源优势的市场作为目标市场，企业才会立于不败之地。

三、目标市场的模式选择（如图4-1所示）

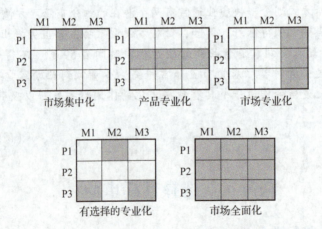

P1、P2、P3代表不同的产品
M1、M2、M3代表不同的细分市场

图4-1 目标市场的选择模式

（一）市场集中化

企业的目标市场无论从市场或是从产品角度看，都是集中于一个细分市场。这种策略意味着企业只生产一种标准化产品，只供应某一顾客群。较小的企业通常采用这种策略。

（二）产品专业化

企业向各类顾客同时供应某种产品。当然，由于面对着不同的顾客群，产品在档次、质量或款式等方面会有所不同。

（三）市场专业化

企业向同一顾客群供应性能有所区别的同类产品。

（四）有选择的专业化

企业有选择地进入几个不同的细分市场，为不同的顾客群提供不同性能的同类产品。

（五）市场全面化

企业全方位进入各个细分市场，为所有顾客提供所需要的性能不同的系列产品。这是企业为在市场上占据领导地位甚至力图垄断全部市场而采取的目标市场范围策略，他们为"每一个人、每只钱包和每种个性"提供各种产品。

三、目标市场策略

企业选择目标市场范围不同，营销策略也不一样。一般可供企业选择的目标市场策略有三种：无差异性目标市场策略、集中性目标市场策略、差异性目标市场策略，如图 4 - 2 所示。

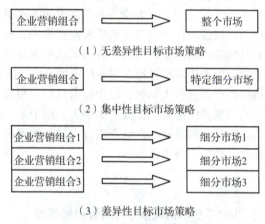

图 4 - 2　目标市场策略

（一）无差异性目标市场策略

无差异性目标市场策略就是企业不考虑细分市场的差异性，把整体市场作为目标市场，对所有的消费者只提供一种产品，采用单一的市场营销组合的目标市场策略。

一般来说，这种目标市场策略主要适用于广泛需求，能够大量生产、大量销售的产品或同质市场的产品。

无差异性市场策略最大的优点是成本的经济性。大批量的生产和储运，会降低单位产品的成本；统一的广告宣传可以节省促销费用；不对市场进行调研，也相应减少了市场调研、产品研制、制定多种市场营销组合方案等所耗费的人力、物力与财力。

但是，这种策略对大多数产品并不适用，对于一个企业来说，一般也不宜长期采用。因为市场需求是有差异的而且是不断变化的，一种多年不变的老产品很难为消费者接受；同时当众多生产同一产品的企业都采用这种策略时，必然会导致市场竞争的激烈，而有些需求得不到满足，这对于营销者、消费者都是不利的。由于这些原因，世界上一些长期实行无差异性市场策略的企业不得不改弦易辙，转而实行差异性市场策略。如可口可乐公司由于饮料市场竞争激烈，特别是"百事可乐"异军突起，打破了"可口可乐"独霸市场的局面，终于迫使该公司放弃传统的无差异性市场策略。

（二）集中性目标市场策略

集中性目标市场策略是企业以一个细分市场为目标市场，集中力量，实施专业化生产和经营的目标市场策略。

采用这种策略通常是为了在一个较小的细分市场上取得较高的市场占有率，而不是追求在整体市场上占有较少的份额。这种策略适用于实力较弱的小企业，小企业无力在整体市场或多个细分市场上与大企业抗衡，而在大企业未予注意或不愿顾及的某个细分市场上全力以赴，则往往能够取得经营上的成功。

当然，这种营销策略也有其缺点，其中最大的缺点就是市场风险大。因为目标市场比较狭窄，万一市场情况出现意外变化，如顾客爱好转移、价格猛跌，或出现强大竞争对手就可能使企业陷入绝境。

（三）差异性目标市场策略

差异性目标市场策略是在市场细分的基础上，企业以两个以上乃至全部细分市场为目标市场，分别为之设计不同的产品，采取不同的市场营销组合，满足不同消费者的目标市场策略。

差异性目标市场策略适用于大多数异质的产品。采用这一策略的企业一般是大企业，有一部分企业，尤其是小企业无力采用，因为采用差异性市场策略必然受到企业资源和条件的限制。较为雄厚的财力、较强的技术力量和素质较高的管理人员，是实行差异性目标市场策略的必要条件，而且随着产品品种的增加、分销渠道的多样化，以及市场调研和广告宣传活动的扩大与复杂化，生产成本和各种费用必然大幅增加，需大量资源作为依托。

差异性目标市场策略的优点是能扩大销售，减少经营风险，提高市场占有率。因为多种产品的生产能力满足不同消费者的需要，扩大产品销售。由于某一两种产品经营不善的风险可以由其他产品经营所弥补；如果企业在数个细分市场都能取得较好的经营效果，就能树立企业良好的市场形象，提高市场占有率。

【行业典范】

小米手机的市场细分与目标市场选择

小米手机是小米公司研发的高性能发烧级智能手机。小米手机坚持"为发烧而生"的设计理念，将全球顶尖的移动终端技术与元器件运用到每款新品中，小米手机超高的性价比也使其每款产品成为当年最值得期待的智能手机。小米手机采用线上销售模式。

1. 市场细分

市场细分的标准有地理因素、人口因素、心理因素、行为因素。小米手机目前已经在中国大陆和港台地区销售，有多家运营商给予支持。按照地理因素细分小米手机市场可以分为大陆市场、港台市场。而小米作为一款智能手机，我们也可以用人口因素和行为因素作为标准来进行市场细分：

（1）商务型：年龄主要集中在30~45岁的职场用户。群体特点是拥有稳定的收入，具备对各价位智能手机的购买能力。他们是商业社会中最重要的群体之一，他们处于企业的中上层，日常工作繁忙。所以，首先，他们对手机通话及数据传输的连续性及质量有要求；其次，手机也承载了其大部分的重要数据，对安全性、保密性要求高；最后，他们需要随时随地处理各种文件，对手机办公的依赖程度高。所以商务型手机应该帮助用户既能实现快速而顺畅的沟通，又能高效地完成商务活动。

（2）娱乐型：以学生群体和年轻的上班族为主。群体特点是年龄相对于商务型较小，经济能力较弱。他们使用手机已经不仅仅是通信了，录音、照相、摄像、游戏、上网等功能更为他们所青睐，他们推崇时尚，重视手机的娱乐性。所以他们对手机的要求主要是：价格合理、设计时尚、功能多样、娱乐性强。

（3）开发型：手机市场中比例较小的消费者群体，年龄在 20~30 岁的 IT 相关行业工作者或手机发烧友。这类消费者的特点是，对手机有极大的探索热情，会使用手机绝大部分功能，尽可能地开发自己手机的潜力，包括为开源的手机系统写代码。

2. 目标市场

小米手机采用密集式市场差异性营销策略，在不同时间用同一系列产品征服了追求时尚、对科技高度敏感的群体。

从小米手机的现有外观和功能看，小米公司一直将时尚一族的年轻人作为主要的目标顾客。年轻人对通信产品功能、外形有着非常高的诉求，比如米聊等。小米手机有着时尚的外形、触摸屏，开发了小米云服务，实现了手机数据的云端储存。小米手机的 UI 界面简洁大方，符合中国人使用习惯。

另外，小米手机中的多款小工具也是针对不同人群使用习惯而开发的。商务人士看重手机的功能，比如文档处理、邮件收发等。因此商务人士是小米手机的次要受众。除此之外，小米手机开源，在网上创建小米社区、MIUI 论坛等交流平台，提供一个手机 UI 制作交流的平台，促使智能手机的改革，其手机配置较高，满足 IT 工程师对其系统改造，以符合自身使用习惯。

（网络资料）

四、影响目标市场选择的因素

由于目标市场策略可选择性较强，企业的情况也很复杂，所以企业在选择目标市场时要全面考虑，权衡利弊，做出最佳选择。一般来说，企业选择目标市场策略时，需考虑以下几个因素。

（一）企业的资源和能力

如果企业在人力、物力、财力、信息及管理能力等方面都有充足的实力，就可以考虑选择无差异性目标市场策略；如果企业具有相当的规模、雄厚的技术、优秀的管理素质，则可以考虑实行差异性目标市场策略；反之，如果企业资源有限、实力较弱，难以开拓整个市场，就应该实行集中性目标市场策略。

（二）产品特点

对于同质性的产品，例如面粉、食盐、火柴等产品，它们的差异性较小，产品的竞争主要表现在价格上，较适宜采用无差异性目标市场策略；对于差异性较大的产品，例如家用电器、手机、服装等，宜采用差异性目标市场策略或集中性目标市场策略。

（三）市场特性

如果市场上所有顾客在同一时期偏好相同，购买的数量相同，并且对市场营销刺激和反应相同，则可视之为同质市场，宜实行无差异性目标市场策略；反之，如果市场需求的差异性较大，则为异质市场，宜采用差异性目标市场或集中性目标市场策略。

（四）产品的生命周期

产品生命周期是产品从投入市场到退出市场的全过程。对处于不同生命周期阶段的产品，要采用不同的目标市场策略。处在导入期和成长期的新产品，营销的重点是启发和巩固消费者的消费习惯，最好采用无差异性目标市场策略或针对某一特定子市场实行集中性目标市场策略；当产品进入成熟期后，市场竞争激烈，消费者需求日益多样化，可改用差异性目标市场策略。

（五）竞争者状况

对竞争者的分析需要从市场竞争格局和竞争者策略两个方面来考虑。

1. 竞争格局

如果竞争者数量众多，企业为了把目标顾客吸引到自己这来，就应该采用差异性目标市场策略；若企业竞争者数量较少，就可以采用无差异性目标市场策略。

2. 竞争者策略

如果竞争对手采用的是无差异性目标市场策略，则企业应选择差异性或集中性目标市场策略；如果竞争对手采用差异性目标市场策略，则企业应采用集中性目标市场策略。

（六）市场营销环境

一般来说，在供不应求的卖方市场，可采用无差异性目标市场策略；而在供过于求的买方市场，应采用差异性目标市场策略或集中性目标市场策略。

任务三　市场定位

扫一扫

市场定位策略

一、市场定位的概念

市场定位（Market Positioning），就是确定企业在目标市场上的位置。具体地说，就是确定企业的整体形象在消费者心中的位置。根据现有产品市场定位和企业自身的条件，从各方面为企业和产品创造一定的特色，塑造并树立一定的市场形象，以求在目标顾客心目中形成一种特殊的偏爱。可见，市场定位取决于企业的努力，也要得到消费者的认可。

对市场定位的理解应该把握以下三个方面。

（1）市场定位的基点是竞争。

（2）市场定位的目的在于吸引更多目标顾客。

（3）市场定位的实质是设计和塑造产品的特色和个性。

二、市场定位的依据

各个企业经营的产品不同，面对的顾客不同，所处的竞争环境也不同，因而市场定位所依据的标准也不同。总的来讲，市场定位所依据的原则有以下四点。

（一）根据具体的产品特点定位

构成产品内在特色的许多因素都可以作为市场定位所依据的原则。比如所含成分、材料、质量、价格等。"七喜"汽水的定位是"非可乐"，强调它是不含咖啡因的饮料，与可乐类饮料不同。"秦宁诺"止痛药的定位是"非斯匹林的止痛药"，显示药物成分与以往的止痛药有本质的差异。一件仿皮皮衣与一件真正的水貂皮衣的市场定位自然不会一样，同样，不锈钢餐具若与纯银餐具定价相同，也是难以令人置信的。

（二）根据特定的使用场合及用途定位

为老产品找到一种新用途，是为该产品创造新的市场定位的好方法。例如，小苏打曾一度被广泛作为家庭的刷牙剂、除臭剂和烘焙配料，现在已有不少的新产品代替了小苏打的上述功能。我们知道小苏打可以定位为冰箱除臭剂，另外还有家公司把它当作了调味汁和肉卤的配料，更有一家公司发现它可以作为冬季流行性感冒患者的饮料。又如，我国曾有一家生产"曲奇饼干"的厂家最初将其产品定位为家庭休闲食品，后来又发现不少顾客购买是为了馈赠，又将其产品定位为礼品。

（三）根据顾客得到的利益定价

产品提供给顾客的利益，也可以用作定位的依据。

1975 年，美国米勒啤酒公司推出了一种低热量的 "Lite" 牌啤酒，将其定位为喝了不会发胖的啤酒，迎合了那些经常饮用啤酒而又担心发胖的人的需要。

（四）根据使用者类型定位

企业常试图将其产品指向某一类特定的使用者，以便根据这些顾客的看法塑造恰当的形象。

美国米勒啤酒公司曾将其原来唯一的品牌 "高生" 啤酒定位于 "啤酒中的香槟"，吸引了许多不常饮用啤酒的高收入女性。后来发现，占 30% 的狂饮者大约消费了啤酒销量的 80%，于是，该公司在广告中展示石油工人钻井并成功后狂欢的镜头，还有年轻人在沙滩上冲刺后开怀畅饮的镜头，塑造了一个 "精力充沛的形象"，在广告中提出 "有空就喝米勒"，从而成功占领啤酒狂饮者市场长达 10 年之久。

事实上，许多企业进行市场定位的依据的原则往往不止一个，而是多个原则同时使用。因为要体现企业及其产品的形象，市场定位必须是多维度的、多侧面的。

三、市场定位的步骤

扫一扫

新发展格局中的市场营销

市场定位的关键是企业要设法在自己的产品上找出比竞争者更具有竞争优势的特性。

（一）明确企业潜在的竞争优势

明确企业潜在的竞争优势，主要包括：调查研究影响定位的因素，了解竞争者的定位状况，竞争者向目标市场提供何种产品及服务，在消费者心目中的形象如何。对其成本及经营情况做出评估，并了解目标消费者对产品的评价标准。企业应努力搞清楚消费者最关心的问题，以作为决策的依据，并要确定目标市场的潜在竞争优势是什么，是同样条件下能比竞争者定价低，还是能提供更多的特色产品以满足消费者的特定需求。企业通过与竞争者在产品、促销、成本、服务等方面对比、分析，了解企业的长处和不足，从而认定企业的竞争优势。

（二）选择企业相对的竞争优势和市场定位策略

相对的竞争优势，是企业能够胜过竞争者的能力。有的是现有的，有的是具备发展潜能的，还有的是可以通过努力创造的。简而言之，相对的竞争优势是企业能够比竞争者做得好的工作。企业可以根据自己的资源配置通过营销方案差异化突出自己的经营特色，使消费者感觉自己从中得到了价值最大的产品及服务。

（三）准确地传播企业的市场定位

这一步骤的主要任务是企业要通过一系列的宣传促销活动，把其独特的市场竞争优势准确传播给消费者，并在消费者心目中留下深刻印象。为此，企业首先应使目标消费者了解、知道、熟悉、认同、喜欢和偏爱企业的市场定位，要在消费者心目中建立与该定位相一致的形象。其次，企业通过一切努力，保持对目标消费者的了解，稳定目标消费者的态度和目标消费者的感情，来巩固企业市场形象。最后，企业应注意目标消费者对其市场定位理解出现的偏差或由于企业市场定位宣传上失误而造成目标消费者的模糊、混乱和误会，及时纠正与市场定位不一致的市场形象。

【行业典范】

五粮液黄金酒品牌定位战略

黄金酒全名黄金牌万圣酒，为保健食字号产品。该酒由五粮液集团和上海巨人投资有限公司共同打造，五粮液集团负责黄金酒产品研发和生产，销售策略和团队执行则由位于上海的巨人投资来完成。2007 年 10 月，巨人投资直接选择成美营销顾问公司（以下简称 "成美"）进行品牌定位战略研究制定。

作为礼品酒，黄金酒送给谁？

首先，黄金酒已经明确是在礼品酒市场进行竞争。

此类礼品一般高价值，注重品牌，而新品牌难以短期内企及。因此黄金酒作为新品牌主攻亲朋好友间的送礼市场。调查显示，如亲朋好友间礼品预算超过200元，主要是送给和自己关系亲近的长辈，包含夫妻双方的父母、叔伯，等等。因此黄金酒更多会送给和消费者关系亲近的长辈。而作为送礼人一般都是已经有工作的成年人，其长辈的年龄相对处在老年阶段。同时，黄金酒加入6味中药材有一定的保健功能。根据消费者观念，这种加入中药材的酒更适合送给老年人，如送青年人则存在忌讳，等于暗示对方身体不好。因此黄金酒送给老年人是比较合适的。

黄金酒进入传统保健酒（药酒）市场去细分？

保健酒（药酒）的功效主要有治疗风湿、肾虚、怕冷、易疲劳、睡眠障碍等，由于这些问题主要出现在老年人身上，因此保健酒更多被认为只适合老年人喝，送礼也只适合送给老年人。

消费者对保健酒的既有观念，对于研究定位非常关键，因为根据心理学中的"选择性记忆"的原则——如果推广内容出现与消费者既有观念的冲突就会导致信息被大脑排斥，这也是定位理论强调消费者观念难以改变的基石。

整体而言，将黄金酒定位为传统保健酒（药酒），并按照保健品的方式去运作，其市场规模是可观的。但成美认为这与巨人投资选择进入礼品酒市场的初衷一定程度上相违背——礼品酒市场绝大部分是白酒，其次是红酒，而保健酒在其中所占比例很小（数据支持）。所谓礼品市场中酒排名第二，准确说应该是白酒排名第二，只有细分礼品白酒市场才是其初衷。因此，成美的项目组决定继续对白酒礼品市场进行研究。

黄金酒进入饮料酒（白酒）市场去细分？

巨人投资的初衷是希望细分礼品酒市场，其实是指细分礼品白酒市场。

要细分礼品白酒市场，首先黄金酒应该具备白酒的一般共性，即应该满足消费者对白酒的基本需求——好喝。在这个基础上增加保健的新利益从而实现差异化。若黄金酒仅仅强调保健功能，而忽视酒的色香味，是永远无法细分白酒市场的，因为保健和好喝是两种不同的基本需求。

幸运的是系出名门的黄金酒在"酒"方面的产品力表现非常好，国家品酒大师沈怡方品尝"黄金酒"后给予了高度评价，入口柔和，饮后口留余香，将保健酒以清香型白酒为酒基的传统改变为以五粮液特有的浓香型白酒为酒基，很大程度上适应了消费者的口感度。消费者调查结果也显示消费者对"黄金酒看上去呈浅浅的琥珀色，清澈透明无明显混浊，闻上去是典型的浓香型白酒中夹着淡淡的西洋参味，喝着酒香浓郁极其接近于浓香型白酒"都表示高度认同。

经过研究，成美认为黄金酒凭借良好的色香味表现，完全可以进入礼品白酒市场进行细分。

此外，明确保健功能的目的是要区隔普通白酒。黄金酒应该利用消费者观念中滋补酒适应人群广的认知，而无须强调有何具体保健功能。这一方面可避免进一步将市场局限在某一个具体保健功能市场上，另一方面还可以弱化消费者对保健酒固有的认知——药酒，尽量避免药酒针对疾病的联想，从而弱化消费者对黄金酒口感和每次饮用量的担心。

如何令消费者接受黄金酒具有保健功能，显然只需要宣传推广酒中含有滋补药材的信息，就能令消费者感知到保健功能，从而实现与普通白酒的区隔（巨人投资在后来的新闻发布会上直接提出功能白酒的概念）。

至此，成美对于黄金酒的定位研究有了更清晰的结论：在礼品市场，送给长辈保健的白酒。这包含三个层面的意思：首先目标市场是细分白酒市场，其次黄金酒与其他白酒的差异在于具有保健功能，最后黄金酒是在礼品市场专门送给长辈的酒。

（网络资料）

四、市场定位策略

（一）迎头定位策略

迎头定位策略是指企业选择靠近现有竞争者或与现有竞争者重合的市场位置，争夺同样的消费者，彼此在产品、价格、分销及促销等各个方面差别不大。迎头定位策略就是与市场上最强的竞争对手"对着干"。

这种方式风险较大，而一旦成功就会取得巨大的市场优势，因此对某些实力较强的企业有较强的吸引力。

（二）避强定位策略

避强定位策略是指企业回避与目标市场上的竞争者直接对抗，将其位置定在市场"空白点"，开发并销售目前市场上还没有的产品，开拓新的市场领域。

避强定位策略的优点是：能够迅速地在市场上站稳脚跟，并在消费者心中尽快树立起一定企业形象。由于这种定位策略市场风险较小，成功率较高，常常为多数企业所采用。

（三）重新定位策略

重新定位策略是指企业改变产品特色，改变目标消费者对其原有的印象，使目标消费者对其产品新形象有一个重新认识过程。市场重新定位对于企业适应市场营销环境，调整市场营销战略是必不可少的。企业产品在市场上的定位即使很恰当，但在出现下列情况时也需考虑重新定价：一是竞争者推出的产品市场定位在本企业产品的附近，侵占了本企业产品的部分市场，使本企业品牌的市场占有率有所下降；二是消费者偏好发生变化，从喜欢本企业某品牌转移到喜爱竞争对手的品牌。

这种策略通常被用在对那些销路不畅、市场反应较差的产品进行二次定位，旨在帮助产品摆脱困境、重新获得增长和活力。

⊠ 资料链接

中国为何坚持发展中国家定位

有经济学家呼吁中国放弃发展中国家身份，因为美国方面已不想继续承认中国拥有这一地位。这些经济学家陷入了技术思维，更重要的是美式思维。中国究竟是不是发展中国家，需要跳出贸易战、WTO 改革和美国视角来看。

中国是发展中国家，这不是我们自封的，而是世界银行、世贸组织等联合国相关机构认可的。比如，世贸组织中的发展中国家成员基本可分为三大类：第一大类是最不发达国家和地区；第二大类是年人均国民生产总值低于 1 000 美元的国家；第三大类是其他发展中国家成员。中国属于第三大类。

（网络资料）

【初心茶坊】

中国定位自己为发展中国家，不是谦虚，更不是虚伪，而是证明我们仍有发展潜力，关键词是发展中，而非简单的发展。

当然，中国自我定位为发展中国家，世界称中国为超级大国，综合一下，中国或可称为"超级发展中国家"。中国可成为发达国家和发展中国家联系的桥梁与纽带，正如"一带一路"既是南南合作，也是南北合作——开发第三方市场。中国的多重身份及包容性文化，不是中国参与国际合作的障碍，反而是优势，是改革现行全球治理结构和国际秩序的希望。

五、市场定位可能发生的失误

市场定位失误是指企业由于市场定位不清或失误而失去消费者信任。总的来说，企业可能发生的市场定位失误有以下几种。

（一）定位好高骛远

有些企业由于竞争对手在市场上的实力过强，或对自身及市场环境没有客观的认识，而将自己的品牌市场定位过高，最终各方面资源无法配合其成长，在消费者心目中留下"名不符实"的印象，最终失去了用户的信任，失去了市场。

（二）定位笼统、模糊

品牌定位大而全，模糊不清，消费者无法产生相应的品牌联想。

（三）过分市场定位

对品牌定位太过狭窄，使得符合的目标市场人群太少，没有足够的市场容量，不利于长远发展。

（四）定位毫无特色

市场竞争中最大的竞争优势来自差异化，如果产品或品牌的定位和竞争对手没有差别、毫无特色，便不能使消费者产生较为深刻的品牌印象。

【任务实施】

实训 市场定位方法

一、实训目的

掌握 STP 战略分析之市场定位的方法与战略。

二、实训要求

将自主完成的实训内容保存为"学号姓名.doc"的文档上交。

三、实训内容

"傻子瓜子"因邓小平同志多次在高层提及年广久并收入《邓小平文选》而闻名全国，号称"中国第一商贩"。傻子瓜子是芜湖特产之一，也是炒货的鼻祖，以精选的大小片西瓜籽、白瓜籽、葵花籽、花生米等为原料，采用传统配方、技艺与现代新配方、新工艺技术精制而著称。但是随着市场需求的增强，芜湖又陆续出现了许多其他品牌的瓜子，例如胡大瓜子、大徐瓜子等，瓜子市场的竞争非常激烈。根据课堂所授市场定位的定义、市场定位的方法及市场定位的战略，利用网络资源，对比不同销售瓜子的网上商城，从所售产品的种类、价格、促销方法及销量等多方面进行分析，阐述不同网上商城的定位方法和定位战略，并举例说明理由。

四、实训结果

1. 金傻子旗舰店的市场定位方法及举例说明理由。

2. 大徐旗舰店的市场定位方法及举例说明理由。

3. 金傻子旗舰店的市场定位战略及理由。

4. 大徐旗舰店的市场定位战略及理由。

【学以致用】

一、简答题

1. 市场细分的原则和标准有哪些？

2. 市场定位策略有哪些？

3. 影响目标市场选择的因素有哪些？

4. 市场细分、目标市场、市场定位三者之间有何关系？

二、选择题

1. 对于同质产品或需求上共性较大的产品，一般应实行（　　）。

A. 集中性市场策略　　　　　　　　　B. 差异性市场策略

C. 无差异性市场策略　　　　　　　　D. 维持性市场策略

2. 企业进行市场细分的依据是（　　）的差异性。

A. 企业特点　　　　　　　　　　　　B. 产品特点

C. 需求特点　　　　　　　　　　　　D. 生产特点

3. （　　）就是企业的目标市场，是企业服务的对象，也是营销活动的出发点和归宿。

A. 产品　　　　　B. 顾客　　　　　C. 利润　　　　　D. 市场细分

4. 白酒生产商为不同市场提供不同的白酒，这样的目标市场范围选择属于（　　）。

A. 产品—市场集中化　　　　　　　　B. 选择专业化

C. 市场专业化　　　　　　　　　　　D. 产品专业化

三、案例分析题

案例一　海尔洗衣机案例分析

海尔集团根据市场细分的原则，在选定的目标市场内，确定消费者需求，有针对性地研制开发多品种、多规格的家电产品，以满足不同层次消费者需要。如海尔洗衣机是我国洗衣机行业跨度最大、规格最全、品种最多的产品。

海尔集团的前身是一家生产普通家电产品亏损额达 147 万元，濒临倒闭的集体小厂。1985 年，海尔股份有限公司成立，经过十几年的发展，海尔集团已成为中国家电行业特大型企业，在海尔的发展过程中，海尔成功地运用了目标市场营销战略。

在洗衣机市场上，海尔集团根据不同地区的环境特点，考虑不同的消费需求，提供不同的产品，如针对江南地区"梅雨"天气较多，洗衣不容易干的情况，海尔集团及时开发了洗涤、脱水、烘干于一体的海尔"玛格丽特"三合一全自动洗衣机，以其独特的烘干功能，迎合了饱受"梅雨"之苦的消费者。此产品在上海、宁波、成都等市场引起轰动。针对北方的水质较硬的情况，海尔集团开发了专利产品"爆炸"洗净的气泡式洗衣机，即利用气泡爆炸破碎软化作用，提高洗净度 20 % 以上，受到消费者的欢迎。针对农村市场，研制开发了下列产品：①"大地瓜"洗衣机，满足了盛产红薯的西南地区农民图快捷省事，在洗衣机里洗红薯的需要；②小康系列滚筒洗衣机，针对较富裕的农村地区；③"小神螺"洗衣机，价格低、宽电压带、外观豪华，非常适合广大农村市场。

海尔集团以高质量和高科技进行市场定位，占领市场。海尔集团市场竞争的原则不是首先在量上争第一，而是在质上争第一，依靠高科技推出新产品，它所涉足的除冰箱外的其他产品均起步较晚，这些产品的市场竞争激烈。但海尔集团经过认真的市场调查，清醒地估计自己的实力后，认为应该进入这些产品市场中参与竞争。它采用针锋相对式市场定位策略，1992 年推出空调产品，1995 年推出洗衣机产品，由于技术领先、质量可靠，深受消费者欢迎。目前，海尔集团已跻身于世界 500 强的行列。

问题：

(1) 试分析海尔集团采取了何种目标市场策略。

(2) 海尔集团采取的市场定位策略是什么？

案例二　红罐王老吉品牌定位战略

2002 年以前，从表面看，红色罐装王老吉（以下简称"红罐王老吉"）是一个活得很不错的品牌，在广东、浙南地区销量稳定，盈利状况良好，有比较固定的消费群，红罐王老吉饮料的销售业绩连续几年维持在 1 亿多元。发展到这个规模后，加多宝的管理层发现，要把企业做大，要走向全国，就必须克服一连串的问题，甚至原本的一些优势也成为困扰企业继续成长的障碍。

而所有困扰中，最核心的问题是企业不得不面临一个现实难题——红罐王老吉当"凉茶"卖，还是当"饮料"卖？

重新定位

2002 年年底，加多宝委托成美营销顾问公司（以下简称"成美"）对红罐王老吉的品牌定位进行了深入分析和研究。通过对红罐王老吉的基本情况的了解，成美项目组形成了红罐王老吉定位研究的总体思路——

首先，对于当时销售额仅 1 亿多元的加多宝公司而言，寻求发展的同时更要考虑生存，也就是说，在寻求扩大市场份额的同时，必须先稳固现有市场；其次，由于当时红罐王老吉的销量连续多年稳定在 1 亿多元，已形成了一批稳定的用户群，定位研究可以从这群现有用户中寻找突破：了解红罐王老吉满足了他们什么需求，在他们头脑中红罐王老吉和其他饮料或者凉茶之间到底存在什么差异，从而确定导致他们坚持选择红罐王老吉的原因。

在将这群稳固的用户群选择红罐王老吉的核心价值提炼出来之后，再研究该核心价值与潜在用户群对红罐王老吉的认知是否存在冲突，即现有顾客的购买理由能否延展到潜在用户身上，如果这个选择红罐王老吉的理由是潜在用户群体也能认同并接受的，同时该核心价值在产品力以及企业综合实力上能够确立，就可以确认寻找到了红罐王老吉开拓市场的最佳途径。

为了了解消费者的认知，成美的研究人员一方面研究红罐王老吉、竞争者传播的信息，另一方面，与加多宝内部、经销商、零售商进行大量访谈，完成上述工作后，聘请市场调查公司对王老吉现有用户进行调查。以此为基础，研究人员进行综合分析，厘清红罐王老吉在消费者心智中的位置——即在哪个细分市场中参与竞争。

在研究中发现，广东的消费者饮用红罐王老吉主要在烧烤、登山等场合。其原因不外乎"吃烧烤容易上火，喝一罐先预防一下""可能会上火，但这时候没有必要吃牛黄解毒片"。而在浙南，饮用场合主要集中在"外出就餐、聚会、家庭"。在对当地饮食文化的了解过程中，研究人员发现：该地区消费者对于"上火"的担忧比广东有过之而无不及。他们对红罐王老吉的评价是"不会上火"，"健康，小孩老人都能喝，不会引起上火"。这些观念可能并没有科学依据，但这就是浙南消费者头脑中的观念，这是研究需要关注的"唯一的事实"。

消费者的这些认知和购买消费行为均表明，消费者对红罐王老吉并无"治疗"要求，而是作为一种功能饮料购买，购买红罐王老吉的真实动机是用于"预防上火"，如希望在品尝烧烤时减少上火情况发生等，真正上火以后可能会采用药物，如牛黄解毒片、传统凉茶类治疗。

再进一步研究消费者对竞争对手的看法，则发现红罐王老吉的直接竞争对手，如菊花茶、清凉茶等由于缺乏品牌推广，仅仅是低价渗透市场，并未占据"预防上火的饮料"的定位。而可乐、茶饮料、果汁饮料、水等明显不具备"预防上火"的功能，仅仅是间接的竞争。

同时，任何一个品牌定位的成立，都必须是该品牌最有能力占据的，即有据可依。如可口可乐说"正宗的可乐"，是因为它就是可乐的发明者。研究人员对于企业、产品自身在消费者心智中的认知进行了研究，结果表明，红罐王老吉的"凉茶始祖"身份、神秘中草药配方、175 年的历史等，显然是有能力占据"预防上火的饮料"这一定位的。

由于"预防上火"是消费者购买红罐王老吉的真实动机，自然有利于巩固加强原有市场。而能否满足企业进军全国市场的期望，则成为研究的下一步工作。通过二手资料、专家访谈等研究表明，中国几千年的中医概念"清热祛火"在全国广为普及，"上火"的概念也在各地深入人心，这就使红罐王老吉突破了凉茶概念的地域局限。研究人员认为："做好了这个宣传概念的转移，只要有中国人的地方，红罐王老吉就能活下去。"

至此，历经一个半月的调研分析，红罐王老吉品牌定位的研究基本完成。2003 年 2 月 17 日成美正式向加多宝公司提交了《红罐王老吉品牌定位研究报告》。报告首先明确红罐王老吉是在"饮料"行业中竞争，竞争对手应是其他饮料；其品牌定位——"预防上火的饮料"，独特的价值在于——喝红罐王老吉能预防上火，让消费者无忧地尽情享受生活：吃煎炸、香辣美食、烧烤，通宵达旦看足球……

问题：

1. 通过上述案例分析红罐王老吉成功的原因有哪些。

2. 什么是品牌定位？品牌定位的关键是什么？

四、综合项目实训

进行 STP 分析

（一）实训目的

通过实训，使学生理解目标市场决策是企业营销的前提和基础；掌握基于需求分析基础上的市场细分、市场定位的方法。

（二）实训准备

1. 每个学生经营一家企业。

2. 经营产品：手机。

3. 为自己的企业及产品品牌命名。

（三）实训内容

1. 建立虚拟企业及产品品牌。

2. 目标市场及产品定位决策。

3. 写出简要的 STP 分析报告。

（四）思考及小结

1. 营销工作为什么要从市场分析入手？市场分析的目的是什么？

2. 你是怎样进行目标市场选择和市场定位的？

制定产品策略

学习目标

● 知识目标

1. 理解产品及产品整体的概念。
2. 熟悉产品组合的概念。
3. 掌握产品生命周期理论和各阶段的营销策略。
4. 熟悉产品品牌与包装策略。
5. 熟悉产品质量认证体系。
6. 理解新产品开发对企业的意义。

● 能力目标

1. 能运用产品整体概念进行企业营销案例分析。
2. 能根据产品生命周期理论分析产品及市场需求状况。
3. 能选择适合的产品品牌及包装策略。

● 素质目标

1. 使学生树立"产品质量是企业生存和发展的生命线"的思想理念，宣扬工匠精神。
2. 激发学生创新意识，启发学生努力学习和开展创新创业的动力和热情。

✉ 案例导入

银鹭的昨天、今天和明天

银鹭，一个从乡村起步的企业，一个三十年专注于用中国传统食材创新出"营养、美味、健康"的食品饮料企业，以超越当下的全新思维，一步步做成了一个属于未来的国际化企业，扎下了百年品牌的根基。

独辟蹊径：专注于中国传统食品的创新

1990 年，银鹭创业的第六年，中国碳酸饮料市场方兴未艾，因为这个潮流，在低端市场，碳酸兑水、香精、糖精，就可以让农村消费者心满意足。当同时期的商人都在疯狂扣钱时，银鹭集团董事长陈清渊却把目光投向了农家厨房，打起了中国传统食品八宝粥的主意。

生产八宝粥的工艺技术比较复杂，银鹭经过反复试验，最终独创了"生料装罐，滚动杀菌"的生产工艺。通过对花生、豆类等原料的预煮，全自动磨浆，保证内容物的色泽、组织与口感稳定，而滚动式杀菌炉不仅有效杜绝了"二次污染"，更使八宝粥风味独特，色泽、滋味自然纯正。

新的产品、新的产品形态、新的制造工艺，直接让银鹭找到了突破口。

华丽升级：五行养生，五色滋养

随着健康意识的增强，人们开始追求食品的精细化和健康。银鹭在五谷上做起了文章：薏仁红豆粥，修身；椰奶燕麦粥，养颜；莲子玉米粥，通润；紫薯紫米粥，益气；黑米粥，滋补。在丰富的五谷杂粮中为不同群体的消费者搭配出养生之道。五谷调粥，刚好是五种颜色，"修身、养颜、通润、益气、滋补，五色滋养，好粥之道！"于是银鹭八宝粥的副品牌好粥道出现了。

为了体现与银鹭传统八宝粥的区别，银鹭为好粥道做了全新的五色包装设计，一改传统八宝粥产品中庸传统的包装风格。

超前的产品理念，让银鹭再次领先。

2014年，陈清渊再次提出，社会转型、文化转型，银鹭需要新的文化图腾来维系与消费者的关系。于是，银鹭又聘请我国台湾和欧洲的设计师对银鹭花生牛奶进行包装升级，把感叹号进行升级，创造了一个新的图腾：花生田、蓝天、大地、奶牛——幸福活力的生活。同时，请我国台湾知名导演拍了一个新的广告片，动用了《指环王》后期制作团队，7月18日，银鹭花生牛奶广告大片全国上线播出。动听的音乐响起，由两万人方阵组成的银鹭标志在蓝天白云下掠过草地，惊艳眼球。

在线上掀起品牌风暴的同时，线下落地活动也风风火火。银鹭明星产品以全新形象现身社区、写字楼、学校等公共场所。从线上到线下，银鹭品牌传播全面爆发，气势恢宏。

不断的产品创新，不断的品牌演绎，让银鹭不断地创造新的奇迹，进入百亿元俱乐部，站到了同类产品的顶峰。

(网络资料)

思考题：
1. 银鹭是如何做产品的？企业的核心产品对企业的成功有何意义？
2. 银鹭的品牌化经营有何特点？

任务描述

杨帆是某大学三年级管理专业的学生，经过两年多的专业课和创新创业课程的学习，他有了自己创业的想法。在一次市场营销课上，他把自己的想法告诉了老师，老师提醒他，实施创业之前首先要选好创业项目，选定创业的产品，然后根据产品特点和目标消费市场特点设计营销策略，用先进的理念作指导，在营销实践中不断改进产品和宣传，才能闯出一片天地。

任务分解

通过市场调研，对一家真实企业的产品策略进行分析；初步树立整体产品观念和产品生命周期的观念。

知识准备

　　产品策略是市场营销 4P 组合的核心，是价格策略、分销策略和促销策略的基础。从社会经济发展看，产品的交换是社会分工的必要前提，企业生产与社会需要的统一是通过产品来实现的，企业与市场的关系也主要是通过产品或服务来联系的，从企业内部而言，产品是企业生产活动的中心。因此，产品策略是企业市场营销活动的支柱和基石。

扫一扫

产品及产品
整体概念

任务一　产品与产品组合决策

一、产品及产品整体概念

　　按照传统的观念，产品（Product）是指通过劳动而创造的有形物品。这是狭义的产品概念。市场营销学认为，广义的产品是指能提供给市场，用于满足人们某种需要和欲望的任何事物，包括实物、服务、场所、组织、个人、财产权、思想、主意等。可见，现代营销的产品概念已远远超越了传统的有形实物的范畴，思想、技术、主意等非物质形态服务也可作为产品的重要形式进入市场交换。广义的产品＝实体＋服务。物质产品满足顾客对使用价值的需要，非物质形态的服务能给购买者带来利益和心理上的满足感和信任感，具有象征性价值。现代产品概念强调产品使用价值和象征性价值的统一。

（一）传统产品整体的概念

　　市场营销产品应当是一个整体的概念，即产品整体（Product Concept），传统产品整体的概念包含三层含义，即产品实质层、产品实体层和产品延伸层（如图 5－1 所示）。

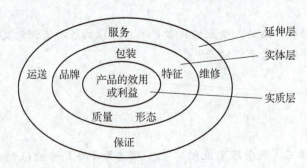

图 5－1　产品整体构成图

　　1. 产品实质层

　　它是整个产品的核心部分，也叫核心产品或实质产品，是指消费者购买某种产品所追求的利益，是顾客所要购买的实质性东西。如购买自行车是为了代步，买可乐是为了解渴，买化妆品是希望美丽等。因此，企业在开发宣传产品时应明确产品所能提供的效用，使产品具有真正的吸引力。

　　2. 产品实体层

　　它是产品的基础部分，是指产品的有形部分，也叫有形产品，指向市场提供的能满足某种需要的产品实体或服务的外观。它是产品的形体、外壳，是消费者可以通过自己的眼、耳、鼻、舌等身体感觉器官接触到、感觉到的部分。它包括产品的形态、形状、式样、特色、包装、设计、风格等。认识这点对企业现行的营销活动有重要指导意义。

3. 产品延伸层

产品延伸层也称延伸产品或附加产品，是指顾客在购买产品时所获得的全部附加服务和利益，包括提供信贷、免费送货、保证、安装、售后服务等。在现代市场上，产品有趋同倾向，当企业的产品在与竞争对手产品没有明显差别的情形下，附加产品越来越成为竞争获胜的重要手段。

（二）科特勒提出的整体产品概念

科特勒提出的整体产品概念包括五个层次：核心产品、形式产品、期望产品、延伸产品和潜在产品（如图 5-2 所示）。

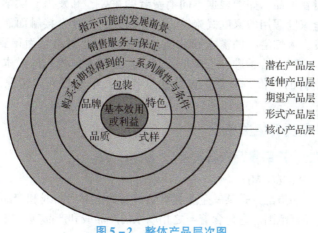

图 5-2　整体产品层次图

1. 核心产品（Core Product）

核心产品也叫实质产品，是产品概念最基本的层次，是指消费者购买某种产品目的之所在，是顾客真正需要的基本服务或利益。如购买洗衣机是为了洗衣服，购买冰箱是为了冷藏食品。

2. 形式产品（Basic Product）

形式产品是消费者通过自己的眼、耳、鼻、舌、身等感觉器官可以接触到、感觉到的有形部分。包括产品的形态、形状、质量、花色、设计、风格、色调、价格、规格、品牌、包装等。形式产品是依据核心产品来设计的实际产品，形式产品是核心产品得以实现的方式。一些果园利用光照遮盖法，给生长中的苹果晒上"福""禄""寿""喜"等字，形成具有喜庆文化特色的喜庆苹果，其市场价格比普通苹果贵一倍，却依然畅销。

3. 期望产品（Expected Product）

即购买者购买产品时通常希望和默认的一系列属性和基本条件。如住宿的旅客期望得到清洁的床铺、肥皂、浴巾、电视机、衣柜等。

4. 延伸产品（Augmented Product）

延伸产品也叫附加产品，是指顾客在购买产品时所获得的全部附加服务和利益，包括提供信贷、免费送货、保证、安装、售后服务、调试、维修、配件、培训、咨询、广告等，还包括企业的声望和信誉。在竞争激烈的市场上，企业对延伸产品的精心管理，是企业提高竞争力的保证。尤其是在产品的性能和外观相似的情况下，产品竞争能力的高低往往取决于延伸产品。许多成功的公司在它们的产品和服务中增加了额外的优惠和好处，如酒店客人在枕下发现了糖果，或在房间发现了一盆花，不仅能让顾客满意，而且会令其愉悦。

5. 潜在产品（Potential Product）

潜在产品是指现在产品可能发展的前景。包括现有产品的所有延伸和演进部分，最终可能发展成为未来产品的潜在状态的产品，如彩色电视机可发展为电脑终端机。

产品整体概念典型地反映了以消费需求为核心的市场营销观念，说明了企业和产品的竞争力，主要取决于对于需求的满足程度。因此，企业要在市场竞争中保持自己的领先优势，就应当从以上五个层次上去认识消费者对于产品的不同需求。

比如对于旅馆来说，它的核心产品是休息与睡眠，能提供"休息和睡觉"场所的地方就能被消费者接受和购买；旅馆的形式产品是床、衣柜、毛巾、洗手间等，这是满足消费者需要的起码的条件；旅馆的期望产品是干净的床、新的毛巾、清洁的洗手间、相对安静的环境；旅馆的延伸产品是宽带接口、鲜花、结账快捷、免费早餐、优质的服务，如果旅馆能向消费者提供各种必要的服务和娱乐条件等，这些将会使旅馆对消费者产生更大的吸引力；最后是潜在产品，如能根据不同消费者的需要，开发出专供学者著书立说用的书斋式旅馆、供全家度假用的家庭式旅馆，或供人们扩大社会接触面而用的社交式旅馆等，就有可能诱发出人们潜在的需求和欲望，从而使企业的市场面得到进一步的扩大。当然在对每一层次的需求给予进一步满足的同时，必须考虑投入的成本和消费者接受这一满足时所愿意支付的代价。只有在预期的总收益大于总投入的情况下，企业才应当开发。

二、产品组合及其相关概念

(一) 产品组合、产品线及产品项目

1. 产品组合（Product Mix）

产品组合也称产品搭配，是某一企业提供给市场的全部产品线和产品项目的组合或搭配，即企业的业务经营范围。它包含着与之相联系的产品线和产品项目概念。

2. 产品线（Product Line）

产品线是指一组密切相关的产品，即我国通常所谓的产品大类。这组产品功能类似，能满足同类需求。如电冰箱、豆浆机、煤气灶、抽油烟机等产品都是为了满足做饭所需要的产品，因而构成厨房设备产品线。

3. 产品项目（Product Item）

产品项目是指产品线中不同品种、档次、质量和价格的特定产品，即产品线内的不同品种及同一品种的不同品牌。如某服装公司生产各种服装，男装、女装、童装构成了产品组合，其中女装是一条产品线，这条产品线中的西装、连衣裙、大衣等则分别是产品项目。如图5-3所示。

图5-3 企业与产品线、产品项目的关系

(二) 产品组合的宽度、长度、深度及关联度

企业产品组合因素涉及四个变量：宽度、深度、长度和关联度。

1. 产品组合宽度（Width）

又称为广度，是指一个企业所拥有的产品线数目的多少，即拥有多少条产品线。产品组合的宽度可以说明一个企业经营产品的多少和经营范围的大小，一个企业的产品组合宽度越宽，其生产经营的综合化程度也就越高。表5-1中所示产品组合的宽度是6。企业增

加产品组合的宽度，可以充分发挥企业的特长，使企业尤其是大企业的资源、技术得到充分利用，提高经营效益。此外，实行多角化经营还可以减少风险。

表5-1 某公司的产品组合示意

冰箱	空调	洗衣机	电热水器	电视	手机
王子	超人	太空钻	大海象	美高美	喜多星
金王子	大超人	水晶钻	金海象	影丽	远天星
太空王	金超人	小神泡	海象王	银雷	地文星
金统帅	金状元	小神功	小天将	青蛙王子	
小统帅	小元帅	小神童			
大统帅					

2. 产品组合的长度（Length）

产品组合的长度是指一个企业产品线中产品项目的总数，即一个企业不同规格或不同品牌的产品的总数。表5-1中所示产品组合的长度是27，每条产品线平均长度为27÷6＝4.5。

平均长度＝产品项目总数÷产品线数目

3. 产品组合的深度（Depth）

产品组合的深度是指产品线中每一种产品所提供的花色、规格、质量的产品数目的多少。如某商品有2种花色、3种规格，那么这种产品的深度就是6。企业增加产品组合的长度和深度，可以迎合广大消费者的不同需要和爱好，以招徕、吸引更多的顾客。

4. 产品组合的关联度（Consistency）

产品组合的关联度也称产品组合密度，是指各条产品线在最终用途、生产条件、分销渠道等方面的相关程度。表5-1中产品组合的关联度较高，所有产品线的产品生产技术与原料相近。企业增加产品组合的关联性，则可以提高企业在某一地区、行业的声誉。

三、产品组合策略

产品组合策略是企业根据自己的营销目标，对产品组合的宽度、长度、深度和关联度进行的最优组合决策。

企业在进行产品组合时，涉及三个层次的问题需要做出抉择，即：

（1）是否增加、修改或剔除产品项目；

（2）是否扩展、填充和删除产品线；

（3）哪些产品线需要增设、加强、简化或淘汰。

以此来确定最佳的产品组合。三个层次问题的抉择应该遵循既有利于促进销售，又有利于增加企业的总利润这个基本原则。产品组合的四个因素和促进销售、增加利润都有密切的关系。一般来说，拓宽、增加产品线有利于发挥企业的潜力、开拓新的市场；延长或加深产品线可以适合更多的特殊需要；加强产品线之间的一致性，可以增强企业的市场地位，发挥和提高企业在有关专业上的能力。

企业所能要求的最佳产品组合，必然包括：目前虽不能获利但有良好发展前途、预期成为未来主要产品的新产品；目前已达到高利润率、高成长率和高占有率的主要产品；目前虽仍有较高利润率而销售成长率已趋降低的维持性产品；以及已决定淘汰、逐步收缩其投资以减少企业损失的衰退产品。根据以上产品线分析，针对市场的变化，调整现有产品结构，从而寻求和保持产品结构最优化。常用产品组合策略有以下几种。

(一) 扩大产品组合策略

扩大产品组合包括拓展产品组合的宽度和增加产品组合的深度，实行更多品类或品种的生产或经营。拓展产品组合的宽度是指在原有产品组合中增加一个或几个产品线，扩大产品的经营范围。增加产品组合的深度是指在原有产品线中增加新的产品项目。

扩大产品组合要受三个条件的限制：一是受企业所拥有的资源条件的限制。一个企业所拥有的资源总是有限的，企业总有自己的薄弱环节，并不是经营任何产品都有可能获利。二是受市场需求限制。企业只能扩展或加深具有良好成长机会的产品线。三是受竞争条件的限制。扩展产品线如果遇到强大的竞争对手，那么企业利润的不确定性就很大。

因而在进行扩大产品组合决策时应注意下列问题：

(1) 产品线中的项目不可过多，否则会使线上的产品相互冲突，使消费者无所适从。

(2) 切实了解顾客需求，不能为增加产品线而增加。

(3) 对新增产品项目进行合理定价，适应市场情况。

(二) 缩减产品组合策略

缩减产品组合是指淘汰一部分产品线和产品项目。换句话说，就是减少产品品种，采用标准化、大批量生产。市场繁荣时，较长、较宽的产品组合会为企业带来较多的盈利机会，但当市场不景气或原料、能源供应紧张时，缩减产品组合反而可能使总利润上升。这是因为从产品组合中剔除了那些获利很小甚至无利的产品大类或产品项目，可使企业集中力量发展获利多的产品大类与产品项目。在进行缩减产品组合策略时应注意以下几点。

(1) 当市场不景气或原料、能源供应紧张时，取消一些需求疲软或营销能力不足的产品线与产品项目。

(2) 产品线中趋于衰退的产品。处于衰退期的产品，销售额和利润会大幅下降，甚至亏损，此时应果断予以剔除，使企业利润保持长期稳定。

(3) 企业生产能力不足时，应取消一些关联性小的产品线或产品项目，把工艺简单、质量要求低的产品放给附属企业，集中精力抓盈利能力高的产品。

(三) 产品线延伸策略

每一企业的产品线只占所属行业整体范围的一部分，每一企业的产品都有其特定的市场定位。当一个企业把自己的产品线长度延伸超过现有范围时，我们称之为产品线延伸。产品线延伸决策指全部或部分地改变公司原有产品的市场定位。具体有向下延伸、向上延伸和双向延伸三种实现形式。

1. 向下延伸

向下延伸指企业在高档产品线中增加一些低档产品项目。换句话说就是企业原来生产高档产品，后来决定增加低档产品。企业采取向下延伸的原因：一是企业发现其高档产品的销售增长缓慢，不得不将其产品大类向下延伸；二是企业的高档产品受到激烈的竞争，决定以低档产品市场反击竞争者；三是企业当初进入高档产品市场是为了树立品牌形象，然后再向下延伸；四是企业增加低档产品是为了填补市场空隙，不使竞争者有隙可乘。

企业在采取向下延伸策略时，应注意以下风险：

(1) 企业原来生产高档产品，后来增加低档产品，有可能使名牌产品的形象受到损害。所以，低档产品最好用新的商标，不要用原先高档产品的商标。

(2) 企业原来生产高档产品，后来增加低档产品，有可能会刺激生产低档产品的企业，导致其向高档产品市场发起反攻。

(3) 企业的经销商可能不愿意经营低档产品，因为经营低档产品所得利润较少。

2. 向上延伸

向上延伸指在原有的产品线内增加高档产品项目，即企业原来生产低档产品，后来决定生产高档产品，使企业进入高档产品的市场。企业采取向上延伸的理由有：一是高档产品畅销，销售增长较快，利润率较高；二是企业估计高档产品市场上的竞争者较弱，易于被击败；三是企业的设备技术和营销能力已具备加入高档产品市场的条件，产品线中包括高、中、低档产品，可以使企业成为生产种类齐全的企业。

企业在采取向上延伸策略时可能面临以下风险：

（1）可能引起高档产品生产企业的强烈反攻。

（2）改变原有低档次定位的形象较为困难，潜在的顾客可能不相信高档产品的质量。

（3）企业原有经销人员、销售代理商和经销商可能没有经营高档产品的技能和经验，需要培养和物色新的营销人员。

3. 双向延伸

即原定位于中档产品市场的企业掌握了市场优势以后，向产品线的上下两个方向延伸。如原来生产中档车的企业，同时增加了对高档车和低档车的生产。这种策略在一定条件下有利于扩大市场占有率，增强自己的竞争能力。

（四）产品线现代化策略

产品线现代化是指企业生产设备、技术、工艺的现代化（改造和更新）。对企业来说有时产品线的长度虽然适当，但产品线的水平跟不上市场前进的步伐，致使所生产的产品工艺陈旧落后。此时，必须对产品线实施现代化策略。产品线现代化可以采取两种实现途径：一是逐步更新；二是全面更新。逐步更新较为保险稳妥，可以节省资金耗费；全面更新速度快风险高，一旦失败，更改不易。在应用该策略时必须选择改进产品的最佳时机。

（五）产品线特色策略

产品线特色就是在每条产品线上推出一个或数个有特色的项目，以吸引顾客对该条产品线的注意，从而满足不同消费者的需要。有两种方法可供选择：一是将产品线上低档产品进行特色化，使之充当"开拓销路的廉价品"；二是对高档产品品目进行特色化，以提高产品线的等级。

【行业典范】

【关联性＋深度】卡夫食品

卡夫食品是全球第二大的食品公司，在全球145个国家开展业务。卡夫公司的四大核心产品系列为咖啡、糖果、乳制品及饮料。2015年，卡夫与亨氏合并成为全球第五大食品和饮料公司——卡夫亨氏公司。

从卡夫的主线产品组合中我们不难看出，卡夫深耕于食品饮料行业，在产品组合中实现了具有强相关性和深度挖掘同类产品的战略目标。其实在2004年之前卡夫拥有11个品牌，但是卡夫在2004—2007年出售了一些品牌，甚至包括众所周知的"箭牌"。卡夫的一系列缩减产品组合策略在后期被证明是正确的决策。

卡夫的核心产品为饼干，以夹心/非夹心、甜味/咸味等属性细分了饼干市场，以满足顾客在饼干这一单一食品中的各种需求。卡夫使用缩减产品组合的战略，集中资源和技术力量改进饼干产品的品质，提高旗下产品商标的知名度；使生产经营专业化，提高生产效率，降低生产成本。同时，卡夫收购达能饼干业务，将达能在市场上具有竞争力的品牌收于囊中。卡夫又与亨氏合并将其产品归入旗下，在食品行业扩大了品牌市场占有率。这就是卡夫采取的产品组合扩大策略。

总结来说：卡夫的产品组合策略使其成本节约，提升了资产使用率；持续成功地提升品牌价值，以丰富的同类产品组合实现了对饼干市场的绝对占领。

【广度＋深度】联合利华

联合利华集团是由荷兰 Margarine Unie 人造奶油公司和英国 Lever Brothers 香皂公司于 1929 年合并而成的。联合利华的产品每天被 20 亿人使用，在全球 190 个国家内共计有 400 个联合利华品牌被出售。

联合利华的产品涉及三大领域：食品饮料、个人护理、家庭护理，也可以概括为食品与日化两大领域。相比宝洁，同为全球日化巨头的联合利华明显在食品领域投入的更多（宝洁已将食品线出售仅留下品客）。联合利华擅于进入新的市场与品牌收购，并且不强调"联合利华"这一品牌，让旗下产品各自为营以独立品牌出现。就像我们吃了很多和路雪，却有不少人并不知道联合利华还有雪糕业务线。这种扩大产品组合的策略虽然没有充分利用企业信誉和商标知名度，但是在品牌出现市场波动或负面影响的时候，降低了损失程度。

总结以上案例，我们会发现产品组合策略可以分为：

·扩大产品组合策略

·缩减产品组合策略

·高档产品策略

·低档产品策略

卡夫、联合利华都同时使用多种组合策略，以市场为导向优化已有产品，拓展新产品。两家企业都根据市场需求、竞争形势和企业自身能力对产品组合的宽度、长度、深度和相关性方面做出决策。

（网络资料）

四、优化产品组合分析

优化产品组合的过程，通常是分析、评价和调整现行产品组合的过程。因为产品组合状况直接关系到企业的销售额和利润水平，企业必须对现有产品组合做出系统的分析评价，并决定是否加强和剔除某些产品线或产品项目。具体有以下几种分析方法。

（一）波士顿矩阵法

1. 波士顿矩阵法简介

波士顿矩阵（BCG Matrix），又称市场增长率—相对市场份额矩阵、波士顿咨询集团法、四象限分析法、产品系列结构管理法等。波士顿矩阵是由美国大型商业咨询公司——波士顿咨询集团首创的一种规划企业产品组合的方法。

按照波士顿矩阵的原理，产品市场占有率越高，创造利润的能力越大；另一方面，销售增长率越高，为了维持其增长及扩大市场占有率所需的资金亦越多。这样可以使企业的产品结构实现产品互相支持，资金良性循环的局面。按照产品在象限内的位置及移动趋势的划分，形成了波士顿矩阵的基本应用法则。

波士顿矩阵认为一般决定产品结构的基本因素有两个：市场引力与企业实力。

市场引力包括企业销售量（额）增长率、目标市场容量、竞争对手强弱及利润高低等。其中最主要的是反映市场引力的综合指标——销售增长率，这是决定企业产品结构是否合理的外在因素。

企业实力包括市场占有率，技术、设备、资金利用能力等，其中市场占有率是决定企业产品结构的内在要素，它直接显示出企业的竞争实力。销售增长率与市场占有率既相互影响，又互为条件：市场引力大，市场占有高，可以显示产品发展的良好前景，企业也具备相应的适应能力，实力较强；如果仅有市场引力大，而没有相应的高市场占有率，则说明企业尚无足够实力，则该种产品也无法顺利发展。相反，企业实力强，而市场引力小的产品也预示了该产品的市场前景不佳。

2. 波士顿矩阵法基本原理及战略对策

根据市场增长率和相对市场占有率的不同组合，会出现四种不同性质的产品类型，形成不同的产品发展前景。

（1）市场增长率和相对市场占有率"双高"的产品群（明星业务）。

（2）市场增长率和相对市场占有率"双低"的产品群（瘦狗业务）。

（3）市场增长率高、相对市场占有率低的产品群（问题业务）。

（4）市场增长率低、相对市场占有率高的产品群（金牛业务）。

根据有关业务或产品的市场增长率及企业相对市场占有率标准，波士顿矩阵可以把企业全部的经营业务定位在四个区域中，如图5-4所示。

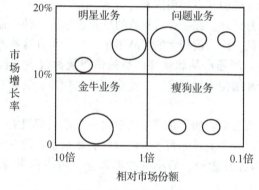

图5-4 波士顿矩阵

3. 波士顿矩阵法战略对策

波士顿矩阵对于企业所处的四个象限业务具有不同的战略对策。

（1）明星业务。这类业务可能成为企业的金牛业务，需要加大投资以支持其迅速发展。采用的发展战略是：积极扩大经济规模和市场机会，以长远利益为目标，提高市场占有率，加强竞争地位。发展战略以及明星业务的管理与组织最好采用事业部形式，由对生产技术和销售两方面都很内行的经营者负责。

（2）金牛业务，又称厚利业务。其财务特点是销售量大，产品利润率高、负债比率低，可以为企业提供资金，而且由于增长率低，也无须增大投资。因而成为企业回收资金，支持其他业务，尤其明星业务投资的后盾。对这一象限内的大多数业务，市场占有率的下跌已成不可阻挡之势，因此可采用收获战略，即所投入资源以达到短期收益最大化为限。把设备投资和其他投资尽量压缩，采用榨油式方法，争取在短时间内获取更多利润，为其他产品提供资金。对于这一象限内的销售增长率仍有所增长的产品，应进一步进行市场细分，维持现存市场增长率或延缓其下降速度。对于金牛业务，适合于用事业部制进行管理，其经营者最好是市场营销型人物。

（3）问题业务。它是处于高增长率、低市场占有率象限内的业务群。前者说明市场机会大、前景好，而后者则说明在市场营销上存在问题。其财务特点是利润率较低，所需资金不足，负债比率高。例如在产品生命周期中处于引进期，因种种原因未能开拓市场局面的新产品即属此类问题的产品。对问题业务应采取选择性投资战略。即首先确定对该象限中那些经过改进可能会成为明星的业务进行重点投资，提高市场占有率，使之转变成"明星业务"；对其他将来有希望成为明星的业务则在一段时期内采取扶持的对策。因此，对问题业务的改进与扶持方案一般均列入企业长期计划中。对问题业务的管理组织，最好是采取智囊团或项目组织等形式，选拔有规划能力、敢于冒风险、有才干的人负责。

（4）瘦狗业务，也称衰退类业务。其财务特点是利润率低，处于保本或亏损状态，负债比率高，无法为企业带来收益。对这类产品应采用撤退战略：首先应减少批量，逐渐撤退，对那些销售增长率和市场占有率均极低的产品应立即淘汰。其次是将剩余资源向其他产品转移。最后是整顿产品系列，最好将瘦狗产品与其他事业部合并，统一管理。

4. 波士顿矩阵法的应用法则

按照波士顿矩阵的原理，产品市场占有率越高，创造利润的能力越大；另一方面，销售增长率越高，为了维持其增长及扩大市场占有率所需的资金亦越多。这样可以使企业的产品结构实现产品互相支持，资金良性循环的局面。按照产品在象限内的位置及移动趋势的划分，形成了波士顿矩阵的基本应用法则。

第一法则：成功的月牙环。在企业所从事的事业领域内各种产品的分布若显示月牙环形，这是成功企业的象征，因为盈利大的产品不止一个，而且这些产品的销售收入都比较大，还有不少明星产品。问题产品和瘦狗产品的销售量都很少。若产品结构显示散乱分布，说明其事业内的产品结构未规划好，企业业绩必然较差。这时就应区别不同产品，采取不同策略。

第二法则：黑球失败法则。如果在第三象限内一个产品都没有，或者即使有，其销售收入也几乎近于零，可用一个大黑球表示。该种状况显示企业没有任何盈利大的产品，说明应当对现有产品结构进行撤退、缩小的战略调整，考虑向其他事业渗透，开发新的事业。

第三法则：西北方向大吉。一个企业的产品在四个象限中的分布越是集中于西北方向，则显示该企业的产品结构中明星产品越多，越有发展潜力；相反，产品的分布越是集中在东南角，表明瘦狗类产品数量大，说明该企业产品结构衰退，经营不成功。

第四法则：踊跃移动速度法则。从每个产品的发展过程及趋势看，产品的销售增长率越高，为维持其持续增长所需资金量也相对越高；而市场占有率越大，创造利润的能力也越大，持续时间也相对长一些。按正常趋势，问题产品经明星产品最后进入现金牛产品阶段，标志着该产品从纯资金耗费到为企业带来效益的发展过程，但是这一趋势移动速度的快慢也影响到其所能提供的收益的大小。

如果某一产品从问题产品（包括从瘦狗产品）变成现金牛产品的移动速度太快，说明其在高投资与高利润率的明星区域时间很短，因此为企业带来利润的可能性及持续时间都不会太长，总的贡献也不会大；相反，如果产品发展速度太慢，在某一象限内停留时间过长，则该产品也会很快被淘汰。

这种方法假定一个组织由两个以上的经营单位组成，每个单位产品又有明显的差异，并具有不同的细分市场。在拟定每个产品发展战略时，主要考虑它的相对竞争地位（市场占有率）和业务增长率。以前者为横坐标，后者为纵坐标，然后分为四个象限，各经营单位的产品按其市场占有率和业务增长率高低填入相应的位置。

在本方法的应用中，企业经营者的任务，是通过四象限法的分析，掌握产品结构的现状及预测未来市场的变化，进而有效地、合理地分配企业经营资源。在产品结构调整中，企业的经营者不是在产品到了"瘦狗"阶段才考虑如何撤退，而应在"现金牛"阶段就考虑如何使产品造成的损失最小而收益最大。

5. 波士顿矩阵法的运用

充分了解了四种业务的特点后还须进一步明确各项业务单位在公司中的不同地位，从而进一步明确其战略目标。通常有四种战略目标分别适用于不同的业务（如图5-5所示）。

（1）发展。以提高经营单位的相对市场占有率为目标，甚至不惜放弃短期收益。要是问题类业务想尽快成为"明星"，就要增加资金投入。

（2）维持。投资维持现状，目标是保持业务单位现有的市场份额，对于较大的"金牛"可以此为目标，以使它们产生更多的收益。

（3）收获。这种战略主要是为了获得短期收益，目标是在短期内尽可能地得到最大限度的现金收入。对处境不佳的金牛类业务及没有发展前途的问题类业务和瘦狗类业务应视具体情况采取这种策略。

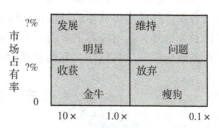

图5-5　四种业务战略目标

（4）放弃。目标在于清理和撤销某些业务，减轻负担，以便将有限的资源用于效益较高的业务。这种目标适用于无利可图的瘦狗类和问题类业务。一个公司必须对其业务加以调整，以使其投资组合趋于合理。

【行业典范】

宝洁公司洗发系列的波士顿矩阵分析

1. 宝洁公司简介

宝洁公司（Procter & Gamble），简称P&G，是一家美国消费日用品生产商，也是目前全球最大的日用品公司之一。1987年，自从宝洁公司登陆中国市场以来，在日用消费品市场可谓是所向披靡，一往无前，仅用了十余年时间，就成为中国日化市场的第一品牌。在中国，宝洁旗下共有六大洗发水品牌，二十多个系列，包括飘柔、潘婷、海飞丝、沙宣、润妍、伊卡璐等洗发护发用品品牌。

2. 宝洁洗发系列产品波士顿矩阵分析

第一，明星产品——沙宣。该产品有着很高的市场占有率和渗透率，强势品牌特征非常明显，占绝对优势，且已经拥有了稳定的客户群。这类产品可以成为金牛产品，故应加大投资以支持其迅速发展。

第二，金牛产品——飘柔、海飞丝。这两个产品销量增长率低，相对市场占有率高，已进入成熟期。可以为企业提供资金，因而成为企业回收资金、支持其他产品尤其明星产品投资的后盾。

第三，问题产品——伊卡璐。伊卡璐是宝洁为击败联合利华、德国汉高、日本花王，而花费巨资从百时美施贵宝公司购买的品牌，主要定位于染发，此举为了构筑一条完整的美发护法染发的产品线。宝洁的市场细分很大程度上不是靠功能和价格来区分，而是通过广告诉求给予消费者不同的心理暗示。把它定位为问题产品，主要是它"出生"较其他洗发产品晚，市场占有率低，产生的现金流不多。但是公司对它的发展抱有很大希望。

第四，瘦狗产品——润妍。该品牌销售增长率低，相对市场占有率也偏低，采用撤退战略，首先应减少批量，逐渐撤退，对那些销售增长率和市场占有率均极低的产品应立即淘汰。其次是将剩余资源向其他产品转移。最后是整顿产品系列，最好将瘦狗产品与其他事业部合并，统一管理。

（网络资料）

（二）通用电气公司法

简称 GE 法，这是对 BCG 法的一种改进，如果仅仅考虑了增长率和市场占有率就给企业的各类产品规定出适当的目标，这样显得有点粗略。因此，除了市场占有率和相对的市场增长率之外，还应考虑更多的影响因素。一般把这种由通用电气公司首先采用的更详细的产品组合规划工具称作"九因素投资组合矩阵"，或"九象限分析法"（图 5-6 所示）。

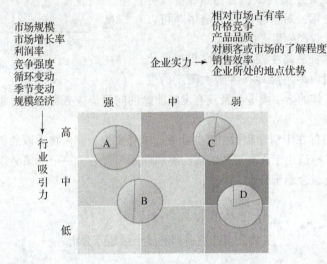

图 5-6　九象限分析法

图 5-6 中，纵坐标表示行业吸引力。除市场增长率外，还考虑了市场规模、利润率等影响吸引力的因素，每一个现有或未来的产品、行业都可以由这些因素来衡量。这些因素各有不同的权数，然后计算出行业吸引力的加权平均数，根据影响行业吸引力的因素，将吸引力大致分为高、中、低三类。

横坐标表示企业实力，由相对市场占有率、价格竞争等 6 个因素组成，企业也可以给上述因素不同的权数，然后就企业现有的产品行业，评出一定的分数，以判断其企业实力，将企业实力分为强、中、弱三种。

多因素投资组合矩阵共划分了 9 个方格，分为 3 个区。

位于左上方的 3 个方格的产品行业具有高度吸引力及企业优势，因此，企业应对其增加投资，寻求成长，采取"发展"策略。

位于左下方到右上对角的 3 个方格产品，代表具有中度吸引力与企业优势，企业应采取"维持"策略，维持该产品的市场占有率，维持现有投资水平，不必考虑予以增减。

位于右下方 3 个方格的产品，代表具有低度吸引力，企业优势较弱，可慎重考虑，对其采用"收获"策略或"放弃"策略。

图 5-6 上 A、B、C、D 四个圆圈代表企业现有产品行业，各圆圈的面积，与它们所属的行业市场占有率的大小成正比，圆圈里的斜线表示市场占有率，例如 A 圆圈表示 A 产品行业，市场最大，其吸引力高，企业优势强，市场占有率为 75%，企业应对其增加投资，寻求发展。再如 D 圆圈，处于右下角，其市场占有率适中，可采取"收获"策略。

（三）产品项目定位分析法

产品项目定位分析法是确定企业产品项目与竞争对手产品项目在市场竞争中位置的分析方法。它是指产品线中各产品项目与竞争对手的同类产品做比较，全面衡量各产品项目的市场地位（如图 5-7 所示）。

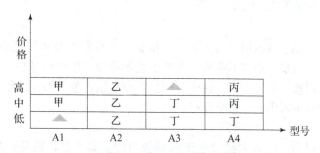

图 5-7　产品项目定位图

　　假定某一企业生产的某种产品有 A1、A2、A3、A4 四种型号，其价位分为高、中、低三个档次，有甲、乙、丙、丁四个竞争对手。从图 5-7 可以看出，乙企业已经占领了 A2 产品的全部市场，甲企业占领了 A1 产品高档及中档市场，丙企业占领了 A4 产品的高档及中档市场，丁企业占领了 A3 产品的中档、低档市场以及 A4 产品的低档市场。丙、丁在 A4 产品低档市场上展开激烈竞争。A1 产品的低档市场、A3 产品的高档市场空白，没有竞争对手。对企业来说，要想发展自己的产品，应尽量避免竞争，可以选择 A1 产品的低档市场、A3 产品的高档市场进行发展。

任务二　产品生命周期决策

一、产品生命周期的概念及特征

（一）产品生命周期的概念

　　产品生命周期（Product Life Cycle，PLC），是指产品从进入市场开始，直到最终退出市场为止所经历的全部时间。产品的生命周期一般可分为四个阶段：投入期、成长期、成熟期和衰退期。典型的产品生命周期曲线如图 5-8 所示。

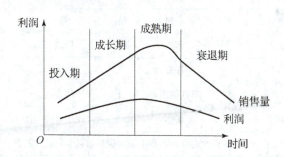

图 5-8　产品生命周期曲线图

　　产品的生命周期与产品的使用寿命是两个不同的概念。产品的使用寿命是指产品的消耗、耐用与磨损程度，是产品从开始使用到报废的时间间隔；而产品的生命周期则是产品的市场周期，是一种产品从上市到退市的时间间隔。

　　产品生命周期曲线图是以销售额和企业获得的利润的变化来衡量的，如果以时间为横坐标、以销售额和利润为纵坐标，则产品生命周期表现为一条类似 S 形的曲线。生命周期是一种理论抽象。在现实生活中，并非所有的产品都有这种 S 形的产品生命周期曲线，有些产品一进入市场就很快消失，有些则有很长的成熟期，还有一些产品在进入衰退期后能通过大量促销或产品重新定位又返回到增长期。

（二）产品生命周期各阶段的特征

1. 投入期

投入期又称介绍期、导入期或诞生期，是指新产品研制成功投放到市场试销的阶段。其主要特征是：产品构造、功能不完善，生产工艺不稳定；生产批量小，制造成本高，需要大量的促销费，以便消费者认识并接受新产品；产品销售量有限，价格低，一般利润为负；产品在投入期竞争者很少，甚至没有。

2. 成长期

产品试销成功以后，转入大批量生产和销售阶段。其主要特征是：产品功能比较完善，工艺稳定；产品生产量和销售量开始迅速增长，生产成本大幅度下降，价格上升，市场竞争者逐渐增多，企业利润达到最高。

3. 成熟期

大多数购买者已经接受这种产品，产品的销售量从缓慢增加到缓慢递减，同时利润额开始下滑。其主要特征是：产品销售量达到最高，产品市场需求达到饱和；同类产品竞争非常激烈，导致产品价格降低，促销费用增加，产品利润由最大走向下降；成熟期所经历的时间一般比其他阶段都要长。

4. 衰退期

产品需求量及销售量加速递减，产品功能逐渐老化转入更新换代时期。其主要特征是：新产品进入市场，逐渐替代老产品；产品的需求量和销售量迅速下降；产品生产萎缩，继续上升，价格继续下降，企业微利或亏损，竞争者减少。

产品生命周期各阶段的特点，如表5-2所示。

表5-2　产品生命周期各阶段的特点

项目	投入期	成长期	成熟期	衰退期
销售量	低	剧增	最大	衰退
销售速度	缓慢	快速	减慢	负增长
成本	高	一般	低	回升
价格	高	回落	稳定	回升
利润	低或亏损	提升	最大	减少
顾客	创新者	早期使用者	中间多数	落伍者
竞争	无或很少	增多	稳中有降	减少
营销目标	建立知名度鼓励试用	最大限度地占有市场	保护市场争取最大利润	压缩开支榨取最后价值

二、判断产品生命周期的方法

在营销过程中，营销人员应对产品所处的生命周期有所了解，及时、准确地判断产品所处的生命周期，对产品在市场上的发展及营销工作有重要的意义。其判断方法有以下几种。

（一）类比判断法

即用类似产品所经历的生命周期做比较，分析企业现在所生产销售的产品是否出现了各阶段类似的现象，以此来判断现有产品可能进入的生命周期的阶段。

（二）产品普及率判断法

以家电产品为例，普及率＜5%时，为投入期；5%＜普及率＜50%时为成长期前期；

50%＜普及率＜80%时为成长期的后期；80%＜普及率＜90%时为成熟期；90%＜普及率时为衰退期。在分析判断时应注意，产品种类不同，普及率与产品生命周期的关系也不相同，这需要对不同产品相关资料进行分析，并据以对其产品生命周期进行判断。

（三）销售增长率判断法

该方法是利用产品生命周期与销售增长率的关系，来判断产品处于哪一个阶段。一般来说，投入期的销售增长率不够稳定；成长期的销售增长率在10%以上；成熟期在0.1%～10%；衰退期在0以下。当然，随着国家经济政策的调整，以及国内外经济环境的变化，完全依赖销售增长率来判断产品生命周期也不是很准确。

因而在实际操作中，应该综合运用以上几种方法，并结合宏观经济环境及微观环境的变化情况进行分析，才有可能得出准确的结论。

⊠ 资料链接

诺基亚的产品生命周期分析

一、诺基亚的投入期（1985—1996年）

据了解，从20世纪50年代起诺基亚就与中国建立了贸易关系。而诺基亚一开始并没有在中国推广，原因是在当时中国尚无手机。鉴于中国的电子通信技术起步较晚，诺基亚并未首先占领中国市场。而后，随着中国经济的发展，诺基亚发现中国的手机市场潜力巨大，1985年，诺基亚在北京开设了第一家办事处。

90年代中期在华发展期间，诺基亚建立并秉承"携手同行、开创未来"的宗旨。诺基亚通过在中国建立合资企业，实现本地化生产，并逐步将其发展成为诺基亚全球主要的生产基地。1991年首次全球通话开始，诺基亚就一直是全球通技术的主要开发商。此后，在摩托罗拉于1993年抢先进入中国手机市场后，诺基亚很快便跟进。

二、诺基亚的成长期（1996—2004年）

手机市场报告显示，2004年诺基亚成功超越摩托罗拉成为全球第一大手机厂商。在拥有了大量的消费群体的同时，诺基亚牢牢把控了Symbian系统S60平台，并且迅速成为产品线，最终让S60平台成为Symbian系统的头牌。2007年在中国，消费者对摩托罗拉还停留在刀锋V3上，诺基亚6600、7610、N73、5700、E53等一系列手机已经成为中国消费者耳熟能详的产品。这充分证明了此时的诺基亚正处于成长期。

在此期间，诺基亚在价格方面的优势就使其成功战胜了其他较高端的品牌，这不是偶然。从2000年到2004年，诺基亚凭借着较低的价格、较高的性价比一路大卖。同时又通过能够吸引人的创意广告给消费者以极大的震撼，树立了良好的品牌形象。而通过利润回报可以发现，诺基亚前期的巨额投入是很有价值的。此时诺基亚的品牌定位是中层收入者，所以其广告宣传均是贴近生活类型的。准确的市场定位与巧妙的宣传是诺基亚快速发展的主要原因之一。

三、诺基亚的成熟期（2004—2007年）

根据调研机构数据统计，诺基亚2007年第四季度占领全球市场的40.4%，位居第一。其对手摩托罗拉则只以11.9%萎缩至第三。这表明2007年诺基亚已经达到了巅峰时代，即诺基亚进入产品生命周期的成熟期。具体表现如下：

（1）2001—2006年5次被《经济观察报》评为中国最受尊重企业。

（2）2004年赢得中国整体手机市场第一名。

（3）2004—2006年连续3次当选"中国最具影响跨国企业"。

（4）在《财富》中文榜发起的首次"中国最受赞赏公司"评比中进入前十。

（5）与西门子合作建立了世界上规模最大、经验最丰富的服务机构之一。

（6）2006 年的市场份额占有率仍以超过 36% 的成绩远超第二成为第一，成为中国最大的外商投资企业之一。

四、诺基亚的衰退期（2007—2012 年）

自 2007 年苹果推出 iPhone 以来，诺基亚的市场份额急剧下降。2010 年，在全球品牌排行中，诺基亚在 12 个月内下降了 30 位，仅仅排到了 43 位。2011 年第二季度全球手机市场份额第一、第二位已被苹果、三星所取代，诺基亚连续占有 15 年第一的全球手机市场份额开始急速下降。数据表明，无论是从其市场份额或是公司利润分析，诺基亚此时均处于衰退期。所以在 2011 年 2 月 9 日，诺基亚 CEO 埃洛普才会在内部备忘录中大呼："我们的平台正在燃烧，我们落后了，我们错过了主要潮流，我们丧失了时间优势。在当时，我们认为自己在做正确的决定，但如今，我们却发现已落后数年之久。"

（网络资料）

三、产品生命周期各阶段的营销策略

由于产品生命周期各阶段的特点不同，企业在各阶段做出的营销决策的内容也不同。

（一）投入期的营销策略

这一时期企业的主要任务是发展和建立市场，通过向潜在消费者宣传，吸引他们试用产品，广告的重点应放在"介绍产品"上，展示其结构、性能、特点、使用方法，尤其要突出产品给用户所能带来的利益。这个阶段突出一个"快"字，企业营销策略的重点，应使产品尽快地为消费者所接受，以最短的时间迅速进入市场和占领市场，为成长期打好基础。在投入期，产品的价格和促销费用，对能否尽快打开产品销路有很大关系，价格和促销费用组合的营销策略有以下四种，如表 5 - 3 所示。

表 5 - 3　产品投入期可供选择的营销策略

价格水平 ＼ 促销费用	高	低
高	快速撇脂策略	缓慢撇脂策略
低	快速渗透策略	缓慢渗透策略

1. 快速撇脂策略

即高价高促销策略，是指以高价和高促销费用推出新产品的策略。企业为迅速补偿产品在开发研制阶段的费用和生产初期未形成批量而引起的高成本，并为扩大生产能力筹集所需的资金，以尽快收回投资为目的，在产品投入阶段将其价格定得比成本高得多。企业以大量的促销费用进行广告宣传等促销活动，先声夺人，迅速提高产品的知名度，打开市场局面。同时，先定高价再逐步降价，也容易被消费者接受，便于以后的竞争。企业采用这种策略必须具备以下条件：一是产品的市场需求较大；二是消费者急于购买此产品，对产品的高价格乐于接受；三是市场上无替代品或该产品具有明显优于同类产品的特点。

2. 缓慢撇脂策略

即高价低促销策略，是指以高价格和低促销费用推出新产品的策略。运用这种策略可以节省销售成本，赚取更多的利润。企业采用这种策略应具备以下条件：一是消费者选择性小，市场竞争不激烈；二是市场上大多数消费者已熟悉该新产品；三是产品具有独创和特点，购买者愿意付高价购买。

3. 快速渗透策略

即低价高促销策略，是指以低价和高促销推出新产品的策略。它可以使企业产品快速渗透市场，并为企业带来较高的市场占有率。采用这种策略要求具备以下条件：一是产品的市场容量较大；二是消费者对该产品不熟悉，但对价格比较敏感；三是企业有能力降低产品成本；四是竞争激烈，潜在竞争对手较多，必须抢在激烈竞争前使产品批量上市。

4. 缓慢渗透策略

即低价低促销策略，是指以低价低促销费用推出新产品的策略。低价格使产品易被消费者接受，低促销费用可降低成本，实现较多利润。采用该策略应具备以下条件：该产品的市场容量很大，消费者对这种产品熟悉但对价格反应敏感。

（二）成长期的营销策略

经过投入期，产品已被消费者所接受，产品设计和工艺基本定型，批量生产，单位成本降低，销量和利润迅速提升。这个阶段突出一个"好"字，营销重点是怎样比竞争者提供更好的产品，怎样更好地满足消费者的需要。

1. 产品策略

努力提高产品质量，改进产品性能，增加产品的特色和式样，增加产品的竞争能力，吸引更多的顾客。

2. 价格策略

在适当时机降低价格，以吸引对价格敏感的潜在顾客。

3. 渠道策略

积极探索新的细分市场，时机成熟时迅速进入；寻找机会，扩大销售网点，增加经销店，拓宽产品销售渠道，方便购买。

4. 促销策略

加强产品的品牌宣传，从"介绍产品"到"建立产品形象"，说服消费者接受和购买产品，对产品产生偏好。

（三）成熟期的营销策略

产品进入成熟期，就是进入了产品生命周期的黄金时代。产品销售量达到顶峰，给企业带来巨额利润，但市场趋于饱和，产品销售量逐渐呈递减趋势，市场竞争十分激烈，促销费用大幅增加。在这一阶段，营销的重点应突出一个"长"字。当产品处于成熟阶段，企业的经营者更应根据外部环境和企业的内部条件，审时度势，制定和运用合适的产品策略，尽可能延长成熟期的时间，获取更多的利润。企业可以采用以下策略。

1. 市场改良策略

市场改良策略又称市场改进策略。这种策略并不是改变产品本身，而是通过改变产品的用途和销售方式或消费方式，巩固老顾客，赢得新顾客，提高产品的销售量。一般有三种方式：一是寻找新的细分市场：如尼龙最初用于军队制作降落伞，战争结束后用于工业品市场；强生公司将婴儿洗发水成功地推销给成人使用。二是刺激现有老客户，增加使用量，如橘子汁在早餐和其他场合下均可饮用；洗发时洗两次等。三是重新树立产品形象，寻找有潜在需求的新买主，吸引他们试用产品。

2. 产品改良策略

产品改良策略又称产品再推出策略，是指产品通过在性能、质量、功能等方面的适当改进，重新推向市场，吸引更多的消费者。具体有以下几种策略：品质改良，重点增加功能；特色改良，重点增加新的特性；外观式样改良，适应新的审美要求；服务改良，快捷方便。

3. 营销组合改良策略

产品进入成熟期后，必须重新设计营销组合方案，对产品因素及非产品因素（价格、渠道、促销）加以整合。常用的策略有：通过降低价格来吸引顾客，提高竞争能力；通过广告宣传，提高产品的知名度；增加销售网点，方便顾客购买；改进产品包装，吸引不同顾客不同需求；增加产品附加值，刺激顾客购买动机等。

（四）衰退期的营销策略

在衰退期，销售额和利润急剧下降，大量新产品或替代品进入市场，老产品陆续退出市场。这时营销的重点突出一个"转"字，企业应有计划地转产，避免出现"仓促收兵"和"难以割舍"情形。通常有以下策略可供选择。

1. 维持策略

企业继续延用原有营销组合策略，直到这种产品完全退出市场为止。衰退期由于许多竞争者纷纷退出市场，经营者少，企业可以通过提高服务质量，发扬营销特色，持续营销。

2. 集中策略

企业可缩短产品营销战线，将企业的人力、物力、财力相对集中在最有利润的细分市场上。这时，企业经营规模相对缩小，企业可以在该市场上再获取较多的利润。

3. 榨取策略

企业通过精简市场人员，大力降低销售费用来赚取商品被淘汰前的最后一部分利润。

4. 放弃策略

经过准确判断，确定产品无法为企业带来利益时，企业决策者应该放弃该产品，生产并推出其他新产品。企业的放弃策略可以是完全放弃，也可以采取逐步放弃的方式，以维护企业名誉。

扫一扫

包装策略

任务三 产品品牌与包装决策

一、品牌的概念

品牌（Brand）是企业给自己的产品规定的商业名称，通常由文字、标记、符号、图案和颜色等要素或这些要素的组合构成，用作一个销售者或销售者集团的标识，以便同竞争者的产品相区别。品牌有广义和狭义的概念，狭义品牌是指品牌名称，广义品牌包括品牌名称、品牌标志和商标三个部分。

（一）有关品牌的几个概念

（1）品牌名称是指品牌中可以用文字表述的部分，如可口可乐、迪士尼乐园等。

（2）品牌标志是指品牌中可以被认出、易于记忆，但不能用文字表述的部分，通常由图案、符号或特殊颜色等构成，如 IBM 的蓝色。

（3）商标是法律概念，品牌在政府有关部门依法注册并取得专用权后形成商标。商标受法律保护，任何人未经商标注册人许可，皆不得仿效或使用。品牌是市场概念，未经注册的产品品牌不是商标，不受法律保护。国际上对商标权的认定，有两个并行的原则，即"注册在先"和"使用在先"原则。注册在先是指品牌或商标的专用权属于依法先申请注册并获准的企业，中国、日本、法国、德国等国的商标权的认定即坚持这种原则。使用在先是指品牌或商标的专用权属于该品牌的首先使用者，美国、加拿大、英国和澳大利亚等国即采用这种原则。一些企业的商标意识薄弱，致使某些商标被他人预谋抢注，使企业蒙受巨大损失，如"青岛啤酒"在美国被抢注；"同仁堂""杜康"在日本被抢注等。

（二）品牌的整体含义

品牌的整体含义可以从属性、利益、价值、文化、个性、用户六个层次深刻理解。

1. 属性

品牌首先使人们想到某种属性。因此奔驰意味着昂贵、工艺精湛、马力强大、高贵、转卖价值高、速度快，等等。公司可以采用一种或几种属性为汽车做广告。多年来奔驰汽车的广告一直强调它是"世界上工艺最佳的汽车"。

2. 利益

顾客不是在买属性，他们买的是利益。属性需要转化成功能性或情感性的利益。耐久的属性可转化成功能性的利益："多年内我不需要买一辆新车。"昂贵的属性可转化成情感性利益："这辆车让我感觉到自己很重要并受人尊重。"制作精良的属性可转化成功能性和情感性利益："一旦出事时我很安全。"

3. 价值

品牌能够代表一些生产者价值。奔驰代表着高绩效、安全、声望及其他东西。品牌的营销人员必须分辨出对这些价值感兴趣的消费者群体。

4. 个性

品牌反映一定的个性。如果品牌是一个人、动物或物体的名字，会使人们想到什么呢？奔驰可能会让人想到严谨的老板、凶猛的狮子或庄严的建筑。

5. 文化

品牌也可能代表一种文化。奔驰汽车代表着德国文化：组织严密、高效率和高质量。

6. 用户

品牌暗示着购买或使用产品的消费者类型。如果我们看到一位20来岁的秘书开着一辆奔驰汽车时会感到很吃惊，我们更愿意看到开车的是一位50岁的高级经理。

【行业典范】

金六福——中国人的福酒

五粮液集团有限公司的前身是宜宾五粮液酒厂，1998年经过公司制改造成为集团有限公司。它是以五粮液系列酒生产为主业，涵盖塑胶加工、模具制造、印务、药业、果酒、电子器材、运输、外贸等多元化经营的特大型企业集团。集团公司占地7平方千米，现有职工2.3万人。2003年实现销售收入121.04亿元。1999年，五粮液集团和湖南新华联集团强强联合，推出了国内著名白酒品牌——金六福。该品牌的主打产品为金六福系列和福星系列。几年来，金六福酒以整合营销传播为理念，在竞争激烈的白酒业界创造了优秀的销售业绩。从品牌名称可以看出，金六福的品牌核心价值围绕着我国传统的民族特色——"福"。金六福三字中，"金"代表富贵和地位；"六"为六六大顺；"福"为福气多多。金六福酒质的香、醇、浓、甜、绵、净与人们向往的六福——寿、富、康、德、和、孝有机地融合在一起。这一命名既凸显出品牌的"福文化"，又与中国人追求吉祥富贵的心理紧密地联系起来。尤其是在喜欢讨个"口彩"的中国人心里，金六福成为喜庆时刻的首选品牌之一。

二、品牌策略

品牌策略是企业营销管理的重要方面，主要包括：品牌化策略、品牌归属策略、品牌统分策略、品牌延伸策略、多品牌策略和品牌重新定位策略。

（一）品牌化策略

品牌化策略就是有无品牌策略，即是否应该给产品设计、确定一个品牌。一般情况下，有品牌的商品一般更易得到消费者信任，对企业的市场细分、形象树立及利益保护等有很大好处。应该注意的是，并不是所有的商品都有品牌，对一些有固定规格标准的矿石等原材料、煤等燃料以及地产地销产品，或一次性销售的产品，考虑成本的节省，也可以不使用品牌。

（二）品牌归属策略

品牌归属策略也称作品牌所有权策略或品牌使用者，有四种可供选择的策略：①生产商品牌；②销售商品牌；③混合品牌；④租用第三方品牌。

企业选择使用者品牌时，要全面考虑各种相关因素，最关键要看生产商和销售商谁在这个产品分销链上居主导地位，拥有更好的市场信誉和拓展市场的潜能。一般来讲，在生产商的市场信誉良好、企业实力较强、产品市场占有率较高的情况下，宜采用生产商品牌；相反，在生产商资金拮据、市场营销薄弱的情况下，采用销售商品牌；如果生产商与销售商实力、信誉相当，宜采用折中办法，同时使用生产商和销售商品牌。此外，也有的生产商利用现有著名品牌对消费者的吸引力，采用租赁著名品牌的形式来达到销售目的。

（三）品牌统分策略

如果企业决定使用自己的品牌，那还面临着进一步品牌的选择，决定其产品是分别使用不同的品牌，还是统一使用一个或几个品牌。主要有以下几种策略可供选择。

1. 统一品牌

统一品牌指企业所有的产品都统一使用一个品牌名称。例如，美国通用电气公司的所有产品都统一使用 GE 这个品牌名称。对所有的产品使用共同的品牌名称有许多好处：可以减少品牌设计费，降低促销成本，如果品牌声誉很高，对新产品推出非常有利。但不能忽视的是，若某一产品因出现质量问题，就会影响整个品牌形象，危及企业的信誉。

2. 个别品牌

个别品牌指企业决定其各种不同的产品分别使用不同的品牌名称。采用这种策略的好处是，可以把品牌不同产品的特性、档次、目标顾客的差异区分开来，避免了某种产品失败所带来的影响。个别品牌策略存在着品牌较多影响广告效果，易被遗忘的缺点，一般适宜实力雄厚的大中型企业采用。

3. 分类品牌

分类品牌指企业的各类产品分别命名，每一类产品都使用不同的品牌。健力宝集团就采取这种策略，饮料类使用"健力宝"品牌，运动服装类使用"李宁牌"品牌。这样，同一类别的产品实行同一品牌策略，不同类别的产品之间实行个别品牌策略，可以兼收统一品牌和个别品牌策略的益处。

4. 企业名称加个别品牌

企业名称加个别品牌指企业对其不同的产品分别使用不同的品牌，而且各种产品的品牌前面均冠以企业名称。这种策略的好处是，公司名称可使新产品正统化，而个别品牌名称又可使新产品个性化。美国通用汽车公司生产多种不同档次、不同类型的汽车，所有产品都采用"GM"的总商标，而对不同产品又分别使用不同的名称，如"凯迪拉克""别克""雪佛莱"等。

（四）品牌延伸策略

品牌延伸也叫品牌扩展，是指企业利用其成功品牌的声誉来推出改良产品或新产品。品牌延伸可使品牌在利用中获得增值。著名品牌具有良好的声誉和影响，可以对品牌延伸产生波及效应，消费者对其有一定好感，新产品可借助其品牌效应在节省促销费用的情况下顺利进占市场。但应注意这种策略应用的风险性，新产品的失败会损害原有品牌在消费者心目中的形象。品牌延伸策略包括：

1. 纵向延伸

企业先推出某一品牌，成功后，又推出新的经过改进的该品牌产品；接着，再推出更新的该品牌产品。例如，宝洁公司在中国市场先推出"飘柔"洗发香波，然后又推出新一代"飘柔"洗发香波。

2. 横向延伸

把成功的品牌用于新开发的不同产品。例如，海尔公司先后向市场推出冰箱、空调、电视机、电脑、手机等产品。

（五）多品牌策略

多品牌策略是指企业对同一类产品使用两个或两个以上的品牌名称。这种策略由美国宝洁公司首创，其拥有的海飞丝、飘柔、潘婷等品牌就是这种策略的典型。多品牌策略可以吸引更多消费者，扩大自己的市场占有率，是打击对手、保护自己的最锐利武器，但品牌不宜过多，否则会分散资源，增加成本，顾此失彼。

（六）品牌重新定位策略

品牌重新定位也称作品牌更新，就是全部或部分调整或改变品牌原有市场定位的过程。企业的品牌无论最初在市场上定位如何恰到好处，随着时间的推移都有必要重新定位。一是因为品牌的市场占有率不可能永远保持高水平，当其下降时要对品牌进行重新定位；二是因为有些消费者的偏好发生了改变，市场对本企业品牌的需求减少，要求企业进行品牌重新定位。

企业在进行品牌重新定位时，要综合考虑两方面因素：一要考虑再定位成本，即将品牌转移到另一个细分市场所需的费用，包括改变产品品质费、包装费和广告费等；二要考虑再定位收入，即把企业品牌定位于新位置能获得多少收益。七喜饮料公司在进入美国市场时，面对可口可乐和百事可乐两大世界名牌公司，七喜公司果断地对自己的品牌重新定位，成功推出"非可乐型饮料"，既扩展了消费者视野，同时使七喜获得在非可乐型饮料市场的领导地位。

【行业典范】

宝洁的多品牌策略

品牌延伸曾一度被认为是充满风险的事情，有的学者甚至不惜用"陷阱"二字去形容其风险之大。然而，纵观世界一流企业的经营业绩，我们不难发现，其中，既有像索尼公司那样一贯奉行"多品一牌"这种"独生子女"策略的辉煌，也有如宝洁公司这样大胆贯彻"一品多牌"策略，在国际市场竞争中纵横捭阖尽显"多子多福"的风流。

宝洁公司是一家美国的企业。它的经营特点：一是种类多。从香皂、牙膏、漱口水、洗发精、护发素、柔软剂、洗涤剂，到咖啡、橙汁、烘焙油、蛋糕粉、土豆片，再到卫生纸、化妆纸、卫生棉、感冒药、胃药，横跨了清洁用品、食品、纸制品、药品等多种行业。二是许多产品大都是一种产品多个牌子。以洗衣粉为例，他们推出的牌子就有"汰渍""洗好""欧喜朵""波特""世纪"等近10种。在中国市场上，香皂用的是"舒服佳"，牙膏用的是"佳洁仕"，卫生巾用的是"护舒宝"，洗发水就有"飘柔""潘婷""海飞丝"3种品牌。要问世界上哪个公司的牌子最多，恐怕是非宝洁公司莫属。

寻找差异

如果把多品牌策略理解为企业到工商局多注册几个商标，那就大错而特错了。宝洁公司经营的多种品牌策略不是把一种产品简单地贴上几种商标，而是追求同类产品不同品牌之间的差异，包括功能、包装、宣传等方面，从而形成每个品牌的鲜明个性。这样，每个品牌都有自己的发展空间，市场就不会重叠。以洗衣粉为例，宝洁公司设计了9种品牌的洗衣粉，汰渍（TIDE）、奇尔（CHEER）、格尼（GAIN）、达诗（DASH）、波德（BOLD）、卓夫特（DREFT）、象牙雪（LVORYSNOW）、奥克多（OXYDOL）和时代（EEA）。他们认为，不同的顾客希望从产品中获得不同的利益组合。有些人认为洗涤和漂洗能力最重要，有些人认为使织物柔软最重要，还有人希望洗衣粉具有气味芬芳、碱性温和的特征。于是宝洁就利用洗衣粉的9个细分市场，设计了9种不同的品牌。

宝洁公司就像一个技艺高超的厨师，把洗衣粉这一看似简单的产品，加以不同的佐料，烹调出多种可口的大菜。不但从功能、价格上加以区别，还从心理上加以划分，赋予不同的品牌个性。通过这种多品牌策略，宝洁公司已占领了美国更多的洗涤剂市场，目前市场份额已达到55%，这是单个品牌无法企及的。

（网络资料）

三、包装的概念与作用

（一）包装的概念

包装是指某一品牌商品设计并制作容器或包扎物的一系列活动。

包装具有两层含义：一是指包装过程；二是指产品包装容器或包装物。

包装通常有三个层次：第一层是内包装，是直接接触产品的包装物，如香水瓶、药膏皮等；第二层是中包装，是保护内包装的包装物，如香水瓶、牙膏等外面的盒子等，中包装可以起到促销作用；第三层是外包装，主要是用于产品储运、辨认的包装，如一纸箱牙膏的外包装纸箱。

包装按其在流通领域中作用的不同，分为运输包装和销售包装两种。运输包装又称外包装或大包装，主要用于保护产品品质安全和数量完整。销售包装又称为内包装或小包装，销售包装与消费者直接接触，主要是用来宣传美化产品，起到促销作用。

（二）包装的作用

包装作为商品的重要组成部分，其营销作用主要表现在以下几个方面：

1. 保护商品

这是包装最基本的作用。其目的是防止在产品的储存和流通过程中发生渗漏、损耗、散落、收缩、变质和偷盗等。

2. 便于储运

包装为储存、运输过程中的搬运工作提供了方便。有些产品包装还要考虑到消费者携带的方便性。如气体、液体、粉状商品，若不包装，则无法运输和储藏。

3. 促进销售

商品给顾客的第一印象，不是来自产品的内在质量，而是它的外观包装。"货买一张皮"，良好的包装可以起到广告作用，产品包装美观大方、漂亮得体，能吸引顾客，并激发顾客的购买欲望。许多企业把包装作为推广产品、提高商品知名度的又一手段。

4. 增加盈利

包装已成为产品实体的一个组成部分。美观别致的包装给人以款式新颖、质量上乘、高档产品的印象，消费者愿意以较高的价格购买。随着生活水平的提高，这种趋势不断上升。

四、包装的设计原则

包装要起到它应有的作用，设计非常关键。包装设计时应遵循以下原则：

（一）安全性原则

安全性是包装设计的最基本要求。在选择包装材料及包装物的制作过程中必须适合产品的物理、化学、生物性能，这样才能保证商品在运输、销售和使用中的安全性。

（二）便利性原则

包装的造型和结构应考虑运输、保管、陈列、携带和使用的方便。在保证产品安全的前提下，应尽可能缩小包装体积，以利于节省包装材料和运输、储存费用。

（三）艺术性原则

由于包装具有促销作用，所以企业包装设计要注重艺术性，力求美观大方，突出产品个性特色，满足消费者对产品差异化的需求。

（四）实用性原则

一般来说，包装应与所包装的商品的品质和价值水平相匹配。经验数字表明，包装不宜超过商品本身价值的13%~15%。若包装在商品价值中所占比重过高，即会容易产生名不副实之感而使消费者难以接受；相反，价高质优的商品自然也需要高档包装来烘托商品的贵重。

（五）法律性原则

包装设计作为企业市场营销活动的重要环节，在实践中必须严格依法行事。例如，应按照法律规定在包装上标明企业名称及地址；对食品、化妆品等与消费者身体健康密切相关的产品，应标明生产日期和保质期等。另外，包装还要符合生态环境的要求，禁止使用有害包装材料，实施绿色包装。

（六）适应性原则

在包装设计中，必须尊重不同国家和地区的宗教信仰及风俗习惯等，注重包装的适应性，切忌使用容易引起消费者忌讳的文字、图案和色彩。如信奉伊斯兰教国家和地区的人忌黄色，瑞士人忌黑色，法国人忌墨绿色，埃及人忌黄色和蓝色，日本人忌绿色等。

（七）直观性原则

包装上有关商品的性能、操作使用方法应一目了然。通过文字、图案指导消费者使用。如药品类产品包装上，应有成分、功效、服用量、禁忌及有无副作用等。

【行业典范】

山姆森玻璃瓶——一个价值600万美元的玻璃瓶

说起可口可乐的玻璃瓶包装，至今仍为人们所称道。1898年，鲁特玻璃公司一位年轻的工人亚历山大·山姆森在同女友约会时，发现女友穿的一套筒型连衣裙，显得臀部突出，腰部和腿部纤细，非常好看。约会结束后，他突发灵感，根据女友穿的这套裙子的形象设计出一个玻璃瓶。

经过反复的修改，亚历山大·山姆森不仅将瓶子设计得非常美观，很像一位亭亭玉立的少女，他还把瓶子的容量设计成刚好一杯水的大小。瓶子试制出来之后，获得大众交口称赞。有经营意识的亚历山大·山姆森立即到专利局申请了专利。

当时，可口可乐的决策者坎德勒在市场上看到了亚历山大·山姆森设计的玻璃瓶后，认为非常适合作为可口可乐的包装。于是他主动向亚历山大·山姆森提出购买这个瓶子的专利。经过一番讨价还价，最后可口可乐公司以600万美元的天价买下此专利。要知道在当时，600万美元可是一项巨大的投资。然而实践证明可口可乐公司这一决策是非常成功的。

亚历山大·山姆森设计的瓶子不仅美观，而且使用非常安全，易握不易滑落。此外，由于瓶子的结构是中大下小，当它盛装可口可乐时，给人的感觉是分量很多的。采用亚历山大·山姆森设计的玻璃瓶作为可口可乐的包装以后，可口可乐的销量飞速增长，在两年的时间内，销量翻了一倍。从此，采用山姆森玻璃瓶作为包装的可口可乐开始畅销美国，并迅速风靡世界。600万美元的投入，为可口可乐公司带来了数以亿计的回报。

（网络资料）

五、包装策略

在市场营销中，仅有良好的包装还不够，良好的包装必须同包装策略结合起来才能发挥作用。常用的包装策略主要包括以下几种：

（一）类似包装策略

类似包装策略，就是企业所生产的各种不同产品，在包装上采用相同的图案、色彩体现共同的特征，使顾客极容易发现是同一家企业的产品。其优点是可以降低包装的成本，树立企业形象，特别是在推出新产品时，可以利用企业的声誉，使顾客首先从包装上辨认出产品，迅速打开市场。但有时也会因为个别产品质量下降而影响到其他产品的销路。

（二）差异包装策略

差异包装策略是指企业的各种产品都有自己的独特包装，在设计上采用不同的风格、色调和材料。这种策略能避免由于某一商品推销失败而影响其他商品的声誉，但也相应地会增加包装设计费用和新产品促销费用。

（三）组合包装策略

组合包装策略又叫配套包装策略，指将多种相关的产品配套放在同一包装物内出售。如化妆品的组合包装、节日大礼包等，都属于这种包装方法。组合包装可以方便顾客购买和使用，有利于新产品的销售，企业在推销新产品时，可与老产品组合出售，使消费者接受、试用。

（四）等级包装策略

等级包装又称分类包装，根据不同产品质量等级和消费者消费档次设计和使用不同的包装，反映产品的等级档次或特色。如精致的礼品包装和自用商品的简单包装；再如高档商品精致的包装，也是产品身份的象征；中低档商品的简略包装，可以节约成本。

（五）再使用包装策略

再使用包装策略亦称为复用包装策略或双重用途包装策略。这种包装物在产品使用完后，还可移作其他的用途。如设计精巧的果酱瓶，在果酱吃完后可以当旅行杯用。这样，消费者可以得到一种额外的满足，从而激发其购买产品的欲望。包装物在继续使用过程中，还起到了经常性的广告作用，增加了消费者重复购买的可能。

（六）附赠品包装策略

附赠品包装策略是指在包装上或包装内附赠一些奖券或实物，以吸引消费者购买。这一策略对儿童和青年以及低收入者比较有效。如儿童食品包装中一般放置一些儿童喜爱的小卡片来吸引购买。

（七）更新包装策略

更新包装策略又称改变包装策略，是指当某种产品销路不畅或长期使用一种包装时，出于改变企业形象或对产品进行定位的需要，对产品包装进行改进或更新的策略。换句话说，更新包装就是放弃旧包装，使用新包装，使顾客对产品产生新鲜感，从而扩大产品销售。

【行业典范】

康师傅方便面的附赠品包装

康师傅方便面的包装内曾经附有小虎队旋风卡，每包方便面中都放有一张不同的旋风卡，如宝贝虎、机灵虎、冲天虎、旋风虎、勇士虎、霹雳虎等卡，让很多孩子都爱不释手。渴望拥有整套旋风卡，只得经常购买附有这种卡片的方便面。一时间，鸡汁味、咖喱味、麻辣味、牛排味、海鲜味等味道各异的康师傅方便面，随着各种五彩缤纷的旋风卡走进了千家万户。

（网络资料）

任务四　产品质量策略

质量问题关系到广大消费者的权益，关系到企业的生存与发展。质量管理直接影响企业产品和服务的竞争优势及市场占有率。随着现代经济的发展，"质量就是生命"的理念逐渐成为企业界的共识。质量竞争日趋激烈，质量管理在企业管理中的地位日渐重要，越来越多的企业将产品质量管理纳入市场组合的一部分，并被提到营销的日程，引起广泛的关注。

一、产品质量的重要性

（一）产品质量的定义

产品质量是指产品的使用价值，即产品适合一定用途，满足用户和消费者在生产上、工作上一定需要所具备的特性。

（二）产品质量特性

产品质量特性是指由产品使用目的所提出的各项要求，满足一定需要所具有的性质（包括性能、寿命、可靠性、安全性、经济性五个方面）。

（三）产品质量的重要性

（1）质量优良的产品容易进入市场。

（2）高质量的产品，利润率比较高。

（3）产品质量高可以降低产品投诉，提高用户满意度。

（4）改善产品质量可以激励员工。

二、国际标准质量认证体系：ISO 9000 系列标准

（一）ISO 9000 的概念

ISO 9000 是指由国际标准化组织（International Organization for Standardization）所属的

质量管理和质量保证技术委员会工作委员会制定并颁布的关于质量管理体系的族标准的统称，不是指一个标准，而是一族标准的统称。

（二）ISO 9000 质量管理标准：八项质量管理原则

（1）以顾客为中心。

（2）领导作用。

（3）全员参与。

（4）过程方法。

（5）管理的系统方法。

（6）持续改进。

（7）基于事实的决策方法。

（8）互利的供方关系。

三、产品质量策略

（一）产品质量标准策略

为了便于检查监督，必须建立产品质量标准。目前，国内许多企业都接受国际公认的"ISO 9000"系列标准，并根据"ISO 9000"标准建立适应本企业实际的质量体系认证，以规范企业管理行为，促进企业持续改进产品质量，不断提高消费者满意度。

（二）产品质量水平策略

产品质量水平有四种：优质量、高质量、中质量和低质量。一般来说，企业的盈利能力、投资收益会随着产品质量的提高而提高，高质量产品比中、低质量产品的收益率要高很多。企业在制定产品质量策略时，应该认真调查研究，按照消费者的需求确定产品的质量水平，结合成本效益原则，在提高产品质量的同时注意节约成本。

⊠ 资料链接

2018 年 7 月 15 日，国家药品监督管理局公告称，在对长春长生生物科技有限责任公司的例行检查中，发现其冻干人用狂犬病疫苗生产记录存在造假等行为。没过几天，长春长生被报出了更大的"前科"，其生产的"吸附无细胞百白破联合疫苗"，竟然也存在问题。

长生生物的疫苗问题，引爆了朋友圈，微博等各大媒体上也都不断发酵，越来越多的真相被爆出，舆论哗然，让家长们陷入了恐慌之中，更多的是愤怒和失望。无独有偶，另一家疫苗厂也曝出疫苗质量问题。武汉生物制品研究所有限责任公司生产的批号为 201607050-2 的百白破疫苗，也被查出效价指标不合格问题。该厂出产的 40 万支问题疫苗已经流入市场。

除了长生生物公司的百日破疫苗流向山东之外，武汉生物这批 40 万支不合格疫苗中，有 19 万支销往重庆，其余的 21 万支销往河北。本来健健康康的孩子，为了让身体更健康才去注射疫苗，没想到，却花钱在自己的身体里埋下了一颗雷。

（网络资料）

【初心茶坊】

作为企业，不能一味地牟取暴利，无论何种行业。食品行业关乎人民健康，药品行业关乎人民生命……作为企业，不能泯灭良心越过道德的底线，生产的产品要对得起百姓，不能让金钱利益蒙蔽了心智。

随着中国经济的腾飞，人们物质和精神文化生活水平不断提高，为了满足人们日益增长的物质文化需求，很多企业迅速地发展起来。在发展的浪潮中，一家企业怎样才能在竞争中乘风破浪，立于不败之地？优良的产品质量是企业发展的助推器和动力之源。一家企业要在社会中实现自己的价值，就要为社会贡献出一分力量，做具有社会责任感的企业，而不是为了谋求一己私利就将他人生命健康视为草芥。

任务五　新产品开发策略

一、新产品的概念及种类

扫一扫
新产品开发

从市场营销的角度看，新产品是指在目标市场上首次出现的或者是企业首次向市场提供、能满足某种消费需求的产品。只要产品在功能与形态上得到改进并与原有产品产生差异，同时为顾客带来利益，即可视为营销学上的新产品。新产品的"新"是相对的，是相对于老产品，相对于企业，相对于市场的。新产品大体可以分为以下几种类型：

1. 全新产品

全新产品是指利用新原理、新材料、新技术制造出来的前所未有的产品。如汽车、飞机、尼龙、计算机的首次面市。全新产品的问世，往往都是伴随着科学技术的重大突破而诞生的。全新产品开发难度比较大，从研制到大批生产，需要耗费大量的人力、物力和财力。

2. 换代产品

换代产品是指在原有产品的基础上采用新材料、新工艺制造出来的适应新用途、满足新需求的产品。如计算机问世以来，从电子管、晶体管、集成电路到大规模集成电路的第四代，以及具有人工智能的第五代。换代产品比全新产品开发难度较小，是企业进行新产品开发的重要形式。

3. 改进新产品

改进新产品是指对市场上现有产品的性能、规格型号、包装等进行改进，以提高质量或实现多样化，满足不同消费者需求的产品。改进新产品有两种形式：一是对老产品的改进，二是原有产品派生出来的变形产品，如药物牙膏、过滤嘴香烟等。改进新产品的开发难度不大，是企业产品开发常用的形式。

4. 仿制新产品

仿制新产品是指对市场上现有的产品只做微小调整和改变，保持原来基本原理和结构不变而仿制出来的产品，这也是一种新产品。市场上一些畅销商品经常被仿制，主要原因是消费者容易接受，但竞争比较激烈。

二、新产品开发的意义及应遵循的原则

扫一扫
"新国货"崛起

创新是企业生命之所在。1996年3月，舒蕾洗发水上市，短短数年舒蕾便飞速成长起来。舒蕾提出"头发头皮双重护理"的创新观念，打破了被宝洁和联合利华所垄断的中国洗发水市场的格局。

（一）新产品开发的意义

开发新产品对企业来说具有重要意义，主要体现在以下几个方面：

（1）新产品开发有利于避免产品线老化，使企业保持生产经营的稳定性。

（2）有利于企业及时采用新技术、新材料，不断推陈出新，使市场上商品日益丰富多彩。

（3）有利于充分利用企业资源和生产能力，提高经济效益。

（4）有利于企业提高声誉，增强竞争能力。

（二）新产品开发应遵循的原则

在新产品开发过程中应遵循以下原则：

（1）根据市场需要开发适销对路的产品，这是新产品开发成功与否的关键。

（2）要量力而行，根据本企业资源、技术等选择切实可行的开发方案，既符合市场需要，又能发挥本企业优势。

（3）必须采用国际标准，为我国产品打入国际市场创造有利条件。

（4）必须有良好的经济效益，这是衡量新产品开发成功与失败的标志。

三、新产品开发程序

为了提高新产品开发成功率，必须建立科学的新产品开发管理程序。由于企业的生产条件与产品项目不同，新产品的开发过程也有所差异，一般来说，企业开发新产品有8个程序：构思、筛选、形成产品概念、初拟营销策略、商业分析、新产品开发、市场试销和正式上市（如图5－9所示）。

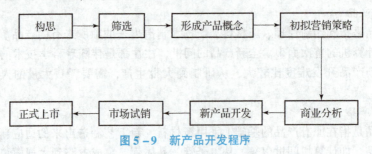

图5－9　新产品开发程序

（一）构思

构思是新产品开发的起始点。构思又称为创意或设想。构思是为满足一种新需求而提出的设想，大致勾画出新产品的轮廓及其市场前景。在这一阶段，营销部门的主要责任是：积极地在不同环境中寻找好的产品构思；积极鼓励公司内外人员发展产品构思；将所汇集的产品构思转送公司内部相关部门，征求修改意见，使其内容更加充实。

构思的来源是多方面的，企业可以采用一定的方法搜集构思。可用的方法有：

（1）激励创新法：激发企业内部人员的热情寻求创意，组织专门研究和技术攻关。

（2）特点罗列法：列出现有产品属性，然后寻求改进每一种属性的方法改良产品。

（3）强行关系法：先列举若干不同的产品，不考虑产品关系，把某一产品与另一产品或几种产品强行结合起来，产生一种新的构想。

（4）多角分析法：将存在的几个重要因素提出来，查找每一个变化的可能性。

（5）头脑风暴法：由一群人（不超过12人）进行讨论，会上畅所欲言，彼此激励，相互启发，形成更多更好的构思。

（6）征集意见法：向外界顾客、专家、市场研究公司、大学、广告代理商等征集创意。

（二）筛选

筛选的主要目的是选出那些符合本企业发展目标和长远利益，并与企业资源相协调的产品构思，摒弃那些可行性小或获利前景不好的产品构思。企业取得足够构思以后，要对这个构思进行筛选，一般应考虑：

（1）该构思是否与企业的利润目标、销售目标、销售增长目标、形象目标等战略目标相适应。

（2）企业有无足够的资金能力、技术能力、人力资源、销售能力开发这种构思。

（3）新产品的特点是否突出，并便于消费者了解；新产品上市，可能出现的竞争状况，潜在需求量等。

筛选主要是剔除那些明显不适当的构思，在筛选过程中应注意避免两种偏差：一是"误舍"，即筛选掉了良好的产品构思，失去了很好的市场机会；另一种是"误用"，即选择采纳了错误的产品构思，以致造成新产品失败。

（三）形成产品概念

新产品构思经筛选后，需进一步发展，形成更具体、明确的产品概念。产品概念是指已经成型的产品构思，即用文字、图像、模型等予以清晰阐述，使之在顾客心目中形成一种潜在的产品形象。一个产品构思能够转化为若干个产品概念。

新产品概念一旦形成，就必须在一大群消费者中进行新产品概念测试，这群人应该代表未来新产品的目标市场。新产品概念的测试主要是了解消费者对新产品概念的反应，受测试者是消费者，而不是新产品开发团队的人员。

进行概念测试的目的在于：能从多个新产品概念中选出最有希望成功的新产品概念，以减少新产品失败的可能性；对新产品的市场前景有一个初步认识，为新产品的市场预测奠定基础；找出对这一新产品概念感兴趣的消费者，针对目标消费者的具体特点进行改进，为下一步的新产品开发工作指明方向。

（四）初拟营销策略

最佳产品概念确定之后，企业必须制订把这种产品引入市场的初步市场营销规划，并在未来发展阶段中不断完善。

初拟的营销策略包括三个部分：第一是描述目标市场的规模、结构以及消费者的购买行为，新产品的市场定位以及短期（如3个月）的销售量、市场占有率、利润率预期；第二是概述产品预期价格、分配渠道及第一年的营销预算；第三是阐述较长期（如3~5年）的销售额和投资收益率，以及不同时期市场营销组合等。

（五）商业分析

商业分析是指从经济效益分析新产品概念是否符合企业目标。

企业市场营销要复查新产品将来的销售额、成本和利润估计，看是否符合企业目标，如果符合就可以进行新产品开发。商业分析需要企业在新产品开发的整个过程中进行，以确保新产品能够盈利。

（六）新产品开发

通过商业分析企业将有开发价值的新产品概念送交研发部门及生产部门进行试制样品，这样产品由抽象的概念转变为实体产品，这是新产品开发的一个重要步骤。

【行业典范】

微软公司产品开发策略

成立于1975年的微软公司经过二十多年的发展，在全球50多个国家和地区设有分公司，共有员工44 000多人，其董事长比尔·盖茨在2000年前后荣登世界首富的宝座，并造就了3 000多个百万富翁。微软的成功，在很大程度上取决于其产品策略。

软件产品的生命周期符合摩尔定律，软件的生命周期中，投入期、成长期较长，而其产品成熟期较短，产品一旦步入衰退期，现有产品在极短时间内就会被市场淘汰。面对激烈的竞争市场，微软应用了快速的新产品策略，每年投入约50亿美元用于基础研究和产品开发，平均2~3年就推出新的产品。

微软公司在其产品的进化过程中，采用了"突变型"和"渐进型"两种方式。如在 DOS 与 WINDOWS 1.0 的转变中，以及 WINDOWS 3.2 到 WINDOWS 95 的转变中，微软公司采取了"突变型"产品进化模式。与 DOS 命令形成强烈的反差，WINDOWS 95 的出现，给人们带来了视觉一新的效果。"我的电脑""我的文档""控制面板"等人性化的操作，使大多数人摆脱了语言的限制，即使没有受过专业训练的人也能顺利操作。从 WINDOWS 95 到 WINDOWS XP，微软采取了"渐进型"模式的新产品的进化策略。开发出的视窗系统系列软件产品，包括基本的软件操作平台 WINDOWS，也包括在其环境下运行的 Word、Excel 软件。通过与信息高科技产品相配套的其他相关产品系列，强化其市场地位，获得较高利润，增加资本积累。

（网络资料）

（七）市场试销

企业试制出样品后，可以小批量生产，有计划、有目的地进行上市试销。

市场试销的目的在于验证新产品开发技术经济设想的准确性，为制定新产品导入市场的营销组合策略收集信息。

为提高市场试销的有效性，要求事先选好试销点地区，决定试销期限。在试销过程中，力求完整、准确地收集信息。事后更要重视分析研究以达到试销的目的。

（八）正式上市

新产品试销成功后，就可以正式批量生产，全面推向市场。

这个阶段企业要支付大量费用，而新产品投放市场的初期往往利润微小，甚至亏损。因此，企业在此阶段应对产品投放市场的时机、区域、目前市场的选择和最初的营销组合等方面做出慎重决策。

四、新产品开发途径

在现代市场上，企业要想得到新产品，并不意味着必须由企业独立完成新产品的创意到生产的全过程。除了自己开发外，企业还可以通过购买专利、经营特许、联合经营，甚至直接购买现成的新产品来获得新产品的开发途径。

（一）技术引进

从外部引进先进、成熟的技术从事新产品开发。常见的方式有：购买专利和专门技术；购买设计图纸和工艺文件；仿制等。技术引进能赢得时间，缩小差距，迅速掌握新技术，提高企业产品开发的技术经济性，是科技开发能力较弱的企业常用的方式。

（二）自主研制

运用基础研究和应用研究成果，由企业自行开发研究。有条件的企业，甚至可以开展包括基础、应用、开发全过程的研究。行业领先企业适宜采用这种途径，着力开发更新换代产品和全新产品，保持技术领先地位，推动全行业的技术进步。

（三）自主研制与引进相结合

有两种实施方式：一是自主研制为主，选用先进技术，形成具有企业特色的新产品；二是引进为主，主要目的是"一学，二用，三改，四创"。

（四）联合研制

企业和其他组织（科研机构、大学、配套产品生产企业等）联手组成开发团队，协作研制。

（五）升级换代

不断开发改进产品，一旦成熟，实现更新换代，甚至创造全新产品。这种步步为营的方式，比较稳健，容易实现。企业新产品开发升级可根据不同情况选用渐进式或蛙跳式。

✉ **资料链接**

《华丽志》盘点全球"产品创新"经典案例

在全球消费升级的大趋势下，现有产品未能解决的用户痛点，人们对时尚、健康等泛生活方式领域产品需求的差异化，都为创业者在产品创新方面创造了不少机会，通过结合科技手段、整合优势资源、优化产品设计等方式，让产品更加人性化、智能化、便捷化，为用户创造新的价值，就能在同类产品中脱颖而出。

功能创新

功能创新是产品创新的主要类别，很多产品在寻找自身卖点以区别于其他同类产品时，都瞄准了产品功能这一项。实现功能创新有多种方式，可粗略地分为三大类：跟随创新、集成创新和原生创新。

1. 跟随创新

在原有基础上，做一些必要的扩展或者变动，发展出一些新的东西。找准使用痛点或需求后，通过跟随创新的方式，增强现有功能或推出新功能，解决痛点问题。

案例1：实时调整跑步动作的Lumo Run短裤

跑步专用短裤"Lumo Run"，可不断对穿着者的跑步效率进行生物动力学方面的追踪监测，包括：节奏、步幅、触地时间以及骨盆扭动幅度等相关元素，像教练一样实时监控并提醒穿着者的跑姿，为穿着者提供实时跑步成绩反馈，帮助他们调整跑步速度和姿态，避免运动伤害。

2. 集成创新

把现有技术组合起来，创造一种新产品或新技术，或引入其他领域中的成熟技术，使产品能够出现新的变化。通过集成创新，可以为用户提供多个痛点和需求的一站式解决方案。

案例2：马桶界的"苹果产品"My SATIS坐便器

My SATIS坐便器能根据用户在App My SATIS储存的体重和体型，调整座位和设置，扩音装置能播放音乐，或有声读物，半夜起床上厕所还有一盏夜灯，如果温度较低，还会自动加热座圈，甚至还不用自己动手打开盖子。未来将成为一个健康中心——能实时监测人大小便活动的智能机器。这样便能确认潜在疾病的早期迹象，不仅能提醒用户怀孕，甚至能帮助管理某些慢性肾脏疾病或其他健康问题。

3. 原生创新

原生创新指从一种发明开始，做出最初样品后，不断地完善、成熟，使之成为一种新产品或新技术。从无到有是最难的一项创新，无异于等于发明创造，尤其是在基础研究和高技术研究领域（这类产品案例并不多，只能找到类似案例）。

案例3：能解决无数生活棘手小事的Sugru万能硅橡胶

打开包装暴露在空气中后，Sugru会快速固化，即便是最恶劣的环境，还是能牢牢地黏合在绝大多数物体表面。Sugru与培乐多黏土（Play-Doh）采用相似的材料，在-215.6℃~-50℃的情况下既防水又稳定。可用于传统电线修复、制作手机支架、制作锅碗瓢盆耐热手柄、可在任何地方粘贴的挂钩、建设水下 LED 支架等。2010 年，被美国《时代周刊》评为全球 50 个最佳发明之一。

设计创新

设计不仅能让产品拥有更吸引人的外观，还能让产品更加人性化、便捷化，以及实现生态友好等。新颖的产品设计也是很多创新产品的主打亮点，我们将设计创新主要分为两类：外形设计和材料构成。

1. 外形设计

创意设计可以使产品更人性化，在不对功能结构做大变动的情况下，解决一些产品使用中的痛点。

案例 4：刀、勺、叉三合一的 Tritensil 创意餐具

三合一餐具 Tritensil 结合了餐刀、勺和叉子的功能，新一代设计师对其进行优化，叉子用于沙拉，勺用于甜品，而餐刀用于奶油茶点。为让其更符合人体工程学，还设计了独特的左右手两个版本。Tritensil 的不锈钢版本作为礼篮的野餐配件，塑料版本用作咖啡厅的外带餐具。

2. 材料构成

通过使用创新材料，可以为原本普通的产品带来新功能，解决一些或许人们自己都未曾注意过的潜在问题。此外，为呼应全球日益高涨的生态环保意识，很多产品在材料的使用上更加考虑对环境的影响。

案例 5：不会脏的 Elizabeth Clarke 白衬衫

这是一款让任何怕脏的人都可以放心穿着的白衬衫：衬衫材料本身就能抗拒咖啡、果汁和烤肉酱！衬衫使用双绉类面料，看起来十分普通，但表面着着实实覆盖了一层薄薄的细小纤维。这种纤维使用了纳米技术，因此能够抗水溶或油溶液体（甜菜根汁、咖啡、唾液或汗水），其原理就是在液体接触到面料之前就蒸发掉了。

（网络资料）

【初心茶坊】

在激烈的市场竞争中企业要想立于不败之地，就必须坚持不断创新，从产品、渠道、销售模式等各方面不断与时俱进、自我革新；一个国家要想在全世界激烈的竞争中永葆竞争活力，也需不断创新发展。

坚持创新发展，把创新摆在国家发展全局的核心位置，不断推进理论创新、制度创新、科技创新、文化创新等各方面创新，让创新贯穿于党和国家的一切工作，让创新在全社会蔚然成风，塑造更多依靠创新驱动、更多发挥先发优势的引领型发展。培育发展新动力，激发创新创业活力，推动大众创业、万众创新，释放新需求，创造新供给，推动新技术、新产业、新业态蓬勃发展，拓展发展新空间。

【任务实施】

实训　制定产品策略

一、实训目的

通过实训，使学生熟悉产品的整体概念、产品组合策略、品牌与包装策略、新产品开发策略、产品市场生命周期策略等的原理与应用。

二、实训组织

在教师指导下，由学生按照已定的4人为一组的研究性学习项目小组，确定项目负责人，并经教师确认选择2~3个类型的产品作为研究的样本。

三、实训内容及要求

由小组组织市场调研，针对样本产品的整体概念、市场生命周期等问题收集市场信息，确定所研究产品的整体概念和市场生命周期阶段。根据研究结论，针对该产品的竞争和营销现状提出改进方案。

具体包括：

1. 分析阐述该产品的产品整体概念。

2. 该产品目前处于生命周期的什么阶段？有哪些市场特点？拟应采取的营销策略。

3. 该产品组合如何进一步开发？

4. 该产品的品牌能否延伸，包装可否进一步调整？

5. 根据研究结论，针对该产品的竞争和营销现状提出改进方案。

【学以致用】

一、名词解释

产品 产品组合 产品整体概念 产品生命周期 品牌 商标 包装

二、简答题

1. 什么是产品组合？分析产品组合一般应考虑哪些因素？

2. 可供企业选择的品牌策略主要有哪些？

3. 什么是产品生命周期，其各阶段有什么特点，采取怎样的营销策略？

4. 包装有什么作用？企业的包装策略有哪些？

三、选择题

1. 从产品的整体概念来看，核心产品是指产品的（　　　）。

　A. 基本功能　　　　　　　　　　　B. 质量

　C. 商标　　　　　　　　　　　　　D. 售前和售后服务

2. 一个家电企业生产4种电冰箱产品、8种洗衣机产品、5种空调产品，那么这个企业的产品线有（　　　）。

　A. 1条　　　　　B. 3条　　　　　C. 17条　　　　　D. 8条

3. 当产品处于（　　　）时，市场竞争最为激烈。

　A. 成长期　　　　B. 投入期　　　　C. 成熟期　　　　D. 衰退期

4. 日本尼康公司所提供的照相机都会有各种用途的镜头、滤光镜及其他配件，所有这些构成了（　　　）。

　A. 产品组合　　　　　　　　　　　B. 产品项目

　C. 产品大类　　　　　　　　　　　D. 产品系列

5. 美国学者西奥多指出：新的竞争不是发生在各个公司的工厂生产什么产品，而是发生在其产品能提供何种（　　　）。

　A. 质量水平　　　　B. 包装　　　　C. 形象　　　　D. 附加利益

6. 某玩具企业为了创造出新的玩具而寻求新玩具的创意，其寻求创意的出发点是（　　　）。

　A. 顾客需求　　　　　　　　　　　B. 竞争的需求

　C. 企业的利润　　　　　　　　　　D. 企业的战略规划

四、案例分析题

案例一 洗衣粉差别化的九种途径

宝洁公司设计了九种品牌的洗衣粉，汰渍（Tide）、奇尔（Cheer）、格尼（Gain）、达诗（Dash）、波德（Bold）、卓夫特（Dreft）、象牙雪（Ivory Snow）、奥克多（Oxydol）和时代（Era）。宝洁的这些品牌在相同的超级市场上相互竞争。但是，为什么宝洁公司要在同一品种上推出好几个品牌，而不集中资源推出单一领先品牌呢？答案是不同的顾客希望从产品中获得不同的利益组合。以洗衣粉为例，有些人认为洗涤和漂洗能力最重要；有些人认为使织物柔软最重要；还有人希望洗衣粉具有气味芬芳、碱性温和的特征。

宝洁公司至少发现了洗衣粉的九个细分市场。为了满足不同细分市场的特定需求，公司就设计了九种不同的品牌。这九种品牌分别针对如下九个细分市场：

1. 汰渍。洗涤能力强，去污彻底。它能满足洗衣量大的工作要求，是一种用途齐全的家用洗衣粉。"有汰渍，没污渍"。

2. 奇尔。具有"杰出的洗涤能力和护色能力，能使家庭服装显得更干净、更明亮、更鲜艳"。

3. 奥克多。含有漂白剂。它"可使白色衣服更洁白，花色衣服更鲜艳。所以无须漂白剂，只需奥克多"。

4. 格尼。最初是宝洁公司的加酶洗衣粉，后重新定位为干净、清新，"如同太阳一样让人振奋"的洗衣粉。

5. 波德。其中加入了织物柔软剂，它能"清洁衣服，柔软织物，并能控制静电"。波德洗涤液还增加了"织物柔软剂的新鲜香味"。

6. 象牙雪。"纯度达到99.44%"，这种肥皂碱性温和，适合洗涤婴儿尿布和衣服。

7. 卓夫特。也用于洗涤婴儿尿布和衣服，它含有"天然清洁剂"硼石成分，"令人相信它的清洁能力"。

8. 达诗。它是宝洁公司的价值产品，能有效去除污垢，但价格相当低。

9. 时代。它是天生的去污剂，能清除难洗的污点。

可见，洗衣粉可以从效果上和心理上加以区别，并赋予不同的品牌个性。通过多品牌策略，宝洁已占领了美国更多的洗涤剂市场，一度市场份额已达到55%，这是单个品牌所无法企及的。

问题：

1. 宝洁公司为什么要对同一品种推出好几个品牌？

2. 这种策略有什么好处？

案例二　制作手工皂　赚来个性钱

从几年前的陶艺到十字绣，手工DIY领域不断变换着最炫的风向标。进入2004年，天津又刮起了一股手工制作香皂风。引领者，就是一家名叫"饰说心语"的手工香皂精品店的店主张欣宇。说起从事手工香皂事业的缘由，得从张欣宇的爱好讲起。

她在大学期间，就非常喜欢手工艺品，她做的中国结、十字绣非常专业，她的作品为大学同学和许多韩国留学生所喜爱。大学毕业后换了很多工作，直到2003年张欣宇进入一家著名的房地产公司做置业顾问才算安定下来。也许造化弄人，她本来想稳定地做下去，但2004年年初的一本时尚类杂志又一次改变了她的命运。

把握潮流，抢占商机

在那本杂志上她看到了手工香皂在中国香港、中国台湾等地异常火爆，她说与手工香皂有一种"一见钟情"的感觉，所以决定再次下岗创业。可很多朋友都说她太过于盲目。可她说，商机在这分秒之间就会转瞬即逝，商海里头沉浮，成败的关键就在于你是否有慧眼及时抓住机会。有胆识还不行，还要心细。有了香皂DIY的开店灵感，可怎样才能把风险降到最低，张欣宇还是进行了细致的市场分析。

首先，当时国内的手工香皂还没有多少家加盟店。而在天津，为了准确地考察当地市场情况，她将可能适合做这个项目的大型商场、步行街考察了一遍，结果令她兴奋：还没有一家。

其次，原料的选择是最难的一关。手工香皂不同于传统的香皂，传统香皂为了去污含有碱性物质，而手工香皂所用的原材料是纯植物型的，主要成分是植物油和甘油，对人体最大的作用是保湿和滋润。天津地处北方，气候干燥，女孩和儿童一定能够接受，并喜欢上这种新型香皂。香味剂和颜料都是食品级的，尤其适合妇女和儿童使用。

再次，对技术进行考察。由于是 DIY，因此要求顾客做起来一定有可行性。2004 年 6 月，她终于将手工香皂的技术学到了手。

2004 年 5 月，她毅然放弃了置业顾问的稳定工作，正式下海创业。她注册了商标："饰说心语"。而店址就选在天津新开的时尚大型室内步行街——天津女人街。

9 月 19 日，"饰说心语"手工香皂精品店正式开业。开业第一天，顾客盈门，不到 7 平方米的小店挤满了人，大家不得不排队等候，形成了女人街上的一大特色。最多的时候，一天销售额达 1 000 多元，而卖到二三十元一块的 DIY 香皂，其原料成本只有几元。

小店开张，广揽顾客

说起经营策略，张欣宇津津乐道。第一个月，张欣宇打出了"只要消费，就有礼送"的促销手段。张欣宇最懂得服务的价值。她说自己的产品有特色，但服务应该更有特色。她看到每次顾客做完一块手工香皂以后，手都是滑滑的。为此，细心的她专门购买了湿巾，做到人性化的服务。还有，有些小朋友对手工香皂特别喜欢。有一次，一个小孩子站在店里看了 20 多分钟，虽然店里人很多，但她没有把孩子赶出去。临走时，张欣宇不但没有责怪他，还将店里的一块糖果皂送给了这个小孩。孩子的母亲非常感动，后来带着孩子专程来她的小店消费。

还有在店面经营中，张欣宇发现有许多女孩非常喜欢糖果皂，但又不愿只买一两颗，她们要求能不能成瓶地买。张欣宇立刻购进几十个形状各异的玻璃瓶，有小靴子的、兔子的、圣诞老人的、心形的，将五颜六色的糖果皂放到里面非常显眼。结果这个产品受到了许多顾客的青睐，增加了店里的盈利点。再有，每一款手工香皂都是顾客的个性作品，她用数码相机将他们的作品拍下来，并将一面墙腾出来做成"顾客作品展示墙"。她将顾客完成的作品做成了照片贴到了墙上，并设计成一个大大的心形。每次有新的顾客来店里，她都主动介绍这面墙上的作品。

开业两个多月里，张欣宇说自己从顾客那里学到了很多很多。顾客很多新鲜的创意给了她莫大的启发。如照片香皂，一些很有创意的"动手一族"把自己的"玉照"镶在香皂中，成了别具一格的"名片香皂"；丝瓜洁络皂，可以把丝瓜络放入皂基中，可以去除角质，促进血液循环；护肤皂系列，顾客可以自由添加蜂蜜、珍珠粉、薰衣草、玫瑰花等。如今，已经开发了立体香皂，已突破固有模具的限制，可以做出各种形态的香皂模型。还有就是广告皂：由于手工香皂的特有魅力，吸引了一些公司的关注。其中有一家天津天地祥瑞水业有限公司的李经理，是在展会上认识并接受手工香皂的。他说手工香皂的纯天然植物性特点，和他的纯洁绿色的水不谋而合。他准备将自己公司的 LOGO 镶到里面，作为赠品送给客户。到 9 月中旬，李经理就和"饰说心语"手工香皂精品店签订了 600 块广告皂合同。

加盟连锁，布店全国

开业后不久，小店赶上了天津市青年创业中心组织的首届加盟连锁及创业经营项目展示会。在会场上，"饰说心语"展台前人山人海，众多中小创业者到展台前争相咨询产品特点、能否加盟、产品成本和利润情况等。更主要的是，由于产品新颖独特，连中央电视台 2 套《劳动与就业》栏目的记者也现场采访了张欣宇以及她的产品。

这是张欣宇第一次将自己的项目在公众面前展示，这也让她的经营思路有了更高的提升。原来她仅仅想把小店在天津立住脚，现在有这么多人咨询，并要求加盟手工香皂 DIY，她觉得这是一次良机。

此时，她已经不局限于一个小店的发展了，她要做"饰说心语"的加盟连锁事业。为此，她特意聘请了一家广告设计公司的专业人士，将"饰说心语"这个品牌做了图标设计，同时将设计好的品牌 LOGO 直接展示在店面的正对面墙上。还有 X 形展架、店员服装、商品标签，甚至对店面工作台都做了精心设计。

统一的店面图案、统一的品牌、统一的店面是加盟连锁的形象，而其内在的经营政策和服务才是加盟连锁的本质。为此，张欣宇建立了严格的加盟制度。除此之外，她还制定了齐备的经营模式，如开展针对儿童的亲子 DIY 班；针对情侣的照片、造型皂定做服务。为保证加盟商权益，省市级加盟商保证当地的独占权，不再将加盟权限再给别人等加盟政策；还制定了加盟流程和配货清单。

经过中央电视台的报道，"饰说心语"手工香皂加盟连锁的消息不翼而飞。不久，她接到了 40 多个咨询电话。紧接着，吉林通化加盟商、天津加盟店、陕西加盟店等 6 家加盟店就在 3 个多月的时间内成功加盟，此外还有 10 多家正在洽谈中。

问题：

1. 张欣宇开发"饰说心语"手工皂的决策是在什么基础上进行的？

2. "饰说心语"手工皂的开发和经营是否体现了现代市场营销的基本精神？

五、综合项目实训

认识产品组合

（一）实训目的

熟练掌握产品组合有关内容。

（二）实训组织

（1）在教师的指导下，对学生进行适当分组。

（2）实训结束后，各组交流信息调查情况。

（三）实训内容

选择一家企业，对其产品组合进行调查分析。

（四）实训要求

（1）选择你所熟悉的某一企业，对其产品组合情况进行调研。

（2）必须进行实地调查，获取第一手及第二手资料。

（3）根据所获资料，阐明企业产品的宽度、长度、深度及关联度。

（4）形成调查报告，并由教师进行分析总评。

項目六

制定价格策略

学习目标

- 知识目标
1. 掌握影响定价的主要因素。
2. 了解企业定价的基本程序。
3. 掌握企业定价的基本方法。
4. 学会灵活运用定价策略。

- 能力目标
1. 根据市场的变化和需求，具有制定、调整、修订价格的能力。
2. 具备运用互联网快速获取价格信息并研判价格趋势的能力。

- 素质目标
1. 严格遵守并执行国家相关的价格法律法规，增强责任意识和担当精神。
2. 加强价格自律，强化依法经营、诚实守信意识。

⊠ 案例导入

拼多多：拼得多省得多

现在的电商市场已经接近于饱和程度了，在前面有行业的巨头阿里巴巴旗下的天猫、淘宝保持着电商大局，后面有新兴的电商企业网易严选和小红书来另辟蹊径。那么拼多多究竟是凭借着什么在电商市场上闯出了一片天呢？

拼多多成立于2015年9月，是一家专注于C2B拼团的第三方社交电商平台。用户通过发起和朋友、家人、邻居等的拼团，可以以更低的价格，拼团购买优质商品。其中，通过沟通分享形成的社交理念，形成了拼多多独特的新社交电商思维。

拼多多的口号是"拼得多省得多"，顾名思义就是买的东西越多价格就越实惠。在招股书中，拼多多一而再再而三地强调了在平台上售卖商品非常物有所值并且价格十分诱人，低价是拼多多在吸引顾客方面的一大利器。拼多多以低价格为核心的战略，他们需要解决三个问题。第一，如何让商家愿意以非常低的价格来进行销售。第二，怎么找到买家这一端的目标用户群体。第三，怎么做到人跟货物的相互连接。拼多多正是因为解决了这三个问题，所以才能在短短三年内做到现在的规模，现在拼多多已经有了三亿用户。拼多多的飞速发展自然也离不开产品的一些独特设计和玩法，商业模式的合理性让拼多多找到了发力点，但成功的关键还是在于产品本身的优秀素质。

拼多多的产品是通过大量的一个消费人群的拼单，让用户以低价来购买优质的物品。让拼多多脱颖而出的是它在拼单这个主流程之外的各种社交的裂变玩法。由于这些玩法而导致越来越多的人去拼多多上购买东西，这也让拼多多从原来的一亿消费者到现在的三亿消费者，不得不说，拼多多的这些玩法领先了一堆电商企业。

问题：从拼多多的成功案例中，分析产品定价对企业产品营销的影响。

任务描述

杨帆是某大学三年级管理专业的学生，经过两年多的专业课和创新创业课程的学习，他有了自己创业的想法。在一次市场营销课上，他把自己的想法告诉了老师，老师提醒他，实施创业之前不仅要选好创业项目，选定创业的产品，还要掌握企业产品定价基本程序，设计企业定价方案，制定企业产品价格策略。

任务分解

通过互联网查询企业价格营销的成功案例；深入企业进行实际参观，与企业人员进行交流沟通，了解企业产品定价方法及价格策略，并能够设计企业价格方案，制定企业价格策略。

知识准备

价格在市场营销组合中与产品、渠道和促销相比，是企业促进销售、获取效益的关键因素。价格是否合理直接影响产品或劳务的销售，是竞争的主要手段，关系到企业营销目标的实现。因此，企业定价既要考虑其营销活动的目的和结果，又要考虑消费者对价格的接受程度，从而使定价具有买卖双方双向决策的特征。

扫一扫

价格影响因素

任务一　定价要素分析

一、价格的基本概念

（一）价格的概念及作用

任何产品都必须具有价格，价格是买卖双方完成交易的重要因素。价格具有狭义和广义的概念。

狭义的价格：指进行交易时，买方为了获得产品需要付出的金额。

广义的价格：指买方取得产品时所付出的代价，包括金钱、精力、时间等。

价格的作用体现在以下三方面：

（1）价格是商品供求关系变化的指示器。供不应求时价格上涨，供过于求时价格下跌。

（2）价格水平与市场需求量的变化密切相关。价格变动，对需求量、需求方向、需求结构都有一定的影响。在消费水平一定的情况下，价格越高，需求量越小；价格越低，需求量越大。但是价格过高，消费者就会选择少买或者选择其他替代品。价格下限是成本、上限是需求。

（3）价格是实现国家宏观调控的一个重要手段。市场经济是一种市场调节为主，宏观调控为辅的经济。当市场无法自身调节时，国家才会采用宏观调控的手段。目的是使市场供求大体趋于平衡。

综上所述，价格是市场营销组合中最活跃的因素，是企业实现盈利目标的工具，是最重要的竞争手段。所以，根据价格的重要性，企业在产品定价时，要充分考虑影响定价的各种因素。

（二）企业定价的理论依据

价值规律的理论，就是定价的依据。价值是价格的基础，产品价格是产品价值的货币表现形式。

价值决定价格，但价格并非与价值保持一致。在市场上发生的商品交换，受到多种因素的影响和制约，如供求关系及其变动、竞争状况及政府干预等因素。这些有时致使价格与价值发生背离，价格高于或低于价值。但从一个较长的时期观察，价格总是以价值为中心并围绕着价值上下波动。这就是价值规律的表现。价值规律是反映商品经济特征的重要规律，是研究价格形成的理论指导。

二、影响价格的因素

定价是指为产品或服务制定销售价格。影响产品定价的因素很多，有企业内部因素，也有企业外部因素；有主观的因素，也有客观的因素。概括起来，主要有定价目标、产品成本、市场需求、市场竞争、政府的干预程度、产品特点等几个方面。

（一）定价目标

扫一扫 ●

激发数字经济
新动能

定价目标（Pricing Objectives）是指企业希望通过运用价格手段在所处的经营环境中达到预期营销目标及效果。它是指导企业进行价格决策的主要因素。定价目标取决于企业的总体目标。不同行业的企业、同一行业的不同企业，以及同一企业在不同的时期、不同的市场条件下，都可能有不同的定价目标。

1. 以获取利润为目标

获取利润是企业从事生产经营活动的最终目标，也是企业生存和发展的源泉。在市场营销中不少企业就直接以获取利润作为制定价格的目标。具体可通过产品定价来实现。获取利润目标一般分为以下三种：

（1）以获取投资收益为定价目标。投资收益定价目标是指使企业实现在一定时期内能够收回投资并能获取预期的投资报酬的一种定价目标。采用这种定价目标的企业，一般是根据投资额规定的收益率，计算出单位产品的利润额，加上产品成本作为销售价格。但必须注意两点：一是要确定适度的投资收益率。一般来说，投资收益率应该高于同期的银行存款利息率。但不可过高，否则消费者难以接受。二是企业生产经营的必须是畅销产品。与竞争对手相比，产品具有明显的优势。

（2）以获取合理利润为定价目标。合理利润定价目标是指企业为避免不必要的价格竞争，以适中、稳定的价格获得长期利润的一种定价目标。采用这种定价目标的企业，往往是为了减少风险，保护自己，或限于力量不足，只能在补偿正常情况下的平均成本的基础上，加上适度利润作为产品价格。条件是企业必须拥有充分的后备资源，并打算长期经营。这是一种兼顾企业利益和社会利益的定价目标。临时性的企业一般不宜采用这种定价目标。

（3）以获取最大利润为定价目标。最大利润定价目标是指企业追求在一定时期内获得最高利润额的一种定价目标。获取最大利润是市场经济中企业从事经营活动的最高展望。但获取最大利润不一定就是给单位产品制定最高的价格，有时单位产品的低价，也可通过扩大市场占有率，争取规模经济效益，使企业在一定时期内获得最大的利润。最大利润既有长期和短期之分，又有企业全部产品和单个产品之别。有远见的企业经营者，都着眼于追求长期利润的最大化。当然并不排除在某种特定时期及情况下，对其产品制定高价以获取短期最大利润。还有一些多品种经营的企业，经常使用组合定价策略，即有些产品的价格定得比较低，有时甚至低于成本以招徕顾客，借以带动其他产品的销售，从而使企业利润最大化。

【行业典范】

沃尔玛低价策略

沃尔玛能够迅速发展，除了正确的战略定位以外，也得益于其首创的"折价销售"策略。每家沃尔玛商店都贴有"天天廉价"的大标语。同一种商品在沃尔玛比其他商店要便宜。沃尔玛提倡的是低成本、低费用结构、低价格的经营思想，主张把更多的利益让给消费者，"为顾客节省每一美元"是他们的目标。沃尔玛的利润率通常在30%左右，而其他零售商如凯马特利润率都在45%左右。公司每星期六早上举行经理人员会议，如果有分店报告某商品在其他商店比沃尔玛低，可立即决定降价。低廉的价格、可靠的质量是沃尔玛的一大竞争优势，吸引了一批又一批的顾客。

（网络资料）

2. 以提高市场占有率为目标

以提高市场占有率为目标也称市场份额目标，即把保持和提高企业的市场占有率（或市场份额）作为一定时期的定价目标。提高市场占有率，维持一定的销售额，是企业得以生存的基础。较高的市场占有率，可以保证企业产品的销路，巩固企业的市场地位，从而使企业的利润稳步增长。

（1）定价由低到高。定价由低到高，就是在保证产品质量和降低成本的前提下，企业入市产品的定价低于市场上主要竞争者的价格，以低价争取消费者，打开产品销路，挤占市场，从而提高企业产品的市场占有率。待占领市场后，企业再通过增加产品的某些功能，或提高产品的质量等措施来逐步提高产品的价格，旨在维持一定市场占有率的同时获取更多的利润。

（2）定价由高到低。定价由高到低，就是企业对一些竞争尚未激烈的产品，入市时定价可高于竞争者的价格，利用消费者的求新心理，在短期内获取较高利润。当竞争激烈时，企业可适当调低价格，扩大销量，提高市场占有率。

3. 以应付和防止竞争为目标

企业对竞争者的行为都十分敏感，尤其是价格的变动状况更甚。在市场竞争日趋激烈的形势下，企业在实际定价前，都要广泛收集资料，仔细研究竞争对手产品价格情况，通过自己的定价目标去对付竞争对手。根据企业的不同条件，一般有以下决策目标可供选择。

（1）稳定价格目标。以保持价格相对稳定，避免正面价格竞争为目标的定价。当企业准备在一个行业中长期经营时，或某行业经常发生市场供求变化与价格波动需要有一个稳定的价格来稳定市场时，该行业中的大企业或占主导地位的企业率先制定一个较长期的稳定价格，其他企业的价格与之保持一定的比例。这样，对大企业是稳妥的，中小企业也避免遭受由于大企业的随意提价而带来的打击。

（2）追随定价目标。市场竞争力较弱的中小企业，在竞争中为了防止竞争对手的报复一般不首先变动价格，在制定价格时主要跟随市场领袖价格，根据具体产品的情况稍高或稍低于竞争者。竞争者的价格不变，实行此目标的企业也维持原价，竞争者的价格或涨或落，此类企业也相应地参照调整价格。一般情况下，中小企业的产品价格定得略低于行业中占主导地位的企业的价格。

（3）挑战定价目标。如果企业具备强大的实力和特殊优越的条件，可以主动出击，挑战竞争对手，获取更大的市场份额，价格定得相对低一些。

一般常用策略目标有：

①打击定价。实力较强的企业主动挑战竞争对手，扩大市场占有率，可采用低于竞争者的价格出售产品。

②特色定价。实力雄厚并拥有特殊技术或产品品质优良或能为消费者提供更多服务的企业，可采用高于竞争者的价格出售产品。

③阻截定价。为了防止其他竞争者加入同类产品的竞争行列，在一定条件下，往往采用低价入市，迫使弱小企业无利可图而退出市场或阻止竞争对手进入市场。

（二）产品成本

马克思主义理论告诉人们，商品的价值是构成价格的基础。商品的价值由 $C+V+M$ 构成。$C+V$ 是在生产过程中物化劳动转移的价值和劳动者为自己创造的价值。M 是劳动者为社会创造的价值。显然，对企业的定价来说，成本是一个关键因素。成本是产品定价的下限，产品价格只有高于成本，企业才能补偿生产上的耗费，从而获得一定盈利。但这并不排斥在一段时期在个别产品上，价格低于成本。

在实际工作中，产品的价格是按成本、利润和税金三部分来制定的。根据市场营销定价策略的不同需要，对成本可以从不同的角度做以下分类：

（1）固定成本：是企业在一定规模内生产经营某一商品支出的固定费用，在短期内不会随产量的变动而发生变动的成本费用。

（2）变动成本：是指企业在同一范围内支付变动因素的费用，这是随产量的增减变化而发生变化的成本。

（3）总成本：是固定成本与变动成本之和。产品的价格有时是由总成本决定的，有时又仅由变动成本决定。当产量为零时，总成本等于固定成本。

（4）平均成本：即总成本除以产量。因为固定成本和变动成本随生产效率提高、规模经济效益的逐步形成而下降，单位产品平均成本呈递减趋势。

（5）边际成本：每增加或减少 1 单位产品而引起总成本变动的数值。在一定产量上，最后增加的那个产品所花费的成本，从而引起总成本的增量，这个增量即边际成本。企业可根据边际成本等于边际收益的原则，以寻求最大利润的均衡产量；同时，按边际成本制定产品价格，使全社会的资源得到合理利用。

（6）机会成本：指企业为从事某项经营活动而放弃另一项经营活动的机会，或利用一定资源获得某种收入时所放弃的另一种收入。另一项经营活动所应取得的收益或另一种收入即为正在从事的经营活动的机会成本。

企业定价时，不应将成本孤立地对待，而应同产量、销量、资金周转等因素综合起来考虑。成本因素还要与影响价格的其他因素结合起来考虑。

（三）市场需求

市场需求是影响企业定价的重要因素。当产品价格高于某一水平时，将无人购买，因此，市场需求是产品定价的上限。所以，企业在制定价格时，必须了解价格与需求的关系、需求价格弹性等因素。

1. 需求规律

需求规律体现为价格与需求的关系。经济学原理告诉我们，如果其他因素保持不变，市场需求随着产品价格的上升而减少，随着价格的下跌而增加，需求曲线是一条从左上方向右下方倾斜的曲线，需求曲线表明了价格与需求之间成反比关系，即价格下降，需求增加；价格上升，需求减少，这就是商品的内在规律——需求规律。但是也有一些产品，需求与价格之间呈同向变化的关系，如能代表一定的社会地位和身份的装饰品、显示其经济实力的标志性产品或有价值的收藏品等。

2. 需求价格弹性

需求价格弹性，简称需求弹性，它是指价格变动而引起的需求相应变动的比率，反映需求变动对价格变动的敏感程度。它的大小一般依据需求弹性系数测定。

需求价格弹性系数反映需求量变动的百分比与价格变动百分比之比，它表明当价格变动百分之一时，需求量发生变动的百分比，其计算公式为：

需求的价格弹性系数 = 需求量变动的百分比/价格变动的百分比

当需求量变动百分数大于价格变动百分数，需求弹性系数大于 1 时，叫作需求富有弹性或高弹性；当需求量变动百分数等于价格变动百分数，需求弹性系数等于 1 时，叫作需求单一弹性；当需求量变动百分数小于价格变动百分数，需求弹性系数小于 1 时，叫作需求缺乏弹性或低弹性。

影响需求价格弹性的因素主要有消费者对产品的需求程度、产品的独特性和知名度、产品的替代性、产品的供求状况等。在消费者购买力一定的条件下，产品需求强度越大，越是必需，越有名气，替代品越少，消费者的价格意识就越淡漠，其需求价格弹性就越小；反之，则越大。

(四) 市场竞争

企业的定价是一种竞争行为，任何一次价格的制定或调整均会引起竞争者的关注，并可能导致竞争者采取相应的对策。同时，竞争者的定价行为也会影响本企业产品的定价，迫使本企业做出相应的反应。所以，企业在定价时，必须考虑各个竞争者产品的质量和价格，利用它们作为自己定价的出发点。如果企业的产品与竞争者相似，就可制定与竞争者相似的价格，否则销路就会受影响；如果比竞争者产品质量差，则将价格定得低些；如果产品质量优于竞争者的产品，那么价格就可以定得高些。

企业的定价策略除受成本、需求以及竞争状况的影响外，还受到其他多种因素的影响。这些因素包括政府或行业组织的干预、消费者习惯和心理、企业或产品的形象等。

(五) 政府的干预程度

除了竞争状况之外，各国政府干预企业价格制定也直接影响企业的价格决策。世界各国政府对价格的干预和控制是普遍存在的，只是干预与控制的程度不同而已。

⊠ **相关链接**

加强冠状病毒感染肺炎疫情期间药品、器械价格自律的告诫函公告

各药品、医疗器械经营者：

依据《中华人民共和国价格法》《价格违法行为行政处罚规定》等法律、法规，现就冠状病毒感染肺炎疫情期间经营者加强价格自律，自觉维护我区药品、口罩、消毒液等市场价格正常秩序有关问题，郑重告诫如下：

一、各经营者应加强价格自律，诚信经营，自觉遵守价格法律法规，自觉承担社会责任。

二、经营者应积极组织货源，保证市场供应。

三、属市场调节价的药品、器械价格，经营者在经营中不得趁机乱涨价。

经营者不得捏造、散布涨价信息，恶意囤积以及利用其他手段哄抬药品价格，牟取暴利，自觉维护市场价格正常秩序。

四、属政府指导价、政府定价的药品价格，经营者在经营中应严格执行政府指导价、政府定价。

五、经营者应依法明码标价，不得在标价之外加价出售商品，不得收取未予标明的费用。

六、经营者不遵守上述有关规定，须承担以下相应法律责任，价格主管部门将依法从重从快严厉处罚。

（一）捏造、散布涨价信息，恶意囤积以及利用其他手段哄抬药品价格，推动药品价格过高上涨的，由价格主管部门责令改正，没收违法所得，并处违法所得5倍以下罚款；没有违法所得的，处5万元以上50万元以下的罚款；情节严重的，责令停业整顿，或者由工商行政管理机关吊销营业执照。

（二）不执行政府指导价、政府定价的，由价格主管部门责令改正，没收违法所得，并处违法所得5倍以下罚款；没有违法所得的，处5万元以上50万元以下的罚款；情节较重的处50万元以上200万元以下的罚款；情节严重的，责令停业整顿。

（三）违反明码标价规定的，由价格主管部门责令改正，没收违法所得，可以并处5 000元以下的罚款。

（四）上述行为构成犯罪的，将由公安部门依法追究刑事责任。

成都市双流区市场监督管理局

2020年1月22日

资料来源：采招网（www. bidcenter. com. cn）

【初心茶坊】

在进行产品定价时，一般情况下企业需要考虑的因素包括定价目标、产品成本、市场需求、市场竞争等相关市场因素；但在特殊环境下，为了保障市场有序、价格稳定，为了保证人民生命财产安全，政府会进行价格干预，限定最高价或最低价。在此情况下，企业应以社会责任为己任，自觉遵守相关价格法律法规，严格依法经营，舍小利而顾大局，做有担当的社会主体。

（六）产品特点

产品的自身属性、特征等因素，在企业制定价格时也必须考虑。

1. 产品的种类

企业应分析自己生产或经营的产品种类是日用必需品、选购品、特殊品，是威望与地位性产品，还是功能性产品，不同的产品种类对价格有不同的要求。如日用必需品的价格必然要顾及大众消费水平，特殊品的价格则侧重特殊消费者。

2. 标准化程度

产品标准化的程度直接影响产品的价格决策。标准化程度高的产品价格变动的可能性一般低于非标准化或标准化程度低的产品。标准化程度高的产品的价格变动如过大，很可能引发行业内的价格竞争。

3. 产品的易腐、易毁和季节性

一般情况下，容易腐烂、变质并不宜保管的产品，价格变动的可能性比较高。常年生产、季节性消费的产品与季节性生产常年消费的产品，在利用价格的作用促进持续平衡生产和提高效益方面有较大的主动性。

4. 时尚性

时尚性强的产品，其价格变化较显著。一般新潮的高峰阶段，价格要定高一些。新潮高峰过后，应及时采取适当的调整策略。

5. 需求弹性

如果企业所经营产品的需求价格弹性大，价格的调整会影响市场需求；反之，价格的调整对销售量不会产生大的刺激和影响。

6. 生命周期阶段

处在产品生命周期不同阶段对价格策略的影响可以从两个方面考虑：

第一，产品生命周期的长短对定价的作用。有些生命周期短的产品，如时装等时尚产品，由于市场变化快，需求增长较快，消退也快，其需求量的高峰一般出现于生命周期的前期，所以，企业应抓住时机，尽快收回成本和利润。

第二，不同周期阶段的影响。处在不同周期阶段的产品的变化有一定规律，是企业选择价格策略和定价方法的客观依据。

任务二 价格制定程序与方法

一、企业定价程序

定价程序是指企业将影响定价的诸多因素加以分析考虑，然后根据企业的内部条件和所处的外部环境等具体情况来决定和调整产品价格的一系列步骤。

一般来讲，企业定价程序需要经过选择需要进入的目标市场、分析影响定价的基本因素、确定定价目标、选择定价方法、明确定价策略、拟定定价方案、价格制定与调整等七个步骤。

（一）选择需要进入的目标市场

了解需要进入的目标市场消费者对产品价格的认可程度、消费者对产品的需求状况、产品预期的价格、产品的需求价格弹性等。

（二）分析影响定价的基本因素

分析影响企业产品定价的内在因素和外在因素。例如：考虑目标人群和定位，产品的市场定位决定了价格区间，以及财务上是否追求盈利。如果不以利润为目标，价格可以低于成本。互联网产品大部分不以盈利而是圈住用户为首要目标，所以价格没有底线。

外在因素中，首先考虑需求弹性，需求弹性＝需求量变动的百分比/价格变动的百分比。大部分互联网产品的需求弹性大，收费提价时用户会大量流失。

其次是市场情况，行业的发展水平越高，享受的价格红利越小。

最后是环境因素，整体社会经济水平、政策环境、宏观法律调控手段等。若产品要经过渠道销售，需要为中间商留出利润空间。

（三）确定定价目标

定价目标是企业制定价格的首要因素及出发点，是价格决策中最高层次的决策。企业定价目标包括投资收益率目标、市场占有率目标、稳定价格目标、防止竞争目标、利润最大化目标等。国家的经济政策、市场竞争的激烈程度、企业内部的生产经营能力、产品特点及所处产品生命周期等都会影响企业定价目标。

（四）选择定价方法

根据企业产品特点以及定价的目标，从成本导向定价法、需求导向定价法、竞争导向定价法等方法中选择适合企业产品的定价方法。

（五）明确定价策略

定价策略是指企业为达到预定的定价目标而采取的价格对策，即实现定价目标的思路和措施。

（六）拟定定价方案

定价方案是企业定价目标、定价策略和定价方法的综合体现。定价方案具体内容包括：定价目标、定价方法、具体计算公式、定价策略运用、价格体系的建立及定价方案的优劣评价等。

（七）价格的制定与调整

对价格备选方案从实现目标程度、效益、敏感程度方面进行分析比较后，最终确定价格的调整方式、时机、幅度等。

二、企业定价方法

定价方法，是企业在特定的定价目标指导下，考虑影响定价的各种因素，对商品价格水平进行计算的具体方法。影响企业定价的因素很多，但主要的有成本费用、市场需求和竞争状况三个方面。因此企业的定价方法就可以分为三类：成本导向定价法、需求导向定价法和竞争导向定价法。

（一）成本导向定价法

成本导向定价法，就是在成本的基础上加上一定的利润和税金来制定价格的方法。由于产品形态不同以及成本基础上核算利润的方法不同，成本导向定价法可分为成本加成定价法、目标利润定价法、边际贡献定价法三种方法：

1. 成本加成定价法

按产品单位成本加上一定比例定出销价。

公式：单位产品价格 = 单位产品成本（1 + 加成率）

例：假定某企业生产某产品的变动成本为每件 10 元，标准产量为 500 000 件，总固定成本为 2 500 000 元。如果企业的目标成本利润率定为 30%，问价格应定为多少？

解：

（1）变动成本 = 10（元/件）；

（2）固定成本 = 2 500 000/500 000 = 5（元/件）；

（3）单位成本 = 10 + 5 = 15（元）；

（4）价格 = 15 + 15 × 30% = 19.5（元）。

生产部门较多地采用成本加成定价法，零售商业部门较多地采用售价加成定价法。

❖ **小试牛刀**

> 某企业生产某种产品 10 万件，产品的单位变动成本是 10 元，总固定成本是 50 万元，该企业要求的加成率为 20%，则：该产品的价格为多少？

成本加成定价法应用范围广泛，生产者、中间商以及建筑业、科研部门、农业部门经常使用这种定价方法。它的优点是计算简便易行，计算出来的价格能保证获得预期的利润，产品价格水平在一定时期内较为稳定；缺点是忽视了市场需求的变化和竞争的影响，忽略了产品生命周期的变化，缺乏灵活性，不利于企业参与竞争，容易掩盖企业经营中非正常费用的支出，不利于企业提高经济效益，而且它只是从卖方的角度来考虑，不一定切合实际。在产销量与产品成本相对稳定、竞争不太激烈的情况下，可以采用。

【行业典范】

周大福"一口价"策略

珠宝饰品价格是消费者与商家能否达成交易的关键所在，针对这一敏感的问题，在价格策略上，周大福创出了一套有别于其他同行的新路子。周大福创新性地推出了"珠宝首饰一口价"的销售政策，并郑重声明：产品成本加上合理的利润就是产品的售价，通过"薄利多销"的经营模式，节省了消费者讨价还价的时间，让顾客真正体验货真价实的感受。为了降低经营成本，从而更好地参与市场竞争，周大福还自己创立了首饰加工厂，生产自己所售卖的各类首饰，减少中间环节，使生产成本降至最低，并获得了全球最大钻石生产商——国际珠宝商贸公司 DTC 配发钻石原石坯加工琢磨和钻石坯配售权，保证了它最低的原料成本和较强的竞争实力。

（资料来源：中国珍珠网）

2. 目标利润定价法

以产品总成本为基础，加上一定的目标利润，计算出实现目标的总销售收入。

其计算公式为：

$$P = \frac{总成本 + 目标利润}{预计销售量} = 单位产品总成本 + \frac{目标利润}{预计销售量}$$

这种方法计算简便，如果企业能按制定的价格实现预计的销售量，就能达到预期的目标利润。但它没有考虑价格与需求之间的关系和竞争者产品的价格等因素对企业产品销量的影响，如果在目标期内实际销量少于预期的销量，那么目标利润就很难实现。这种方法适用于市场占有率较高或带有垄断性的企业。

例： 企业生产服装每月固定成本为 10 万元，生产每件衬衣变动成本为 10 元，现接到某经销商每月订购此种衬衣 5 000 件，按企业的年度计划，每月要实现利润 6 万元。请按上述的要求，利用目标利润定价法计算每件衬衣的定价。

解：

（1）总成本 = 100 000 + 10 × 5 000 = 150 000（元）

（2）产品单价 =（总成本 + 目标总利润）/ 预计销售量
= （150 000 + 60 000）/ 5 000 = 42（元）

> **❖ 小试牛刀**
>
> 企业某产品的固定成本为 10 万元，单位变动成本为 10 元，目标利润为 3 万元，当产量为 2 500 件时，每件产品的价格为多少元？

3. 边际贡献定价法

边际贡献定价法是企业仅计算变动成本，而暂不计算固定成本，也就是按变动成本加预期的边际贡献来制定产品的价格。边际贡献是指产品销售收入与产品变动成本的差额，如果边际贡献弥补固定成本之后有剩余，就形成企业纯收入；否则，企业将发生亏损。在企业经营不景气、销售困难，生存比获利更重要时，或企业生产能力过剩，只有降低售价才能扩大销售时，就可采用边际贡献定价法。

其计算公式为：

$$P = \frac{总的变动成本 + 边际贡献}{总产量} = 单位产品变动成本 + 单位产品边际贡献$$

边际贡献定价法的原则是，产品单价高于单位变动成本时，就可以考虑接受。因为不管企业是否生产、生产多少，在一定时期内固定成本都是要发生的，而只要产品单价高于单位变动成本，这时销售收入弥补变动成本后的剩余，可以弥补固定成本，以减少亏损或增加企业的盈利。

（二）需求导向定价法

需求导向定价法是以消费者对产品的价值感受和需求强度来作为定价的基本依据。这是一种伴随着营销观念的更新而产生的新型的定价方法。面对商品供应的日益丰富和消费需求的不断变化，企业已经认识到，判定产品价格是否合理，最终并不取决于生产者或经销商，而是取决于消费者和用户。需求导向定价法主要包括以下两种：

1. 理解价值定价法

所谓理解价值，也叫感受价值、认知价值，就是指以消费者对商品价值的感受和理解程度来确定价格，而不是在于产品的成本。如果把买方的价值判断与卖方的成本费用进行比较，定价时更应该考虑前者。因为消费者在购买商品时，总会在同类产品之间进行比较，选择那些既能满足其需求，又符合其支付标准的商品，当价格水平和消费者对商品价值的理解大体一致时，消费者就会顺利购买。

例：在中国香港市场上，一件英国名牌衬衫售价500港元，港产名牌衬衫约150港元，而无名的普通衬衫则只能卖十几元或几十港元。

分析：价格差别大，不是由于成本和质量，而是根据消费者所理解和认可的价值来确定的。

理解价值定价法的关键是把自己的产品同竞争者的产品相比较，找到较准确的理解价值。如果估计过高，会导致定价过高，影响销售；如果估计过低，会导致定价过低，产品虽卖出去了，但影响收益。所以，为了加深顾客对商品价值的理解程度，提高其愿意支付的价格限度，企业在定价时，应首先搞好市场定位，突出产品特色，加深顾客对产品的印象，提高购买率。

◈ **小试牛刀**

美国得克萨斯仪器公司曾将个人电脑的售价降为每台99美元，而竞争者的同类产品每台300多美元，结果使顾客误以为99美元的电脑是低档货，反而不愿购买。为什么？

2. 需求差异定价法

需求差异定价法又称差别定价法，即企业对同一种产品或劳务，可根据不同的顾客，不同的时间、地点，不同的式样等制定不同的价格。这种价格差异并非以成本差异为基础，而是以顾客需求差异为基础。差别定价法有以下几种形式：

（1）因顾客而异的差异定价。即对同一产品或服务，对不同职业、收入、阶层或年龄的消费者群制定不同的价格。例如，对批发商和零售商采用不同的价格；电力工业对工业用户收费低，对居民用户收费高；有的旅游景区对儿童和成人收费不同等（如表6-1所示）。

表6-1　江苏省部分景区门票价格对比

市县区	等级	名称	门票价格
无锡市	5A	无锡市灵山大佛景区	普通票210元；半价票105元
常州市	5A	常州市环球恐龙城休闲旅游区	成人票200元；儿童票100元
扬州市	5A	扬州市瘦西湖风景区	门票120元
姜堰市	5A	江苏省姜堰市溱湖旅游景区	成人票100元；儿童票40元
苏州市	5A	苏州市周庄古镇景区	日游100元；夜游80元
无锡市	5A	中央电视台无锡影视基地三国水浒景区	三国城55元；水浒城50元；联票95元
南京市	5A	南京市钟山风景名胜区—中山陵园风景区	中山陵陵寝：免费；全景区套票：90元

续表

市县区	等级	名称	门票价格
苏州市	5A	苏州市同里古镇景区	联票 80 元
苏州市	5A	苏州园林（拙政园、虎丘山、留园）	淡季 50 元；旺季 70 元
南京市	5A	南京市夫子庙—秦淮风光带景区	免费

（2）因时间而异的差异定价。即同一种产品或服务，根据产品季节、日期的需求差异，制定不同的价格。企业一般根据自己产品销售区域的空间位置来确定商品的价格。例如，长途电话的收费，在白天与晚上、平时与节假日就不相同；宾馆在旅游旺季和淡季的收费标准也不同等。

【行业典范】

蒙玛公司时间差异定价法

蒙玛公司在意大利以"无积压商品"而闻名，其秘诀之一就是对时装分多段定价。它规定新时装上市，以 3 天为一轮，凡一套时装以定价卖出，每隔一轮按原价削10%，依此类推，那么到 10 轮（一个月）之后，蒙玛公司的时装价就削到了只剩35% 左右的成本价了。这时的时装，蒙玛公司就以成本价售出。因为时装上市还仅一个月，价格已跌到 1/3，谁还不来买？所以一卖即空。蒙玛公司最后结算，赚钱比其他时装公司多，又没有积货的损失。

（3）因产品样式、花色而异的差异定价。即对同一产品，根据不同式样、花色、规格等，制定不同的价格。例如，式样新颖的服装比式样陈旧的服装定价可高些；同一质量和成本的花布，因花色不同，需求量不同，定价也不同；同是汗衫，普通的可以卖 7 元，而文化衫可以卖到 13 元。因式样、花色而异的价格差异比例往往大于成本差异的比例。

（4）因地点而异的差异定价。企业根据自己产品销售区域的空间位置来确定商品的价格，即使它们的成本费用没有任何差异。例如，影剧院、体育场前排和后排的票价就不相同；同一头猪，不同部位的肉价也不一样等。

（5）因用途而异的差异定价。同一种商品有时会有不同的用途和使用量，因而价格也应有所区别。

企业实行差别定价必须具备一定的条件：一是市场能够细分，并且各个细分市场显示出不同的需求强度；二是以低价购买产品的顾客不可能将产品用高价转卖出去；三是在高价市场上，不存在竞争者用低价倾销手段争夺顾客的可能；四是差别定价不会导致顾客的反感，从而影响企业形象。

表 6-2 的民航差别定价正是体现了以顾客、时间、距离等差异进行定价。

表 6-2　民航的差别定价

按顾客	一般人、教师、学生、军人、团体、儿童
按时间	早班、晚班、首航、寒暑假、节假日
按档次	特等舱、普通舱、包机
按距离	单程、来回程、联程
按出票时间	预购、即购

（三）竞争导向定价法

竞争导向定价法是以市场上相互竞争的同类产品价格作为定价的基本依据，根据应付或避免竞争的要求来制定价格的方法，即依据竞争者的价格来定价。主要有以下四种方法：

1. 随行就市定价法

即企业根据同行业企业的平均价格水平定价。既可以追随市场领跑者的价格，也可以根据市场一般价格水平进行定价。在竞争激烈的情况下，平均价格水平往往被认为是"合理价格"，容易被市场接受。同时，企业试图与竞争对手和平相处，避免恶性价格战所产生的风险，而且这种通行价格一般也能为企业带来适度的利润。当需求弹性不易测量、成本难以估计、企业认为现行价格反映了本行业的集体智慧时，就可采用这种定价方法，如均质产品、钢材、面粉及其他原材料的定价都是如此。

2. 追随定价法

追随定价法即企业以同行主导企业的价格为标准制定本企业的产品价格，此方法可避免企业之间的正面价格竞争。

3. 竞争价格定价法

与随行就市定价法相反，竞争价格定价法是一种主动竞争的定价方法。它不是追随竞争者的价格，而是根据本企业的实际情况及与竞争对手的产品差异状况，以高于、低于竞争者的价格来出售产品。这充分体现了定价的灵活性，一般为实力雄厚或产品独具特色的企业所采用，关键是知己知彼、随时调整。

4. 密封投标定价法

大宗物资采购、工程项目承包、仪器设备引进、矿产能源开发等大都采用招标和投标的交易方式。投标价格是投标者根据竞争者的报价估计确定的，而不是按自己的成本费用确定的。一般由买方公开招标，卖方竞争投标，密封递价，买方按物美价廉的原则择优选取，到期公布"中标"者名单，中标的企业与买方签约成交。

投标定价法的另一种形式是拍卖定价法。它是指预先展示所出售的商品，在一定的时间和地点，按一定的规则，由买主公开叫价的方式，引导购买者报价，利用买方竞购的心理，从中选择最高价格成交。这种方法具有竞争公开、出价迅速、交易简便的特点，现仍流行于世界各地，尤其在出售文物、古董、珍品、高级艺术品、房产等商品时采用此法。

任务三　价格制定策略

定价策略是企业为了实现预期的经营目标，根据企业的内部条件和外部环境，对某种商品或劳务，选择最优定价目标所采取的应变谋略和措施。

雷曼德·考利（Raymond Corey）说过："定价是极其重要的——整个市场营销的聚焦点就在于定价策略。"企业按照定价方法确定了产品的基本价格后，在营销活动过程中，还应根据产品特点、消费心理、销售条件等，运用灵活的定价策略、技巧对产品的基本价格进行修正，以促进销售，增加盈利。

一、新产品定价策略

新产品定价是企业价格策略的一个关键环节。因为新产品的成本高，顾客对它不了解，竞争对手也可能还没有出现，所以新产品价格确定得正确与否，对新产品能否及时打开销路、占领市场，关系重大。一般有三种策略可供选择。

（一）撇脂定价策略

撇脂定价策略是指如同把烧热牛奶上的一层油脂精华取走一样，企业在新产品刚投放市场时把价格定得很高，以求在短期内迅速获取高额利润。撇脂定价策略，随商品的进一

扫一扫

定价策略(1)

扫一扫

定价策略(2)

步成长再逐步降低价格。采用此策略的企业商品一上市便高价厚利，这是因为新产品能对消费者产生新的吸引力。

这种策略的优点：一是易于企业实现预期的利润；二是掌握市场竞争及新产品开发的主动权；三是树立高档名牌产品形象；四是便于价格调整，因为一开始的高价为后面降低价格留有充分的余地。缺点：在高价抑制下，销路不易扩大；高价厚利极易诱发竞争，使企业获得高额利润的时间较短。这种策略适用的条件是：市场上无类似的替代品，需求相对无弹性，市场生命周期短，花色式样变化快的产品或产品具有明显的优势且短期内不易消失，顾客主观上认为该产品具有很高的价值等。

（二）渗透定价策略

渗透定价策略也称渐取定价策略，是指企业在新产品投放市场的初期，将产品价格定得相对较低，以吸引大量购买者，获得较高的销售量和市场占有率。这种策略与撇脂定价策略相反，是以较低的价格进入市场，具有鲜明的渗透性和排他性。

这种策略的优点：一是迅速打开销路，提高市场占有率；二是树立良好的企业形象；三是阻止竞争者进入，便于企业长期占领市场。缺点：本利回收期长，企业在市场竞争中价格变动余地小，难以应付短期内骤然出现的竞争和需求的变化。这种策略适用的条件是：需求弹性大，市场生命周期长，潜在市场容量大的产品。在某种情况下，渗透定价可紧随取脂定价，即企业可对新产品制定一个较高的初始价格，以吸引对价格不敏感的消费者，收回初期的投入后，就接着运用渗透定价策略，以吸引对价格敏感的消费者，并提高市场占有率。

（三）满意定价策略

满意定价策略也称温和定价或君子定价，是介于撇脂定价和渗透定价之间的折中定价策略，其新产品的价格水平适中，同时兼顾生产者、中间商的利益，能较好地得到各方面的接受。正是由于这种定价策略既能保证企业获得合理的利润，又能兼顾中间商的利益，还能为消费者所接受，所以称为满意定价。

这种策略的优点：满意价格比较稳妥，价格稳定，利润平稳，一般能使企业收回成本和取得适当盈利。缺点：价格比较保守，不适于竞争激烈或复杂多变的市场环境。这一策略适用于需求价格弹性较小的商品，包括重要的生产资料和生活必需品。

以上三种新产品定价策略利弊均有，并有其相应的适用环境。企业在具体运用时，采用哪种策略，应从企业的实际情况、生产能力、市场需求特征、产品差异性、预期收益、消费者的购买能力和对价格的敏感程度等因素出发，综合分析，灵活运用。

二、产品阶段定价策略

产品阶段定价策略是指在对"产品经济生命周期"分析的基础上，依据产品生命周期不同阶段的特点而制定和调整价格。

（一）产品投入期定价策略

一般可参考新产品的定价策略，对上市的新产品（或者是经过改造的老产品）采取较高或较低的定价。

（二）产品成长期定价策略

这一阶段，消费者接受产品，销售量增加，一般不贸然降价。但如果产品进入市场时价格较高，市场上又出现了强有力的竞争对手，企业为较快地争取市场占有率提高，也可以适当降价。

（三）产品成熟期定价策略

这一阶段，消费者人数、销售量都达到最高水平并开始出现回落趋势，市场竞争比较激烈，一般宜采取降价销售策略。但如果竞争者少也可维持原价。

（四）产品衰退期定价策略

这一阶段，消费者兴趣转移，销售量激烈下降，一般宜采取果断的降价销售策略，甚至销售价格可低于成本。但如果同行业的竞争者都已退出市场，或者经营的商品有保存价值，也可以维持原价，甚至提高价格。

各类产品在其产品生命周期的某个阶段一般具有共同的特征，但由于不同种类产品的性质、特点及其在国计民生中的重要程度、市场供求状况的不同，对不同的产品采取的定价策略要实事求是、机动灵活。

三、折扣定价策略

折扣定价策略是利用各种折扣和让价吸引经销商和消费者，促使他们积极推销或购买本企业产品，从而达到扩大销售、提高市场占有率的目的。这一策略能增加销售上的灵活性，给经销商和消费者带来利益和好处，因而在现实中经常被企业所采用。常见的价格折扣主要有以下几种形式：

（一）现金折扣

现金折扣，是指在赊销的情况下企业为了鼓励购买者尽早付清货款，加速资金周转，规定凡提前付款或在约定时间付款的买主可享受一定的价格折扣。典型的折扣条件是"2/10、n/30"，意思是指应在 30 天内付清货款，如果在交货后 10 天内付款，给予 2% 的现金折扣。否则，在 30 天内支付发票全部价款。

运用现金折扣策略，可以有效地促使顾客提前付款，从而有助于盘活资金，减少企业利率和风险。折扣大小一般根据付款期间利率和风险成本等因素确定。

（二）数量折扣

数量折扣，是指按顾客购买数量的多少给予不同的价格折扣，也是企业运用最多的一种价格折扣策略。一般来说，顾客购买的数量越多，或数额越大，折扣率越高，以鼓励顾客大量购买或一次性购买多种商品，并吸引顾客长期购买本企业的商品。

数量折扣分为累计数量折扣和非累计数量折扣。累积数量折扣是指在一定时期内累计购买超过规定数量或金额给予的价格折扣，其优点在于鼓励消费者成为企业的长期顾客。非累计数量折扣是指按照每次购买产品的数量或金额确定折扣率，其目的在于吸引买主大量购买，利于企业组织大批量销售，以节约流通费用。企业采用数量折扣有助于降低生产、销售、储运和记账等各环节的成本费用。

（三）业务折扣

业务折扣又称交易折扣或功能折扣，是生产厂家给予批发企业和零售企业的折扣，折扣的大小因商业企业在商品流通中的不同功用而各异。折扣水平要依中间商的性质、所承担的风险、提供的职能（如储存、顾客服务、推销）等来定，一般给予批发商的折扣较大，零售商的折扣较小。其目的在于鼓励中间商充分发挥自己的功能，调动其积极性。

（四）季节折扣

季节折扣，是指企业对生产经营的季节性产品，为鼓励买主提早采购，或在淡季采购而给予的一种价格折让。这是对提前购买季节性强的商品的顾客给予一定的价格折扣，目的在于鼓励顾客淡季购买，以减少企业的仓储压力，实现均衡生产和上市。厂家和中间商之间采用季节性折扣，可以促使中间商提早进货，保证企业生产能够正常进行。而零售企业在销售活动中实行季节折扣，能促进消费者在淡季提前购买商品，减少过季商品库存，加速资金周转。如皮衣厂向夏天购买或定购皮衣的顾客提供季节折扣，空调生产厂家在空调销售的淡季给进货的批发商或零售商以季节折扣等。

（五）让价策略

让价也叫折让，这是根据价目表给予减价的一种让价形式。它没有规定一定的减价比例，有时也没有明确规定减价金额，而要根据具体情况来确定。如以旧换新就是一种价格折让，洗衣机的以旧换新、汽车的以旧换新等，都要根据具体情况折让。还有一种形式是促销让价，是指生产企业对参与促销活动的中间商给予一定的减价、津贴作为报酬，以鼓励中间商宣传产品，扩大产品销售。

四、心理定价策略

心理定价策略指企业根据顾客不同的购买心理，采用不同的定价技巧。一般在零售企业中对最终消费者应用得比较多。主要有以下常用的六种定价策略：

（一）尾数定价策略

尾数定价策略又称非整数定价，是指企业对多数日用品或低档商品，在定价时，保留价格尾数，用零头数标价，使价格水平保留在较低一级档次。如定9.98元，而不定10元，在消费者心理上产生一种便宜的感觉。据心理学家分析，消费者通常认为整数价格如10元、20元、200元等是概略价格，定价不准确，而认为非整数价格如9.96元、19.95元、198元等，是经过精心计算得来的，是比较准确的，给人以真实感、信赖感，这满足了消费者求廉的心理。对于价格较低的商品，特别是日用消费品采用尾数定价策略，能使消费者对商品产生便宜的感觉而能迅速做出购买决策。

> ⊠ **案例链接**
>
> 心理学家的研究表明，价格尾数的微小差别，能够明显影响消费者的购买行为。一般认为，5元以下的商品，末位数为9最受欢迎，5元以上的商品末位数为95效果最佳；百元以上的商品，末位数为98、99最为畅销。尾数定价法会给消费者一种经过精心计算的、最低价格的心理感觉；有时也可以给消费者一种是原价打了折扣，商品便宜的感觉；同时，顾客在等待找零钱的期间，也可能会发现和选购其他商品。

（二）整数定价策略

整数定价策略也叫声望定价或整数原则。即在消费者购买比较注重心理需要的满足的商品时，把商品的价格定为整数。对名店、名牌商品或选择品采用整数定价策略，利用"一分钱一分货"和方便快速的心理，使价格上升到较高一级档次。对于一些需求价格弹性不高的商品，采用整数定价可以方便结算和提高工作效率。如一台电视机标价2 500元，而不标价2 498元，这样反而会增加顾客的购买欲望，如定为非整数价格，反而不利于销售。

（三）特殊数字定价策略

利用人们求吉祥如意的心理，在定价时，采用一些吉祥的数字来给产品标价，如"8""9""6"或偶数，以及118元、148元、188元等。

> ❈ **心理小知识**
>
> 美国人喜欢奇数，如商品价格为9.97元。
> 日本人喜欢偶数，如商品价格为9.94元。
> 中国人喜欢8和6，如商品价格为9.98元。

（四）声望定价策略

企业利用消费者仰慕名牌和"价高质必优"的心理，对在消费者心目中享有声望的产品制定较高的价格，如一些名牌产品（名烟、名酒）、有名望的商店（老字号）、标志性奢侈品（高级轿车、钻石、香水、精美瓷器、水晶、珍珠等），价格定得都较高。一方面显示商品的档次和企业的声望；另一方面又迎合了消费者的求名心理，满足较高收入消费者的需要。

声望定价往往采用整数定价方式，其高昂的价格能使顾客产生"一分价格一分货"的感觉，从而在购买过程中得到精神的享受，达到良好效果。如德国的奔驰轿车，售价二十万马克；瑞士莱克司手表，价格为五位数；巴黎里约时装中心的服装，一般售价二千法郎。我国的一些国产精品也多采用这种定价方式。

（五）招徕定价策略

招徕定价也称特价品定价、牺牲品定价。即企业利用消费者的求廉心理，在一定时期内，有意识地将某几种商品的价格定得特别低，以招徕顾客，借以带动和扩大其他正常价格产品的销售。现在，一些超级市场和百货商店几乎天天都有"特价""惊爆价""减价"等商品，就是这种策略的运用。采用招徕定价策略时，必须注意以下几点：

（1）降价的商品应是消费者常用的，最好是适合于每一个家庭的商品，否则没有吸引力。

（2）实行招徕定价的商品，经营品种要多，以便使顾客有较多的选购机会。

（3）商品的降价幅度要大，一般应接近成本或者低于成本。只有这样，才能引起消费者的注意和兴趣，才能激起消费者的购买动机。

（4）降价品的数量要适当，数量太多商店亏损太大，数量太少容易引起消费者反感。

（5）降价品应与因残损而削价的商品明显区别开来。

（六）习惯定价策略

有些商品在顾客心目中已经形成了一个习惯价格，符合其标准的价格就会被顺利接受，偏离其标准的价格则会引起疑虑；高于习惯价被认为是不合理的涨价，低于习惯价又被怀疑是否货真价实。因此，对这类商品，企业在定价时要按照消费者已经形成的习惯心理，力求维持产品价格不变，避免价格波动带来不必要的麻烦。当必须变价时，应同时改变包装或品牌，避开习惯价格对新价格的影响。

五、地理定价策略

地理定价策略，是指企业根据消费者所在地理位置的不同，考虑运输、仓储、装卸、保险等费用的差异，决定在将产品卖给这些不同地区的顾客时，是执行同样的价格还是执行不同的价格。这一定价策略主要有以下几种形式：

（一）原产地定价

原产地定价又叫离岸价格（Free on Board，FOB），即生产企业对不同地区的顾客制定统一的价格。企业负责将产品装运到产地的某种运输工具上，并承担交货前的一切风险和费用，交货后的风险和费用则由买方负担。这样定价，使每个顾客都是按照企业的出厂价来购买产品，分别负担了自己应付的运费，比较公平合理。

（二）统一运送（交货）定价

这种定价与FOB产地定价刚好相反，企业对处于不同地理位置的顾客都实行同样的价格，即按出厂价加上平均运费定价。这种定价方法可能会失去附近客户的生意，却获得远方顾客的欢迎，而且便于管理，也便于做全国统一价格的广告宣传，以巩固成熟市场和开拓边远市场。

（三）分区运送定价

分区运送定价介于FOB产地定价和统一运送定价两者之间，即企业先将自己产品的销售市场划分为几个区域，在同一区域内执行相同的价格，与企业越远的区域，价格定得越高。

（四）基点定价

即企业选定一些中心城市作为定价的基点，然后按一定的出厂价格，加上从基点城市到顾客所在地的运费来定价，而不管产品实际上是否由该城市起运。有的企业为了加大灵活性，选取许多基点城市，按离顾客最近的基点来计算运费。

（五）运费补贴定价

当企业急于和某个顾客达成交易或急于进入某一地区市场时，会为购买者负担部分或全部运费。

【行业典范】

日本布袜的定价策略

日本人盛行穿布袜子，石桥便专门生产经销布袜子。当时由于大小、布料和颜色的不同，袜子的品种多达100多种，价格也是一式一价，买卖很不方便。有一次，石桥乘电车时，发现无论远近，车费一律都是0.05日元。由此他产生灵感，如果袜子都以同样的价格出售，必定能大开销路。然而当他试行这种方法时，同行全都嘲笑他。认为如果价格一样，大家便会买大号袜子，小号的则会滞销，那么石桥必赔本无疑。但石桥胸有成竹，力排众议，仍然坚持统一定价。由于统一定价方便了买卖双方，深受顾客欢迎，布袜子的销量达到空前的数量。

六、产品组合定价策略

如果企业生产经营多种产品，而且这些产品之间存在某种联系时，定价就应综合考虑将两种或两种以上有关联的商品合并制定一个价格，具体做法是将这些商品捆绑在一起或装入一个包装物中。此策略常常易激发消费者的购买欲望，有促进多种商品即时销售的作用。一般有以下几种定价方法：

（一）产品线定价

一个企业通常都不仅仅销售一种产品，而是销售各种各样的系列产品，这时企业应适当地确定产品线中相关产品之间的价格差异，这就是产品线定价策略。例如，一家空调生产企业可以为空调分段制定1 800元、2 800元、3 800元这样一个产品线价格。如果一条产品线上两种产品的价格差异不大，顾客就会购买性能较高的产品；反之，如果价格差异较大，顾客就会更多地购买性能较低的产品。同时，还应考虑到各种产品成本差异、顾客的预期价格以及竞争者的价格等。

（二）任选品定价

许多企业在提供主要产品的同时，还提供与主要产品密切相关，但又可独立使用的产品，如自行车的车篮、车锁，舞厅里提供的饮料，汽车上的报警器，餐厅里的酒水等。企业可将选购品的价格定得很低以吸引顾客，也可定得很高来获取利润。

（三）附带产品定价

附带产品又叫互补产品，指必须和主要产品一起使用的产品，如照相机的胶卷、计算机的软件、刀架上的刀片、录音机的磁带等。企业往往将主要产品的价格定得较低，将附带产品的价格定得较高，通过低价促进主要产品的销售，以此带动附带产品的销量。

（四）组合产品的定价

企业可以将相关产品组合在一起，为它制定一个比分别购买更低的价格，进行一揽子销售，如电脑公司把电脑硬件、软件和维修合同组合在一起，瓷器店把整套餐具组合在一起，世界杯足球赛出售的套票，旅游景点的参观套票等，都是典型的组合定价。采用这种方式定价时，提供的价格优惠要足以吸引原本只准备购买部分产品的顾客转而购买全套组合产品，但一定要注意不能搞硬性搭配。

【行业典范】

商品定价的13种技巧

1. 同价销售术。英国有一家小店，起初生意萧条很不景气。一天，店主灵机一动，想出一招：只要顾客出1英镑，便可在店内任选一件商品（店内商品都是同一价格的）。这可谓抓住了人们的好奇心理。尽管一些商品的价格略高于市价，但仍招徕了大批顾客，销售额比附近几家百货公司都高。在国外，比较流行的同价销售术还有分柜同价销售，比如，有的小商店开设1分钱商品专柜、1元钱商品专柜，而一些大商店则开设了10元、50元、100元商品专柜。

2. 分割法。价格分割是一种心理策略。卖方定价时，采用这种技巧，能造成买方心理上价格便宜感。价格分割包括两种形式：（1）用较小的单位报价。例如，茶叶每千克10元报成每50克0.5元，大米每吨1 000元报成每千克1元等。巴黎地铁的广告是："只需付30法郎，就有200万旅客能看到您的广告。"（2）用较小单位商品的价格进行比较。例如，"每天少抽一支烟，每日就可订一份报纸"。记住报价时用小单位。

3. 特高价法。特高价法即在新商品开始投放市场时，把价格定得大大高于成本，使企业在短期内能获得大量盈利，以后再根据市场形势的变化来调整价格。

4. 低价法。这种策略则先将产品的价格定得尽可能低一些，使新产品迅速被消费者所接受，优先在市场取得领先地位。由于利润过低，能有效地排斥竞争对手，使自己长期占领市场。这是一种长久的战略，适合于一些资金雄厚的大企业。在应用低价格方法时应注意：（1）高档商品慎用；（2）对追求高消费的消费者慎用。

5. 安全法。安全定价通常是由成本加正常利润构成的。例如，一条牛仔裤的成本是80元，根据服装行业的一般利润水平，期待每条牛仔裤能获20元的利润，那么，这条牛仔裤的安全价格为100元。安全定价，价格适合。

6. 非整数法。这种把商品零售价格定成带有零头结尾的非整数的做法，销售专家称之为"非整数价格"。这是一种极能激发消费者购买欲望的价格。这种策略的出发点是认为消费者在心理上总是存在零头价格比整数价格低的感觉。

7. 整数法。对于高档商品、耐用商品等宜采用整数定价策略，给顾客一种"一分钱一分货"的感觉，以树立商品的形象。

8. 弧形数字法。"8"与"发"虽毫不相干，但宁可信其有，不可信其无。满足消费者的心理需求总是对的。据国外市场调查发现，在生意兴隆的商场、超级市场中商品定价时所用的数字，按其使用的频率排序，先后依次是5、8、0、3、6、9、2、4、7、1。这种现象不是偶然出现的，究其根源是顾客消费心理的作用。带有弧形线条的数字，如5、8、0、3、6等似乎不带有刺激感，易为顾客接受；而不带弧形线条的数字，如1、7、4等比较而言就不大受欢迎。所以，在商场、超级市场商品销售价格中，8、5等数字最常出现，而1、4、7则出现次数少得多。在价格的数字应用上，应结合我国国情。很多人喜欢8这个数字，并认为它会给自己带来发财的好运；4因为与"死"同音，被人忌讳；7，人们一般感觉不舒心；6，因中国老百姓有六六大顺的说法，所以6比较受欢迎。

9. 分级法。先有价格，后有商品，记住看顾客的钱袋定价。商品价格是否合理，关键要看顾客能否接受。只要顾客能接受，价格再高也可以。

10. 调整法。好的调整犹如润滑油，能使畅销、平销、滞销商品都畅通无阻。

11. 习惯法。许多商品在市场上流通已经形成了一个人所共知的基本价格，这一类商品一般不应轻易涨价。

12. 明码法。维护顾客的利益比照顾顾客的面子更重要。该法的优点是交易简单并容易使人产生信誉高的心理。

13. 顾客定价法。让顾客自行定价在我国已不算新事物。有些城市已出现了这样的餐馆，但经营后发觉并不成功。看来，使用这种方式还需注意销售条件和销售对象。

七、网络定价策略

（一）促销定价策略

1. 低价定价策略

低价定价策略是指以较低的价格销售产品和服务，以迅速占领市场，并能在较长的时间内维持一定的市场占有率。在网络营销中，采取低价定价策略主要有两种方式：

（1）直接低价定价策略：由于定价时大多采用成本加一定利润，有的甚至是零利润，它一般是制造业企业在网上进行直销时采用的定价方式。

（2）折扣策略：它是在原价基础上进行折扣定价的。折扣的形式有数量折扣、现金折扣和时段折扣。

在采用低价定价策略时应注意：

一是用户一般认为网上商品比从一般渠道购买的商品要便宜，在网上不宜销售那些顾客对价格敏感而企业难以降价的产品。

二是在网上公布价格时要注意区分消费对象，避免低价策略混乱导致营销渠道混乱。

三是网上发布价格时要注意比较同类站点公布的价格，否则价格信息公布将起到反作用。

2. 限时抢购定价策略

限时抢购又称闪购（Flash Sale），起源于法国网站 Vente Privée。顾客在指定时间内（一般为 20 分钟）必须付款，否则商品会重新放到待销售商品的行列里。限时抢购具有品牌丰富、时间短暂、折扣超低的特点。

（1）品牌丰富——推出国内外一二线名牌商品，供消费者购买选择。

（2）时间短暂——每个品牌推出时间短暂，一般为 5~10 天，先到先买，限量售卖，售完即止。

（3）折扣超低——以商品原价 1~5 折的价格销售，折扣力度大。

3. 折扣定价策略

网上商店一般可采取数量折扣、现金折扣和季节折扣等方式定价。

4. 捆绑定价策略

捆绑定价是指生产者将一种产品与其他产品组合在一起以一个价格出售。捆绑定价是企业的一种营销策略，最著名的如微软将其"探索者"与视窗操作系统捆绑定价销售，欧洲委员会阻止 GE 并购霍尼韦尔公司以防止他们将飞机引擎、电力设备部件和商业金融捆绑定价。

根据捆绑定价性质，可以将其划分为同质产品捆绑定价、互补式产品捆绑定价、非相关性产品捆绑定价。

（二）定制生产定价策略

定制生产定价策略是在企业能实行定制生产的基础上，利用网络技术和辅助设计软件，帮助消费者选择配置或者自行设计能满足自己需求的个性化产品，同时承担自己愿意付出的价格成本。如 Dell 公司的用户可以通过其网页了解本型号产品的基本配置和基本功能，根据实际需要和在能承担的价格内，配置出自己最满意的产品，使消费者能够一次性买到自己中意的产品。

（三）许可使用定价策略

许可使用定价策略就是客户通过在网上注册后直接使用公司的某种产品，客户根据使用的次数付费，而不需要将产品完全购买，即仅购买产品的使用许可权。如产品软件、在线课程、音乐、电影、游戏等。

（四）实时定价策略

实时定价策略是一种竞价策略。实时定价策略包括拍卖竞价策略和拍买竞价策略。拍卖竞价策略具有价格低开高走，价高者得的特点，如 eBay、baidu 的竞价排名。拍买竞价策略的特点是价格高开低走，定时降价，如雅宝拍买。

（五）声誉定价策略

声誉定价策略就是根据企业或产品的声誉来制定价格。声誉较好的企业，在进行网络营销时价格可定得高些；反之，价格则定得低一些。

（六）免费价格策略

免费价格策略就是企业将自己的产品或服务在互联网上免费提供给顾客使用。免费价格策略包括了产品和服务完全免费、对产品和服务实行限制免费、对产品和服务实行部分免费、对产品和服务实行捆绑式免费四种形式。实行免费价格的产品或服务一般具有易数字化、无形化特点。

任务四　价格变动应对

扫一扫

价格应对策略

企业在定价之后，由于宏观环境变化和市场供求发生变动，企业必须主动地调整价格，以适应激烈的市场竞争。这种调整分两种情况：一是指企业针对外界环境变化而做的主动调价；二是指企业在竞争者调价行为的压力下，不得不做出的被动调价。

一、企业主动调整产品价格

（一）降低价格

1. 降价原因

企业在下面三种情况下，必须考虑降价：

（1）生产能力过剩、库存积压严重、其他营销策略无效时，可考虑降低价格。

（2）企业面临激烈的价格竞争并且市场占有率正在下降，为了增强竞争能力，维持和提高市场占有率，企业必须降价，如彩电市场的价格调整，很多企业就出于这种原因。

（3）企业的成本低于竞争者，但在市场上并未处于支配地位，这时也应降价，以提高企业的市场占有率，并进一步降低成本，形成良性循环。

2. 降价策略

在降价之前，卖方应向自己的代理商、经销商保证，降价后对他们原来的进货或存货，按新价退补降价损失。使长期客户以及该商品分销渠道的各个环节的利益得到保证，也保住企业的市场。主要策略有：

（1）直接降低产品的价格。

（2）增加免费服务项目，如送货上门、免费安装等。

（3）随产品赠送优待券或馈赠礼品。

（4）增加单位产品的含量。

（5）改进产品的性能和质量、增加折扣种类等，以此来实际降低产品价格。

（二）提高价格

1. 提价原因

提价一般会引起顾客和中间商的不满，但在有些情况下，企业不得不考虑以提高价格的办法来弥补成本的上升。

（1）通货膨胀引起成本增加，企业无法在内部自我消化，这时必须考虑提高价格。

（2）由于资源约束而产生严重的供不应求，通过提价抑制部分需求。

（3）为补偿产品改进费用而提价。

（4）出于竞争需要，将产品价格提到同类产品之上，以树立高档产品形象。

2. 提价策略

提价必然会引起顾客和中间商的不满。市场营销中应采用不同的提价策略，来平抑提价引起的不满。主要策略有：

（1）限时提价。

（2）在供货合同中载明随时调价的条款。

（3）对商品的附加服务收费或取消附加服务。

（4）减少或取消折扣和津贴。

（5）改动产品的型号或增加某种功能等，并配合其他营销手段，消除提价的负面影响。

二、顾客对企业变价的反应

顾客对企业调价的反应将直接影响产品的销售。因此，应进行认真的分析研究，采取恰当的对策。

企业降低价格时顾客做出的反应：有利的反应是认为企业让利于顾客。不利的反应是产品卖不出去了；质量有问题；产品已经老化，很快会被新产品所替代；产品价格可能还要降低，等等再买；企业可能经营不下去了，要转行，将来售后服务没有保证等。

企业提高价格时顾客做出的反应：有利的反应会认为企业产品质量好，价格自然高或认为这种产品畅销，供不应求，以后价格可能还要涨，应及早购买。不利的反应是厂家想多赚钱，随便乱涨价等。

三、竞争者对企业调价的反应

竞争者的反应也是企业调价时所要考虑的重要因素。竞争者对企业降价可能做出不同的理解：一是该企业想与自己争夺市场；二是该企业想促使全行业降价来刺激需求；三是该企业经营不善；四是该企业可能即将推出新产品。

竞争者对企业降价的不同认识将导致采取不同的行动。企业降价时，如果竞争者不降价，企业产品的销量会上升，市场占有率也会提高。当然，竞争者也可能采用非价格手段来应对企业的降价，但更多的情况是，竞争者会追随企业降价，企业间进入新一轮价格竞争。

四、企业对竞争者变价的反应

在市场竞争中，如果竞争对手率先调整了价格，那么企业也要采取相应对策。

（一）了解竞争者调价的有关问题

面对竞争者的调价，企业在采取对策之前，应弄清下列问题：

第一，为什么竞争者要调价？

第二，竞争者的调价是长期行为，还是临时的措施？

第三，竞争者的调价会对本企业产生什么影响？

第四，其他企业对竞争者的调价会做何反应？

第五，对企业可能做出的每一种反应，竞争者以及其他的对手会有何反应？

（二）应付竞争者调价的对策

弄清这些问题后，企业可采取适当的对策。

一般情况下，企业对竞争者调高价格比较容易做出反应，此时可跟随提价或价格不变。更多的时候，企业会受到竞争者以争夺市场为目的降价攻击，这时可采取以下对策：

（1）维持原价。如果竞争者降价的幅度较小，本企业的市场份额不会失去太多，则保持原有的价格不变。

（2）维持原价，并采取非价格手段进行反击。可改进产品质量、增加服务项目、加强沟通等，这比单纯降价更有竞争力。

（3）跟随降价，保障原有的竞争格局。如果不降价会导致市场份额的大幅下降，而要恢复原有的市场份额将付出更大的代价时，企业应考虑采取这一对策，跟随降价。

（4）提价并推出新品牌来围攻竞争对手的降价品牌。这将贬低竞争对手降价的产品，同时提升企业产品的形象，这不失为一种有效的价格竞争手段。

（5）推出更廉价的产品进行反击。企业可以在市场占有率正在下降、对价格很敏感的细分市场上采用这种策略进行反击，但应避免出现恶性价格竞争，导致两败俱伤。

【任务实施】

实训6-1 产品定价方案设计

一、实训目的

通过实训，使学生熟悉企业定价的目标、影响企业定价的主要因素，掌握基本的定价方法和技巧，并为某公司的某类产品设计定价。

二、实训组织

学生划分成学习小组，教师向学生提供市场某行业某类产品的价格竞争现状资料。学生以学习小组为单位，收集该类产品及不同企业与其相近产品的定价信息。

三、实训步骤

1. 了解企业的定价目标

（1）以获取利润为目标。

（2）以提高市场占有率为目标。

（3）以对付竞争者为定价目标。

2. 了解影响企业定价的主要因素

（1）企业定价目标。

（2）产品成本的高低。

（3）市场需求状况。

（4）市场竞争对手的情况。

（5）政府干预程度。

（6）产品的自身属性、特征等因素，在企业制定价格时也必须考虑。

3. 熟悉企业定价的方法和技巧

（1）成本导向定价法。

（2）竞争导向定价法。

（3）需求导向定价法。

4. 熟悉企业定价程序

企业定价程序需要经过选择需要进入的目标市场、分析影响定价的基本因素、确定定价目标、选择定价方法、明确定价策略、拟定定价方案、价格制定及调整等七个步骤。

四、实训要求

1. 选定某一行业或某一企业某类产品，以学习小组为单位，分组调研。

2. 掌握企业定价决策的各个环节，熟悉定价程序。

3. 结合调研资料，进行分组讨论，形成某类产品定价设计方案。

实训 6 - 2　产品价格策略运用

一、实训目的

企业定价策略的实际运用。

二、实训步骤

1. 了解新产品定价策略

（1）撇脂定价策略：是指如同把热牛奶上一层油脂精华取走一样，企业在新产品刚投放市场时把价格定得很高，以求在短期内迅速获取高额利润。

（2）渗透定价策略：是指企业在新产品投放市场的初期，将产品价格定得相对较低，以吸引大量购买者，获得较高的销售量和市场占有率。

（3）满意定价策略：是一种介于撇脂定价和渗透定价之间的折中定价策略，其新产品的价格水平适中，同时兼顾生产企业、购买者和中间商的利益，能较好地得到各方面的接受。

2. 了解产品各阶段定价策略

（1）产品投入期定价策略。

（2）产品成长期定价策略。

（3）产品成熟期定价策略。

（4）产品衰退期定价策略。

3. 了解折扣定价策略

（1）数量折扣策略：是指按顾客购买数量的多少给予不同的价格折扣，也是企业运用最多的一种价格折扣策略。

（2）现金折扣策略：是指企业为了鼓励购买者尽早付清货款，加速资金周转，规定凡提前付款或在约定时间付款的买主可享受一定的价格折扣。

（3）季节折扣策略：是指企业对生产经营的季节性产品，为鼓励买主提早采购，或在淡季采购而给予的一种价格折让。

（4）业务折扣策略：是生产厂家给予批发企业和零售企业的折扣，折扣的大小因商业企业在商品流通中的不同功用而各异。

4. 了解产品心理定价策略

（1）尾数定价策略：是指企业在制定产品价格时以零头数结尾。

（2）整数定价策略：即在消费者购买比较注重心理需要的满足的商品时，把商品的价格定为整数。

（3）声望定价策略。

（4）招徕定价策略。

三、实训内容及要求

（1）单位产品总成本 50 元，销售价 90 元。

（2）单位产品销售价格 60 元，七折出售。

（3）一套产品 8 件，分别价格累计 150 元，成套购买 130 元。

（4）某产品定价 3.98 元。

（5）某产品定价 1 188 元

请指出以上产品的定价策略。

实训 6 – 3　网络定价策略与分析

一、实训目的

1. 使学生了解常用的网络定价策略。

2. 使学生掌握定价决策的分析方法。

二、实训内容

（1）了解常用的网络定价策略。

（2）网上销售的商品价格的定价体验。

（3）定价决策分析。

三、实训步骤

1. 了解常用的网络营销定价策略

（1）低于进价策略。用低于进货的价格进行定价或者免费赠送的定价策略。

（2）零价位策略。在网络上，有许多产品的价位定位为零，特别是对于许多数字产品，如网络上的免费邮箱、免费订阅等服务。

（3）差别定价策略。对不同的市场和用户采用不同的定价策略。这种定价原则是根据消费者以往的购买经历以及对该企业的忠诚度来定价的。

（4）高价策略。主要是应用于一些独特的商品和对价格不敏感的商品，比如艺术品。

（5）竞价策略。厂家可以给出一个最低价，然后让消费者竞拍。采用这种方式，厂家的销售成本相当低。

（6）集体砍价。参加购买的人越多，价格就越低。

（7）捆绑定价策略。捆绑定价策略就是将不同的产品打成一个包裹，以一个价格出售，如微软的 office。

2. 网上销售的商品价格体验。浏览网站，按要求回答下列问题。

（1）分别举出几种网上销售的商品价格，并说明是哪种定价策略。

（2）登录中拍网（www.a123.com.cn），搜索近日在线拍卖信息，并观看在线拍卖会。

（3）登录卓越网（www.joyo.com），了解其有哪些定价策略。请搜索某一品牌一规格的产品，了解其价格，然后再分别登录 6688 网上商城、SOASO 网上购物搜索引擎网站（www.soaso.com）、中搜购物（shopping.zhongsou.com），搜索同一品牌一规格型号产品，比较各网上商店定价的高低。

四、实训习题

进入下列商务网站，分析该网站网络产品定价策略，填写表 6 – 3。

表 6 – 3　网络产品定价策略

商务网站	定价策略
www.ebay.com	
www.haier.com	
www.amazon.com	

【学以致用】

一、名词解释

1. 需求弹性
2. 需求导向定价法
3. 竞争导向定价法
4. 撇脂定价
5. 渗透定价

二、简答题

1. 影响定价的因素有哪些？
2. 企业定价的依据是什么？
3. 企业的定价方法有哪几种？各包括什么主要形式？
4. 新产品定价策略有几种？各适用在什么条件下？
5. 定价策略如何与其他营销组合策略相配合？

三、计算题

已知某工厂生产的电视机每台的总成本为 2 000 元，年产量计划为 5 万台，预计全部销出，现企业采用目标利润定价法，并把目标利润定为 800 万元，试计算在此条件下，单位产品的价格为多少？

四、思考题

1. 如何看待我国手机产品市场目前的价格战？
2. 一家彩电生产企业的经理，发现彩电在农村市场和城市市场的需求是不同的，他会采取差别定价策略吗？谈谈实行差别定价策略的条件。
3. 在原材料价格上涨得很厉害，产品确实需要提价的情况下，你的老板因种种顾虑，又不想直接把售价提高，你会给他什么建议？为消除和降低顾客的不满情绪，你还有哪些比较好的建议？

五、案例分析题

凯特比勒公司的定价

凯特比勒公司是生产和销售牵引机的一家公司，它的定价方法十分奇特，一般牵引机的价格均在 2 万美元左右，然而该公司却卖 2.4 万美元，虽然一台高了 4 000 美元，却卖得更多。

当顾客上门，询问为何公司的牵引机要贵 4 000 美元时，该公司的经销人员给顾客算了一笔账：

20 000 美元，是与竞争者同一型号的机器价格。

3 000 美元，是产品更耐用多付的价格。

2 000 美元，是产品可靠性更好多付的价格。

2 000 美元，是公司服务更佳多付的价格。

1 000 美元，是保修期更长多付的价格。

28 000 美元，是上述总和的应付价格。

4 000 美元，是折扣。

24 000 美元，是最后价格。

凯特比勒公司的经销人员使目瞪口呆的客户相信，他们付 24 000 美元就能买到 28 000 美元的牵引机一台，从长远来看，购买的这种牵引机的成本比一般牵引机的成本更低。

（选自陈水芳：《现代市场营销学》，浙江大学出版社，2001。）

分析：

1. 凯特比勒公司采用的是什么定价法？

2. 为什么顾客认为 2.4 万美元是合理的价格？

六、综合项目实训

企业价格策划

（一）实训目的

通过实训，使学生掌握企业定价策略与定价方法，价格策划的流程与方法，策划书的内容与格式要求。

（二）实训内容及要求

1. 实训内容：制定企业价格方案，撰写价格策划方案。

2. 实训要求：掌握企业定价策略与方法，进行定价方案设计，掌握价格策划的流程方法，学会撰写策划书文案。

（三）实训组织

以策划团队为单位完成实训任务。

（四）实训操作步骤

1. 对实训项目中的企业产品状况进行分析。

2. 结合企业实际和竞争状况，选择定价策略。

3. 根据定价策略，选择定价方法，进行定价。

4. 撰写定价策划书。

（五）实训考核

1. 考核策划书：从策划书的格式、方案创意、可行性、完整性等方面进行考核。（60%）

2. 考核个人在实训过程中的表现（40%）。

（六）价格策划实训理论指导

1. 价格策划内容

（1）定价背景概述。

（2）确定定价策略与方法。

（3）设计定价方案。

（4）定价方案的分析、评价。

2. 价格策划程序

第一步：资料收集

策划的初始阶段，也是定价策划的基础。定价策划资料收集主要对企业经营状况、产品的市场需求和竞争状况进行有关情况的了解，这些资料的收集既要包括对现状资料的收集，又要包括对历史资料的收集。

第二步：资料分析

根据产品定价策划目的，对企业的经营状况、市场需求及其变化、市场竞争状况做出客观分析。通过分析，把握企业所处营销环境的真实情况，看到本企业竞争的优劣势，作为设计定价方案的依据，确保定价的正确性。

第三步：设计定价方案

设计定价方案是关键环节。定价方案的设计主要有：根据定价目标和定价依据材料选择定价方法；进行价格计算，并对计算出来的价格进行定性分析；根据产品价格的具体情况再做全面调整。

第四步：定价方案沟通

为了确保方案的正确性与可行性，策划者应将有关定价方案与企业进行沟通，听取企业意见，以进一步了解决策者的意图，使定价方案更符合实际。

第五步：定价方案的调整

通过与企业的决策人员或经营管理人员的沟通，原先设计的定价方案也可能出现不合理的地方，需要做出适当的调整，以确保定价方案的可靠性。

第六步：反馈控制

在一个计划时间内的定价工作结束后，要根据结果对定价策划进行评估，看看定价目标是否已经达到，是否存在差距。如有差距，则要找出原因，以便对下一阶段的产品定价做出调整。

（七）价格策划书的格式

1. 封面。封面须做规范的设计，要标明产品定价策划项目的名称、策划人姓名、所属单位、策划日期。

2. 目录。通过目录可以让人们对设计报告有个大概的了解，目录中应包括各章的名称。

3. 正文。正文部分是策划书的核心，也是进行本次实训活动的一项根本任务。应阐明定价策划的背景、目的和要求、定价策划的主要依据、定价方案的具体设计、定价方案可行性分析、定价方案实施、控制与调整的具体措施。

4. 附件。策划案中的调查表及需要附加说明的资料都可以作为附件，阅读和操作起来方便。

项目七
选择渠道策略

学习目标

● 知识目标

1. 掌握分销渠道的概念和职能。
2. 了解分销渠道的类型。
3. 了解影响分销渠道选择的因素。
4. 了解中间商的类型与特征。

● 能力目标

1. 掌握渠道模式选择决策。
2. 学会设计和建立分销渠道。
3. 具备分销渠道的管理和控制能力，以及与中间商的沟通能力。
4. 掌握互联网 + 分销渠道的构建。

● 素质目标

1. 培育并践行社会主义核心价值观。
2. 培养分销渠道从业人员的法治意识和职业道德。
3. 严格遵守并执行国家相关的经销商、代理商管理制度，增强责任担当意识。
4. 强化依法经营、诚实守信意识。

✉ 案例导入

两个服装巨头携手　强强联合优化全渠道

2019 年 4 月底，雅戈尔与杉杉共同签署了一份合作协议，双方将在实体销售渠道上展开全面合作。雅戈尔已进驻浙江、山西、黑龙江等多地的杉杉特莱斯广场。本次签约后，双方将进一步扩大合作范围。浙江的这两家服装企业在新零售时代将优势互补、互利共赢，围绕消费者互动体验、提升门店坪效等多方面探索优化新思路，充分发挥各自的优势和潜力，为浙江服装及商业的发展注入新的动能。

当前，雅戈尔正从四个方面逐步完善和优化全渠道布局：一是在现有 2 000 余家线下门店的基础上，以大店战略 1 000 家年销售额上千万元的店铺，进一步突出"北上广深"及省会城市的制高点作用；二是以"工坊店"的全新形象，充分开拓购物中心，吸引年轻购物群；三是与以杉杉为代表的奥莱渠道充分合作，丰富渠道的广度和深度；四是以与阿里达成 A100 战略合作为契机，以消费者为核心，努力实现企业运营的全面数字化，并将现有大店逐步改造成"时尚体验馆"，充分触达全城消费者，最终实现"线上推广，线下体验，线上销售，线下服务"的线上线下两个市场的高度融合。

问题：从此案例中，分析渠道策略对营销有什么影响，可以通过互联网查阅分销渠道的有关知识，了解影响企业选择渠道的因素有哪些。

任务描述

　　杨帆是某大学三年级管理专业的学生，经过两年多的专业课和创新创业课程的学习，他有了自己创业的想法。在一次市场营销课上，他把自己的想法告诉了老师，老师提醒他，实施创业之前不仅要选好创业项目，选定创业的产品，制定产品价格策略，而且还要设计企业产品销售渠道并对其进行有效的管理。

任务分解

　　通过互联网查询企业渠道营销的成功案例；深入企业进行实访参观体验，与企业人员进行交流沟通，了解企业渠道模式和策略。

知识准备

　　分销渠道是产品从生产者向消费者或用户转移过程中所经过的途径；分销渠道的设计要考虑产品因素、市场因素、企业自身因素、外界环境等。

扫一扫

分销渠道
基本类型

任务一　分销渠道模式分析

一、分销渠道的概念与功能

（一）分销渠道的概念

　　分销渠道又称流通渠道、销售渠道等，它是指产品从生产者向消费者或用户转移的过程中所经过的途径，包括企业内外部的代理商和经销商的组织机构。

　　分销渠道的起点是生产者，终点是消费者和用户，中间环节包括批发商、零售商、代理商以及储运商等，由它们构成了产品的分销渠道。从生产者到最终的消费者和用户，任何一组相关联的市场营销机构叫作一条分销渠道。分销渠道也可理解为产品从生产领域经中间商转移到消费领域的市场营销活动，如图 7－1 所示。

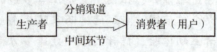

图 7－1　分销渠道示意图

（二）分销渠道的功能

　　分销渠道的功能在于使产品或服务从生产者转移到消费者的整个过程顺畅高效。主要功能有：

　　1. 搜集信息，传递并反馈信息

　　信息沟通是产品从生产者向消费者转移的重要条件。为了保证商品的适销对路和有效流动，分销渠道会随时努力搜集、传播和反馈各类信息，了解现实和潜在的产品销售情况，市场供求的变化，顾客、竞争者及其他市场要素的动态信息等。

　　2. 促进销售

　　分销渠道中的中间商以转移商品为基本业务，因此，在经营过程中，会努力地将有关企业产品的信息通过各种促销方式传播给目标消费者和用户，以刺激需求，扩大商品销售量。

3. 风险承担

分销渠道成员在商品流转过程中，由于大量集散商品，承担商品供求变化、自然灾害、价格下跌等风险。

4. 物流分配

产品在实现空间转移时，渠道成员负责货物的运输、仓储及信息处理等具体活动，从而使商品高效、适时地到达消费者的手中。

5. 协商谈判

渠道成员在实现产品所有权转移的过程中，要就产品的价格、付款方式、促销费用、订货和交货条件等问题进行协商谈判，才能保证顺利成交。

分销渠道除了上述主要功能外，还具有减少交易次数、降低流通费用、集中平衡和扩散商品、分级分等、提供服务、资金通融等作用。因此，企业在市场营销中，必须科学地选择和培育分销渠道，合理设置中间环节，充分发挥分销渠道的作用，实现货畅其流，物尽其用。

【行业动态】

中国家电渠道份额排名出炉：苏宁稳居第一　京东第二

2021 年 2 月 25 日，由中国家用电器研究院指导、全国家用电器工业信息中心主办的"2020 年中国家电行业年度报告发布会"在北京召开。

会议发布的《2020 年中国家电行业年度报告》数据显示，2020 年苏宁易购线上线下全场景覆盖的营销模式获得了 23.8% 的市场份额，在所有渠道形态中仍稳居首位。报告显示，2020 年全年国内家电市场销售规模为 7 297 亿元，零售额同比增长率为 −9.2%。

其中彩电市场 2020 年零售额为 1 143 亿元，较 2019 年下滑 10.9%。空调市场零售额 1 475 亿元，较 2019 年下滑 22.8%。冰箱、洗衣机市场零售额分别为 930 亿元、657 亿元，较 2019 年分别下滑 2.8%、6.8%。

报告还显示，疫情之年，线上渠道加速成长，占比攀升。2020 年全国家电线上渠道销售规模为 3 368 亿元，同比增长 8.4%。线上规模占比达到 46.2%，较去年同期增长 7.5 个百分点。线下市场也成为品质消费的主战场。据全国家用电器工业信息中心数据显示，2020 年在线下市场中，65 吋彩电、一级变频空调、热泵烘干机、400 升以上冰箱、5 000 元以上净水器等中高端家电销量大幅提高。

从全渠道来看，整体家电市场中，头部渠道优势扩大。苏宁易购稳居第一，份额占 23.8%；京东以 17% 的份额紧随其后。此外，天猫（10.6%）、国美（5.3%）、五星电器（1.2%）跻身前五。

（网络资料）

二、分销渠道的基本模式类型

分销渠道可按不同的依据划分为若干类型。

按有无中间商参与交换活动，可以分为直接渠道与间接渠道；按流通中间环节的多少，可以分为长渠道与短渠道；按各流通环节使用同种类型中间商数目的多少，可以分为宽渠道与窄渠道。

（一）直接渠道与间接渠道

1. 直接渠道

生产者不经过任何中间环节将产品直接销售给消费者或用户。

直接渠道主要适用于以下领域：

（1）工业品，如大型设备、专用工具等技术复杂需要专门服务的产品，以及零部件、原材料等。

（2）部分消费品，如鲜活易腐品。

（3）服务类产品，如法律咨询、健康顾问等。

直接渠道的形式有：上门推销、电话销售、自设门市部、邮寄销售、订购分销等。

直接渠道可以减少损耗，降低费用，缩短时间，加速流通，了解市场，提供服务，控制价格。但它会分散生产者的精力，增加资金投入，承担全部的市场风险，很难在短期内广泛建立销售网络，目标顾客无法及时得到满足。竞争者容易乘虚而入夺走顾客。

2. 间接渠道

在生产者与消费者或用户之间有中间机构加入，商品销售要经过一个或多个中间环节，属于间接渠道，包括一级渠道、二级渠道、三级渠道等。

消费品市场上绝大多数的商品都是通过间接渠道销售给最终的消费者或用户的。主要形式有：厂店挂钩、特约经销、零售商或批发商直接从工厂进货、中间商为工厂举办各种展销会等。

间接渠道有助于产品广泛分销，缓解生产者的资源压力，有利于企业间开展专业化协作，缺点是与消费者不方便直接沟通和反馈信息，不能及时进行生产调整。

（二）短渠道与长渠道

1. 短渠道

短渠道是指没有或只经过一个中间环节的渠道。它主要包括两种形式：

（1）零级渠道：生产者→消费者，即直销。

（2）一级渠道：生产者→零售商→消费者。生产企业直接向零售商供货，零售商再把产品转卖给消费者。

短渠道的优点是：中间环节少，产品可以迅速到达消费者手中，生产企业能够及时了解消费者需求，调整决策；节省费用开支，产品价格低，便于开展售后服务。

短渠道的缺点是：流通环节少，销售范围受到限制，不利于大量销售。

2. 长渠道

长渠道是经过两个或两个以上中间环节的渠道，叫长渠道，即二级以上的渠道。主要形式有：

（1）二级渠道：生产者→批发商→零售商→消费者。这种形式是典型的传统的市场分销渠道的类型。

（2）三级渠道：生产者→代理商→批发商→零售商→消费者。技术性强的产品多采用三级渠道。

长渠道的优点是：生产者能抽出精力组织生产，缩短周期；能减少资源占用，节约费用；易打开产品销路，开拓市场。

长渠道的缺点是：流通环节较多，流通费用增加，产品最终售价可能会比较高；增加产品损耗；企业对市场控制力弱。

（三）宽渠道与窄渠道

根据同一级中间商数目的多少，渠道可以分为：

1. 宽渠道

宽渠道是指生产企业在同一流通环节中使用较多同类中间商的渠道。很多日用快消品，基本都由多家批发商经销，又转卖给更多的零售商。其具体形式包括：

（1）广泛分销，也称密集分销或普遍分销，指生产者利用尽可能多的中间商销售自己的产品，使广大消费者都能及时、方便地买到所需产品。这种分销战略有利于市场渗透和扩大销售，比较适合消费品中的便利品（饮料、牙膏、洗衣粉、报纸、电话卡等）和工业品中的一般原材料（小五金、小工具等）及不宜长期存放的商品（鲜花、水果、肉制品、鲜奶等）。

（2）选择分销是指生产者在一定的市场区域内选择一些愿意合作且条件较好的中间商来销售自己的产品，借以提高产品形象，加强推销力度，增加商品购买率。这种策略适用于所有产品，但相对来说，对于消费品中的选购品（服装、鞋帽、家电等）和工业品中的零配件更合适。由于选择分销通过的中间商数目比广泛分销少，因此，生产者与中间商之间的联系配合比较密切。

（3）独家分销是指生产者在一定的地区内只选择一家中间商销售自己的产品，独家买卖。通常经双方协商签订独家经营合同，规定在该地区内中间商不得再经营竞争者的产品，生产者也不得再向其他中间商供货。这种策略主要适用于特定产品（专利技术、专门用户、品牌优势等），如钢琴、轿车、钻石饰品等。采用这种策略，有利于生产者控制市场和价格，激发中间商经营的积极性，提高企业形象。但也存在一定的风险，如果中间商选择不当，会给企业在这一地区的销售活动带来很大的损失。

宽渠道的优点是：中间商多，分销广泛，可迅速把产品推入流通领域，使消费者随时买到自己所需求的产品；促使中间商展开竞争，提高产品的销售效率。

宽渠道的缺点是：不利于与厂商之间建立密切的关系，并且生产企业几乎要承担全部促销费用。

2. 窄渠道

窄渠道是指生产企业在某一地区或某一产品分销过程中只选择少数同类中间商为自己销售产品的渠道形式。它一般适用于专业性很强或贵重耐用的消费品。其优点包括：生产企业容易控制分销；中间商少，生产企业可以指导和支持中间商开展销售业务，有利于相互协作；销售、运货、结算手续简化，便于新产品的试销，有利于信息的及时反馈。其缺点是：企业分销面较窄，影响产品的销量。

（四）双循环背景下的新渠道

双循环就是以国内大循环为主体，国内国际双循环相互促进的新模式，简称"双循环"。2020年5月14日中央政治局常委召开会议，首次提出"构建国内国际双循环相互促进的新发展格局"。双循环模式下，上市公司既在国内坐拥14亿人口的大市场，同时还有国际大市场。

（五）O2O

O2O 即 Online To Offline 的缩写。这个概念最早来源于美国。O2O 的概念非常广泛，是指线上线下相结合，线上交易购物，线下体验取货。这种渠道模式能够吸引更多热衷于实体店购物的消费者，传统网购的以次充好、图片与实物不符等虚假信息的缺点在这里都得到弥补，能够消除消费者对网购诸多方面不信任的心理。消费者可以在网上众多商家提供的商品里面挑选最合适的商品，亲自体验购物过程，不仅有保障，而且也是一种快乐的享受过程。

⊠ **资料链接**

传销是指组织者或者经营者发展人员，通过对被发展人员以其直接或者间接发展的人员数量或者销售业绩为依据计算和给付报酬，或者要求被发展人员以交纳一定费用为条件取得加入资格等方式牟取非法利益，扰乱经济秩序，影响社会稳定的行为。直销是指直销企业招募直销员，由直销员在固定营业场所之外直接向最终消费者推销产品的经销方式。

二者的区别表现在：第一，性质不同。直销是经国家许可的一种合法的销售形式，性质上具有合法性。传销是违反国家法律规定的销售行为，具有违法性。第二，组织结构不同。直销公司只有两层，即直销公司和直销员。传销组织则不同，它有很多层，呈金字塔结构。第三，销售产品不同。在直销活动中，销售的产品通常会有比较公正的价格体系，而且其产品由正规的生产厂家生产，有品质保证。而传销活动中，由于其从业人员本身所贩卖的就是一种投资行为，所以产品在传销过程中只是一个可流通的道具，有的传销活动中甚至没有产品。第四，收入来源不同。在直销活动中，销售产品是组织者收益的唯一来源。而在传销活动中，组织者的收入来源是入门费、培训费、资料费或强行购买产品费用等，组织者利用后来的参加者交纳费用支付先前的参加者的报酬以维持运作，是非法的。第五，产品的售后服务不同。直销能够提供换、退货服务。而传销从一开始就只是把商品当作一种赚钱的工具，无法提供售后服务，并且尽可能地逃避责任。

（网络资料）

【初心茶坊】

多级分销类传销机构或项目（已被公安部、各地公安机关和市场监管机构、各级地方法院等定性为传销，且已受到处罚）：

1. 国通通讯网络电话（借网络电话进行传销，被罚款 5 083 万元）
2. 华莱健黑茶（警方认定其拉人头发展会员，定性为传销）
3. 金健康（非法传销，抓获 98 人）
4. 亮碧思（打击传销典型案例）
5. 蚂蚁口服液（非法传销、非法集资，涉案资金 15 亿元，投资人损失难追回）
6. 迈捷普瑞（传销骗局）
7. 美极客（非法传销、非法吸收存款，涉案资金 2.5 亿元）
8. 盛大华天（非法传销，传销头目已被批捕）
9. 天音网络（特大传销案，涉案资金 6 亿多元）
10. 微转动力（传销骗局，谎称转发朋友圈就能赚钱，诈骗资金上亿元）
11. 星火草原（特大网络传销案，涉案金额 2 亿多元）
12. 云集微店（网络传销，被罚款 958 万元）
13. 云梦生活（网络传销典型案例）
14. 智麻开门（网络传销典型案件）
15. 中国为民教育网（特大网络传销案）
16. 中绿（非法传销案）
17. WV 梦幻之旅（旅游传销，涉嫌非法融资）
18. 宝健"摘星计划"（多层计酬，涉嫌违规）
19. 碧波庭（分层发展下线，模式涉嫌传销）
20. 创造丰盛（涉嫌精神传销，女创始人已移居国外）
21. 磁化水（涉嫌传销，早已被媒体证实是骗局）
22. 原海济制药（特大传销案，已宣判）。

三、分销渠道的特点

通过以上对分销渠道的分析，可以看出分销渠道具有以下特点：

第一，分销渠道是产品从生产者到消费者或用户的一个完整的流通过程。每一条渠道的起点都是生产者，终点都是消费者或用户。

第二，分销渠道是由直接参与商品流通过程的各种类型的中间商所组成的，也即渠道的积极参与者，就是各种类型的中间商。它们主要是批发商、零售商、代理商等，这些中间商被称为"渠道成员"。

第三，在产品从生产者流向消费者或用户的整个过程中，产品所有权至少要转移一次。有的分销渠道需发生多次所有权的转移，才能最终离开流通领域，到达消费者或用户的手中。

第四，在分销渠道中，除发生商品所有权转移的"商流"外，还隐含着其他的使生产者与消费者相联结的运动流，如"物流""信息流""货币流""促销流"等，如图7-2所示。这五大流程相辅相成，但在时间与空间上并不完全一致。

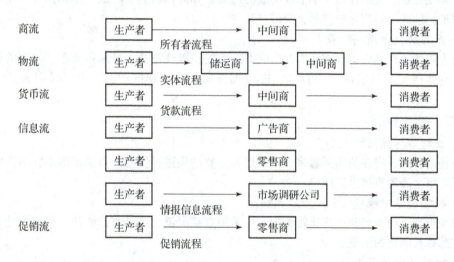

图7-2　分销渠道五大流示意图

因此，渠道的分销效率不仅取决于渠道成员本身的努力，而且取决于相关的支持系统的动作效率，如运输、仓储部门、金融、保险机构、广告、调研、咨询公司等。

任务二　营销渠道设计与选择

扫一扫

渠道设计
影响因素

一、影响分销渠道设计的因素

分销渠道选择得适当与否，对商品能否迅速地进入市场，实现其价值和使用价值，有着重要的影响。这就必须分析影响分销渠道选择的因素。概括起来，影响分销渠道选择的因素主要有以下四个方面：

（一）产品因素

1. 产品的单价

单价较高的产品可以使用较短渠道或直接渠道销售，而单价较低的产品则应采用较长、较宽的渠道。

2．产品的体积和重量

对体积庞大、重量较大的产品可采用较短渠道，避免环节过多增加装卸搬运次数，如机床设备、大型变电设施、起重机等。绝大多数体小量轻的产品可采用较长渠道，广泛分销，扩大市场面。

3．产品的自然属性

对于一些保质期短、易腐烂变质的产品（如水果、蔬菜食品）、易碎产品（如玻璃制品、瓷器、塑料制品）等，必须采取较短渠道，保证产品能够尽快地到达消费者手中；反之，则可选择长渠道。

4．产品的技术性和服务要求

对于技术复杂、售后服务要求高的产品，应选择短且窄的渠道，也可由企业直接销售，如专用汽车、飞机、精密仪器等。对于那些通用性强、服务要求低、标准化产品的销售，则可采用长而宽的渠道。

5．产品的时尚性和季节性

式样变化快、流行性强、季节性明显的产品，如高档玩具、时装、家具，可采用短而宽的渠道；款式不易变化的产品，渠道可长些。

6．产品的生命周期阶段

投入期的新产品，销售难度大，中间商经销的积极性不高，可采用较短、较窄的销售渠道，有些情况下只能由厂家直销；进入成长期和成熟期的产品，则可采用长且宽的渠道。

（二）市场因素

1．目标市场范围的大小

市场范围大，潜在的购买者多，可采用长而宽的渠道；反之，市场范围小，潜在购买者少，可由生产者直接供应用户。

2．顾客的集中程度

如果市场上消费者和用户比较集中，可采用直接渠道、短渠道；消费者和用户分布广泛，宜选择长而宽的渠道。

3．顾客的购买习惯

对顾客购买次数频繁，但每次购买数量少的产品，应采用长且宽的渠道；对不常购买、数量大、服务多的产品，可采用短渠道、窄渠道。另外，针对年轻人、高收入阶层更喜欢到名店购买名牌产品的习惯，尤其像名牌服装、名牌家电，可采用设立专卖店或由名店销售的方式，销售渠道呈现短且窄的特征。对消费者购买时不太在意品牌、讲求购买方便的产品，可以利用较多的中间商，即采用长且宽的渠道。

4．竞争者所使用的销售渠道类型

通常情况下，企业应与同类竞争的产品采用相同或相似的渠道。但如果竞争者已经控制了某些销售渠道时，企业就要另辟销售渠道，避免与强手正面争夺市场。

（三）企业自身因素

1．企业的规模和实力

如果企业规模大、资本实力雄厚、信誉良好，控制渠道的能力就较强，可以自由地选择分销渠道，既可直接销售或选择较短的渠道，也可选择固定中间商经销其产品；而那些规模小、资金有限、缺乏实力的企业，只能依赖中间商扩大销售。

2．企业的管理能力和经验

企业具有较强的营销能力和经验，可以自己直接销售产品，因而渠道可短些；否则只有选择较长的渠道。

3. 企业控制渠道的愿望

有些企业为了有效地控制渠道，宁愿花费较高的分销费用，承担全部的市场风险，建立短而窄的渠道；也有一些企业可能并不希望控制渠道，则可采用长而宽的渠道。

4. 企业的产品组合情况

如果企业的产品组合比较深、比较宽，可以选择较短的渠道，直接向零售商销售；反之，则要选择较长的渠道。

（四）外界环境因素

1. 经济形势

在经济繁荣时，市场需求旺盛，企业可以选择最合适的渠道来进行销售；而当经济衰退时，市场需求下降，通货紧缩，这时企业应尽量减少不必要的流通环节，采用较短的渠道，以控制最终产品的价格。

2. 国家的有关法令政策

在市场经济中，政府已经放开对绝大多数商品的管制，这些商品的销售渠道完全由企业决定；而对极少数关系国计民生的重要商品的销售，还要受到有关法规的限制，如专卖制度（香烟）、专控商品（某些药品）等，需要根据有关政策法规的规定选用相应的销售渠道。

二、分销渠道的设计

分销渠道设计是指建立以前从未存在过的分销渠道或对已经存在的渠道进行变更的营销活动。设计渠道一般包括分析服务产出水平、确定渠道目标、确定渠道结构方案和评估主要渠道方案四个方面。

（一）分析服务产出水平

渠道服务产出水平是指渠道策略对顾客购买商品和服务问题的解决程度。影响渠道服务产出水平的因素主要有五个：

（1）购买批量，是指顾客每次购买商品的数量。

（2）等候时间，是指顾客在订货或现场决定购买后，一直到拿到货物的平均等待时间。

（3）便利程度，是指分销渠道为顾客购买商品提供的方便程度。

（4）选择范围，是指分销渠道提供给顾客的商品花色、品种、数量。

（5）售后服务，是指分销渠道为顾客提供的各种附加服务，包括信贷、送货、安装、维修等内容。

（二）确定渠道目标

渠道目标应表述为目标服务产出水平。无论是创建渠道，还是对原有渠道进行变更，设计者都必须将企业的渠道设计目标明确地列出来。

（三）确定渠道结构方案

有效的渠道设计应该以确定企业所要达到的市场为起点，没有任何一种渠道可以适应所有的企业、所有的产品，尽管是性质相近，甚至是同一种产品，有时也不得不采用迥然不同的分销渠道。

1. 影响渠道结构的基本因素

（1）市场因素：渠道设计深受市场特性的影响。

（2）产品因素：产品因素是影响渠道结构的十分重要的因素。

（3）企业因素：企业在选择分销渠道时，还要考虑企业自身的状况。

2．设计渠道结构方案

明确了企业的渠道目标和影响因素后，企业就可以设计几种渠道方案以备选择。一个渠道选择方案包括三方面的要素，即渠道的长度策略、渠道的宽度策略和商业中介结构的类型。

（四） 评估主要渠道方案

评估主要渠道方案的任务，是解决在那些看起来都可行的渠道结构方案中，选择出最能满足企业长期营销目标的渠道结构方案。因此，必须运用一定的标准对渠道进行全面评价。其中常用的有经济性、可控制性和适应性三方面的标准。

（1） 经济性标准：企业的最终目的在于获取最佳经济效益，因此，经济效益方面主要考虑的是每一条渠道的销售额与成本的关系。

（2） 控制程度：企业对渠道的控制力方面，自销当然比利用销售代理更有利。

（3） 适应性：市场需求和由此产生的各个方面的变化，要求企业有一定的适应能力。

三、分销渠道设计的原则

1．高效原则

企业分销渠道选择的首要原则是缩短商品的流通时间，降低流通费用，将商品尽快地送达消费者或用户手中，这样企业才能获得最大的经济效益。因而，高效率是渠道设计的第一原则。

2．稳定性原则

企业分销渠道一经确定，需要花费一定的人力、物力、财力去维护和巩固，整个过程往往比较复杂。因而，一般要求不要轻易更换渠道成员，更不能随意转换渠道模式。在运营过程中由于市场情况的变化，分销渠道常常会出现一些不适，这时企业可以对分销渠道进行适度调整，以便适应市场的新情况、新变化，保持渠道的适应力和生命力。

3．协调性原则

企业在选择、管理分销渠道时，应当有全局意识，不能只单纯追求利益最大化而忽略其他渠道成员的局部利益，应合理分配各个渠道成员间的利益，保持渠道成员间利益的均衡，使其风险共担、利益共享。只有这样才能使企业总体目标得以实现。

4．灵活性原则

企业在选择分销渠道时，为了争取在竞争中的优势地位，要注意发挥企业核心竞争优势，将渠道设计与企业的整体营销策略相结合。同时也强调灵活性，只有这样，企业才能保持整体的竞争优势。

四、新零售下的批发商与零售商

（一） 新零售

阿里巴巴集团 CEO 张勇：利用互联网的思想和技术去全面改革和升级现有的约 30 万亿社会零售商品总量，使中国消费者日益升级的消费需求可以得到有效的满足，使整个商品生产、流通、服务的过程因为互联网、大数据的广泛运用变得更加高效。

小米科技创始人雷军：我觉得不管是电商，还是线下的连锁店、零售店，本质上要改善效率，只有改善效率，中国的产品才会越来越好，中国老百姓的购买需求才会极大地释放出来。

概括地说，新零售就是个人或企业以互联网为依托，通过运用大数据、人工智能等先进技术手段并运用心理学知识，对产品的生产、流通销售过程进行改造，重塑业态结构与生态圈，开展线上服务线下体验以及现代物流深度融合的零售新模式。

【行业经验】

内蒙古伊利实业集团股份有限公司（以下简称伊利集团）副总裁张轶鹏，于2020年11月26日出席《中国经营报》和中经未来举办的"2020年中国新消费高峰论坛"时介绍了伊利集团经济"双循环"的商业趋势下如何利用好新技术、新规则给自己的发展带来新动能，同时举了一些例子印证伊利集团在科技化和国际化上做出的努力。

他谈道，伊利在疫情下还实现了前三季度利润7%的增长，新的消费需求给伊利带来了巨大的潜力。

突如其来的疫情，让消费品市场都面临着巨大的冲击和挑战，乳制品同样也如此。在一季度疫情最艰难的时刻，伊利的销售市场也受到了巨大的挑战。但后期由于整个渠道发生了一些变化，二季度环比增长实现了22%的增幅，三季度基本进入正轨，全年前三季度营收跟去年同期相比，还实现了7.42%的增长，利润也实现了7%的增长。

总的来看，前三季度的情况跟疫情相比，觉得出乎意料。

从整个2020年的消费市场的变化来看，前不久商务部也公开了一组数据，从这组数据中可以明显地感觉到网络零售方面有了一个很大的提升，全年的网络零售实现了9.1万亿这样的一个数额，跟去年同期相比实现了10%的增长。

他说，虽然疫情给我们带来了很大的挑战和冲击，但是新的销售模式和渠道应该也给我们带来了新的机遇和挑战。当然，新的消费需求也给我们带来了巨大的潜力。

从大的背景来看，我们国家提出了以国内大循环为主体，国内国际双循环，互相促进的新的发展格局。与此同时，前不久又制定了国民经济和社会发展的"十四五"规划。近日我们国家又签订了《区域全面经济伙伴关系协定》，从大的政策来看这些也是一个利好，特别是对于我们消费者，对于新消费的需求也是一个利好。

一方面，我们想要加快线上和线下的有机融合；另一方面，我们也推动整个产业链在资源配置、产品创新、市场渠道创新方面形成合力，助力双循环。

（网络资料）

（二）批发商的含义与类型

批发是指将商品出售给除最终消费者以外的购买者的销售活动。主要从事批发业务，为最终消费者以外的购买者服务的商业机构和个人称为批发商。批发商的类型通常分为以下几种：

1. 商人批发商

商人批发商又称经销批发商，简称批发商，是指独立从事批发业务，并对其经营的商品拥有所有权的中间商，这是批发商的主要类型。它可进一步分为完全服务批发商和有限服务批发商。

完全服务批发商，执行批发的全部职能，提供所有的批发服务，如购、销、运、存、提供信贷、送货、协助管理等，具体又可分为主要服务于零售商的综合批发商与主要服务于生产者的工业配销商。

有限服务批发商，只执行部分批发职能，提供较少的服务，如现金交易批发商、承销批发商、邮购批发商等。

2. 经纪人和代理商

经纪人和代理商都是不拥有商品所有权的批发商，只执行有限的批发职能，或受生产者委托，寻找购买者；或受需求者委托，与销售者联系。其主要职能是在买卖双方之间起媒介作用，为促成交易提供便利。

经纪人，既无商品所有权，也无现货，但他们有广泛的联系，掌握市场上买卖双方的购销信息，为买卖双方牵线搭桥，促成他们直接谈判，达成交易，从中收取佣金。经纪人多见于房地产业、证券交易、期货交易、广告业务、保险业务等。

代理商，对其经营的商品不拥有所有权，主要是代表买方或卖方在市场上从事营销活动，负责寻找顾客，与顾客洽谈。办理代购、代销、代储、代运业务，从中收取一定的佣金或代销费。代理商按其与生产者之间业务购销联系的紧密程度，又可分为生产者的代理商、销售代理商、采购代理商、寄售代理商等。

3. 生产者的销售机构和办事处

生产者的销售机构是专门从事批发业务，执行批发职能的机构。这种销售机构有一定的商品储存，其形式如同商人批发商，只是隶属于生产者，生产者的销售办事处主要从事商品的销售业务，但是它没有仓储设施和存货，是生产者驻外的业务代办机构。

4. 其他批发商

除了上述几种批发商外，还有一些专业批发商，如农副产品批发商、石油批发站、拍卖行等，是一些特殊类型的批发商。

【行业动态】

促进汽车消费三大政策解读：加大扶持中小经销商

央视网（2020年4月）消息：国务院常务会议促进汽车消费三大政策中的第二条，是中央财政采取以奖代补方式，支持京津冀等重点地区淘汰国三及以下排放标准柴油货车。专家普遍认为，这条政策将鼓励升级换代新能源或国五、国六绿色清洁的燃油货车。而在三大政策中，对二手车经销企业销售旧车减收增值税，将加速二手车市场流通。

专家指出，按照此前的增值税政策，二手车经销企业收购二手车后再销售，无论是否有增值收入，都要按照二手车销售额全额的2%计算缴纳增值税。而这次的政策为：对二手车经销企业销售旧车，从今年5月1日至2023年年底减按销售额0.5%征收增值税。

中国汽车流通协会副秘书长罗磊：中国的二手车市场的经营主体是偏小、偏散、偏弱的，通过对二手车经销企业的扶持或者减税，让这些中小企业得到迅速成长。

中国汽车流通协会的统计，2019年全国二手车交易额达到1万亿元的规模，在北京、上海、广州等一线城市，置换对新车消费的拉动超过了40%，这次对二手车销售额增值税降低了75%，将大大刺激二手车市场活跃。

中国汽车流通协会副秘书长 罗磊：过去的税点，一个企业卖一辆10万元的二手车需要交2000元税款，改革以后，只需要交500元，应该说幅度是非常大的。

（网络资料）

（三）零售商的含义及类型

零售是指将商品出售给最终消费者，以满足其生活消费需要的销售活动。主要从事零售业务、为最终消费者服务的商业机构和个人，称为零售商。它处于商品流通的最终环节，是渠道的"出口"，商品经过零售环节，退出流通领域，进入消费领域。零售商的类型主要有以下几种：

1. 百货商店

百货商店通常规模较大，经营范围广，商品种类繁多，花色品种齐全，以经营优质、高档、时髦商品为主，一般设立于城镇交通中心和商业中心，是零售业重要的组成部分，也是零售业中最早出现的一种形式。

2. 专业商店

专门经营某一类商品或其中的一部分、专业化程度较高的零售商，如体育用品商店、书店、家具店等；或经营其中的部分商品，如运动器材商店、外文书店、红木家具店等。由于市场细分的影响，近年来这类拥有系列化产品、规格齐全的专业商店发展很快，它便于消费者挑选，可满足顾客的各种特殊需要。

3. 超级市场

超级市场是一种规模大、低成本、低毛利、存货周转快、采取顾客自我服务方式的零售机构。超级市场最初只经营食品，后来逐渐增加了化妆品、家庭日常用品、纺织品等。超级市场由于大批量进货而降低了进货成本，由于采取顾客自我服务，减少了营业人员，也减少了经营费用，因此，使超级市场能以较低的价格出售商品，从而促进了产品的销售，加快了存货的周转。

4. 方便商店

方便商店是设在居民区的规模较小的零售商店，主要经营生活日用品、食品、日用杂货等。它的营业时间较长，甚至24小时营业，节假日不休息，价格也较高，主要以营业时间和地理位置之便争取客户。

5. 折扣商店

折扣商店是以低于一般商店的价格向消费者出售标准产品的商店。商店通常设在租金较低的地段，采用自我服务的售货方式，尽量减少设施及服务，以此来降低费用，支持商品的低价销售。折扣商店提供的都是有质量保证的产品，低价并不意味着质量差。

6. 购物中心

购物中心是整体设计的零售商业群。它包括各种公共服务设施，即集购物、休闲、娱乐、餐饮及教育、文化等功能于一体。它的主要特点：产权统一，并有完整的组织体系，能够实现顾客"一次购买所需商品"的目的，并拥有足够的停车场。购物中心是迄今为止最完美的零售场所。

7. 连锁商店

连锁商店是由多家出售同类商品的零售商组成的一种规模较大的联合经营组织，实行统一店名、统一采购、统一销售、统一装潢风格、统一价格等。它们少则几家，多则百家以上连锁，由中心组织，统一向生产者进货，以扩大订购批量，获得最大限度的价格优惠，提高竞争能力。

8. 不设店铺的零售商

它主要包括邮购、上门推销、自动售货机、流动售货等。

9. 其他类型的零售商

如供销合作社、城市个体市场、农村集市贸易等零售组织，也发挥零售商的作用。随着社会生产的发展和消费需求的变化，尤其是电子技术的广泛应用，新的销售形式将不断涌现，如网上营销、直复营销、电话营销、无店铺营销等。

⊠ **资料链接**

2020年3月17日，国家市场监督管理总局发布《全国重点工业产品质量安全监管目录（2020年版）》的通知，经销商如果销售无3C认证电摩、销售不合格电动自行车、超标电动车、电池、充电器等产品将会被处以下架、召回等处罚，企业和经销商还面临巨额罚款，风险极大。

（网络资料）

【初心茶坊】

中间商应自律自洁，懂法守法，诚信经营。

扫一扫

渠道策略

任务三　分销渠道管理

一、选择渠道成员

渠道成员是指参与商品流通的各类中间商，选择渠道成员也即选择中间商。选用哪些中间商来构建产品的分销渠道是极其重要的。因为这些中间商的销售能力直接关系到渠道的分销功能，中间商的选择也是对风险的选择。如果选择那些缺乏销售能力和推销不够积极的中间商，分销效率就很低；如果选择的中间商不讲信誉，货款可能就难以收回。所以，企业应当制定一定的标准，并按此标准来评价和选择中间商。

（1）中间商的地理位置。应当是最接近目标市场，顾客方便光顾的地方。

（2）中间商的信誉。信誉是企业的无价之宝。在选择中间商时，应对其资信状况、知名度进行认真审查，警惕不法分子的诈骗行为。

（3）中间商的资本实力。资本实力强的中间商通常能够及时地返还货款，加速企业的资金流动。同时，中间商的资本实力也是其经营实力的标志之一，他们通常能采用先进的商业技术和销售方式，市场营销能力和管理能力也会较强。

（4）中间商的经营能力。主要是指中间商的市场覆盖面、业务人员的素质、目前经营景气程度、未来的销售增长潜力、提供服务的能力以及储存、运输等设备条件。

（5）合作的意愿。选择中间商，应该选择具有强烈合作意愿和动机，愿意推销企业产品的中间商。如果没有合作的意愿和诚意，勉为其难，有可能要付出昂贵的激励成本，或者分销渠道不尽如人意。

（6）与公众、政府以及顾客的关系。中间商不仅要和生产者打交道，而且要获得公众、政府的支持和容纳。因此，良好的公众关系、政府关系、顾客关系是一个中间商生存和发展的重要条件，也是选择中间商的一个重要条件。

二、激励渠道成员

选择中间商以后，生产者要不断地给予激励，以促使他们提高经营水平。生产者与中间商是相互依存、相互合作的关系，但同时又具有各自独立的经济利益。生产者应采取必要的措施，以激励中间商出色地完成任务。这些激励措施包括：

（1）向中间商提供适销对路的产品。生产者根据市场需求不断开发新产品，提高产品适销率，从根本上为中间商创造良好的销售基础。

（2）开展各种促销活动。企业应协助中间商开展各种促销活动，如广告宣传、邮寄宣传品、布置店堂、派人协助开展各种营业推广活动等。这样能够引起消费者的购买欲望，市场前景乐观，也会引起中间商参与分销的欲望和兴趣。

（3）扶持中间商。这主要包括三个方面：一是向中间商提供必要的资金支持或使用优惠的付款方式；二是向中间商提供信息情报及有关服务；三是协助中间商开展经营活动，如帮助中间商培训维修人员、策划商品陈列等。

（4）与中间商结成长期的伙伴关系。生产者要注意与中间商之间的长期配合，考虑彼此的基本需要及利益，建立互助的合作关系。在长期的合作中，互惠互利，利益均沾，共谋发展。

三、评估渠道成员

生产者应定期对渠道成员的工作绩效进行评估。评估的主要内容有：销售指标完成情况、平均存货水平、向顾客交货的速度、对损坏和遗失商品的处理、促销方面的合作、货款回收情况、为顾客提供的服务等。

评价的目的在于掌握销售动态，及时发现问题。一方面，对绩效好的中间商给予一定的奖励，必要时可淘汰一部分中间商；另一方面，可对企业现有的分销渠道进行必要的调整，使之更趋合理。

四、渠道的调整

随着消费者或用户购买方式的变化、市场的扩大、产品进入生命周期的新阶段、新的竞争者的出现等，生产者应对分销渠道进行必要的调整，以适应市场的需要。生产者对分销渠道的调整分为三种方式：

（一）增减某些渠道成员

当某个中间商经营不善且影响到整个分销渠道时，生产者应考虑终止与该中间商的协作关系，并在适当的时候，增加能力较强的中间商。

（二）增减某些分销渠道

当某些市场部分的营销环境、市场需求或顾客的购买能力都发生了很大变化时，生产者原有的分销渠道不能有效地将产品送达目标顾客或只依靠原有的分销渠道不能满足目标顾客的需求时，生产者应考虑增加或减少某些分销渠道。

（三）调整整个分销渠道

企业对以前所选择的分销渠道做较大规模的改进，甚至完全废弃原有的分销渠道，重新组建新的分销系统。例如，报社、杂志社将通过邮局发行报刊改为自办发行；我国禁止任何形式的传销活动后，有的企业改为通过店铺进行销售等，都属于这种调整方式。

⊠ 资料链接

2019 年 1 月 1 日，天津市公安机关对权健自然医学科技发展有限公司涉嫌组织、领导传销活动罪和虚假广告罪立案侦查。1 月 2 日，对在权健肿瘤医院涉嫌非法行医的朱某某立案侦查。截至 1 月 7 日，已对束某某（男，51 岁，权健公司实际控制人）等 18 名犯罪嫌疑人依法刑事拘留，对另 2 名犯罪嫌疑人依法取保候审。

（网络资料）

【初心茶坊】

窜货也称倒货、冲货，指未经生产商许可经销商或者代理商及其下属公司跨越规定销售区域进行销售的行为。窜货现象大多是一些无良的唯利是图的经销商因为自己的利益而无视合同协议，跨地区进行恶意竞争性销售，置整个市场和厂家信誉于不顾的扰乱市场的行为。每一个经营者都应该诚信经营、合法经营，信守行规与约定，告诫从业者践行社会主义核心价值观，严守规矩，在遵守合同条约下公平竞争，信守承诺，按时履约。

【任务实施】

实训 7-1 分销渠道

一、实训目的

熟练掌握分销渠道有关内容。

二、实训内容

选择一家企业，对其分销渠道进行调查分析。

三、实训要求

1. 选择你所熟悉的某一企业，对其分销渠道情况进行调研。
2. 必须进行实地调查，获取第一手及第二手资料。
3. 形成调查报告，并由教师进行分析总评。

四、实训组织

1. 在教师的指导下，学生进行适当分组。
2. 实训结束后，各组交流信息调查情况。

实训 7-2　分销渠道方案选择

宝鸡长岭电子科技有限责任公司生产的长岭电冰箱要销往甘肃天水，有如下 3 种销售渠道方案可供选择：

方案一：假设在天水开设一个门市部，每月可销售 300 台电冰箱，生产成本每台 1 200 元，宝鸡运往天水的费用为每台 75 元，总成本为 1 275 元，在天水的零售价每台为 1 650 元，每台利润 375 元，每月盈利 75 000 元，这个门市部的房租每月为 45 000 元，工作人员的工资和其他费用为 15 000 元。

方案二：假设在宝鸡找一个家电批发商，通过该批发商把冰箱销往天水，每月可销售 180 台，每台售价 1 275 元（不包括运费），每台利润 75 元。

方案三：假设在天水找三家特约经销商，他们在天水每月可销售 450 台冰箱，每台售价 1 365 元（含运费），每台利润 90 元。

思考：选择哪种方案比较好？

【学以致用】

一、名词解释

1. 分销渠道
2. 中间商
3. 批发商
4. 零售商
5. 代理商
6. 直接渠道

二、问答题

1. 分销渠道的功能和特点是什么？
2. 选择渠道成员应考虑哪些因素？
3. 零售商的类型有哪些？
4. 商品营销的新形式有哪几种？

三、案例分析题

格力电器致力于发展线下渠道。公司在全国拥有 26 家区域性销售公司，4 万多家网点。公司销售主要依赖于专卖店模式，专卖店销量占总销量的 80% 左右。

格力线下专卖店可以分为销售公司直营专卖店、代理商直营、专卖店及经销商专卖店三种。公司销售由区域性销售公司负责，区域性销售公司负责区域内代理商及经销商的对接与管理，从销售层级来看，经销商门店层级最长，需要经过"格力电器—区域性销售公司—代理商—经销商"多个层级；而电商渠道相对较短，只需经过"格力电器—电商"或者"格力电器—区域性销售公司—电商"，层级明显缩减。

区域性销售公司首创于1997年，集中了区域内优质经销商资源，进一步增强了公司对渠道的把控力。在区域性销售公司成立前，区域内多家经销商各自为政。1996年，格力在湖北的4家空调经销商为抢占市场份额竞相降价、窜货，进行恶性竞争，使格力空调的市场价格混乱，公司利益受损。基于此，格力第一家区域性销售公司由此诞生，当时格力和湖北经销商联合，成立以资产为纽带，以格力品牌为旗帜，互利双赢的经济联合体——湖北格力空调销售公司。区域性销售公司联合了每个区域的大型经销商，共同出资参股组建销售公司，格力输出品牌和管理，统一了渠道、网络、市场和服务，产权清晰，激励机制明确，有助于将制造商与经销商组成利益共同体。

返利政策是格力渠道布局的重要举措。1995年，格力自创"淡季返利"的销售政策，鼓励客户在淡季投入资金，依据经销商淡季投入资金数量，给予相应价格优惠或补偿等，既解决了公司淡季生产资金短缺，又缓解了旺季供货压力。

淡季返利在一定程度上能够平衡公司生产和销售的季节性波动。销售返利在拉动经销商积极性的同时也形成了富余的利润蓄水池。长期以来，格力对销售返利采用"无纸化操作"，根据公司公告等公开资料可知，格力的销售返利以非现金支付，销售返利的计提和兑现主要影响"销售费用"和"其他流动负债"这两个科目，返利的计提和兑现力度变动会影响利润。

格力自建渠道，简单极致，干脆透彻，对经销商的掌控能力非常强，尤其是现在格力空调在消费者心中的定位根深蒂固，格力和下游经销商的关系会形成极其稳固的利益共同体。

目前国内三大白电龙头中，美的集团取消二级经销商，线上对天猫和京东等第三方电商平台的依赖性相对较高，自有渠道销售占比相对低。海尔智家此前改革经销体系，将原有体系内的工贸公司变革为小微公司，划分至体系外，由小微公司自负盈亏，2018年年底自有渠道涵盖8 000多家县级专卖店、3万余家乡镇网络。

格力电器通过区域性销售公司、返利政策及将经销商引入股权结构等深度绑定了公司与经销商的利益，具备对渠道的高度话语权。2018年年底，公司在国内拥有26家区域性销售公司和4万多家网点。格力通过区域性销售公司和返利政策筑就了强大的线下渠道体系，线上渠道布局相对较少。格力已意识到自身在线上渠道的弱势，正在逐步布局发力，而现在格力电器面临着线上电商的冲击，格力电器现在线上销售占比较小，它的确对于线上发展比美的稍微晚了一些。

为什么格力小家电在线下经销商卖不开？格力空调经销商，格力公司也会分配适量小家电给他们来销售，但是这些经销商普遍不太愿意销售这些产品，因为线下没有什么零售网点，像电饭煲这些产品只能摆在空调专卖店来卖，但极少有人买个电饭煲会跑去格力空调专卖店，除非是格力的忠实粉丝，所以销售量比较小，而且格力的经销商卖空调卖习惯了，不愿意改变一些营销思路卖小家电产品，还有一点现在格力的小家电和冰洗的产能也不够。

董明珠在2020年的业绩说明会上表示，这目前仍是困扰着格力的问题。她认为，一方面线上渠道已是潮流，格力必须走新零售模式；另一方面，格力仍有着数万个线下经销商，如何做好线上线下的结合，格力正在慎重探索中。"我们也调查过，很多企业线上卖着卖着，把自己都卖没了，因为打价格战，没有利润。然后线上还要收费，很多小企业根本支撑不起。如果要在线上卖，要不就偷工减料，就像我们看到奥克斯的现状，但格力是做品牌的，绝不能放弃质量求得短期的效益和规模。"

董明珠说："如何变革，我们压力是很大的，如果我们抛弃线下，纯走线上，本身就是不负责任的态度，因为我们看到很多企业，纯走线上，靠打价格战，最后失去了自己的竞争力。我们怎么走线上线下，还是要尽责任。上百万的经销商队伍，如果我们一刀切，那这一百万人就失业了。"

董明珠表示，格力和空调行业正面临一场变革。"我们现在正在研究，线下的经销商如何和线上结合起来，这是我们正在做的，这就相当于1997年打价格战的市场混乱局面，如何改变，我们自己已经取得了很多经验，但这同样又是一次新的革命。"她认为，格力渠道的变革势在必行，但是怎么变，最重要的是共赢。另外，董明珠还谈到了格力产品线的调整方向。她表示，由于消费者对格力的印象就是空调，格力长期倚重线下销售渠道，而格力经销商长期以空调的思路销售小家电，导致格力小家电发展并不尽如人意。"格力是做空调起家的，目前80%的营收占比仍是空调，但如今格力在空调以外早有开拓，冰箱、洗衣机等家电产业链都已布局到位，这种布局为我们下一步做'智能家'做好了充分的准备。"

分析：格力电器如何进行渠道改革？如何平衡线上线下发展？

四、综合实训

企业分销渠道分析

（一）实训目的

1. 熟悉、掌握中小企业是如何选择分销渠道模式的。

2. 了解企业现有渠道运行的状况及存在的问题。

3. 了解企业是如何化解渠道矛盾和冲突的。

（二）实训组织

在人员组织分工上要合理，视班级人数来确定小组，每一小组人数以5~8人为宜，小组中要合理分工；各小组在听取介绍及调查的基础上，收集某企业的分销渠道情况，并整理分析形成小组课题报告。

（三）实训内容及要求

1. 选择学校所在城市，对该城市的不同行业的企业进行分类。小组根据所选行业、调查的目的、内容，统一制作调查问卷。

2. 进行实地调查，对所选择的行业内企业进行走访，了解其渠道选择、渠道运行、渠道管理的状况。

3. 总结走访企业的渠道状况及渠道选择的一般模式。

4. 指出调查企业渠道设计、运行、管理中的问题。

5. 针对渠道运行中存在的问题，提出具体的解决措施。

设计促销策略

学习目标

● 知识目标

1. 了解促销的概念和实质。
2. 熟悉各种促销方式的特点和适用条件。
3. 掌握各种促销策略和方法，并能够加以运用。

● 能力目标

1. 通过模拟情景训练，提高对人员促销、广告促销策略的认知水平。
2. 通过基础素养及职业判断能力训练，提高对促销策略重要性的认识。
3. 通过职业技术能力训练，提高学生的语言沟通及交往能力。
4. 通过职业分析能力训练，增强团队沟通与协作能力。

● 素质目标

1. 培育并践行社会主义核心价值观。
2. 培养营销人员、公关人员以及广告从业人员的法治意识和职业道德。
3. 严格遵守国家相关法律，增强责任担当意识。
4. 培养社会责任感、民族自豪感，激发强烈的爱国情怀，塑造大国公民形象。

⊠ 案例导入

广药集团　试水文创联手电竞

2018 英雄联盟职业联赛夏季赛刚刚拉开帷幕，6 月 11 日，全网 13 家平台同步直播了 BLG 战队在 LPL 的开门红，浏览量高达 3000 万人次。有趣的是，BLG 队服上出现了熟悉的品牌——白云山板蓝根。"板蓝根真的赞助了 B 站的电竞队？""BLG 难道不就是板蓝根的缩写吗？"这个奇妙的组合瞬间引发了网友们极大的热议，各大自媒体纷纷"蹭热点"，自发传播"B 站电竞队拿下板蓝根赞助"的相关内容。由 BLG 战队粉丝们发起的谐音梗，白云山板蓝根顺势接梗玩梗，被网友戏称为"广告鬼才""教科书般的广告植入"，不断在互动中为自身品牌创造曝光价值，成功地获得了用户们的认可和好感。

2019 年伊始，全球瞩目的世界经济论坛在瑞士小镇达沃斯落下帷幕。会议期间，广药集团积极向与会嘉宾展示包括葫芦文化、凉茶文化在内的中华医药文化，将广药葫芦作为广州手信赠送给与会嘉宾，寓意吉祥、健康、福禄的"广药葫芦"受到众多外宾的青睐。其实，广药葫芦作为代表中华医药文化的"手信"，被广药集团用于多种场合，正是意在打造医药界的知名 IP。

据了解，2018 年，广药集团以"葫芦里装广药"为设计理念，制作了一批代表广药形象的"广药葫芦"，葫芦上除刻有集团 LOGO 与企业理念以外，还刻有寓意长寿的十二家中华老字号图案、寓意吉祥与健康的神农图案与八卦图案，里面装有广药集团旗下的名优产品。

同时拥有王老吉、白云山、中一、奇星、陈李济等众多驰名商标，以及金戈、抗之霸、大神、消渴丸、滋肾育胎丸等知名品牌的广药集团，为何要花力气在一个葫芦上做文章？对于传统的制药企业，联手电竞，试水文创产品，这背后的逻辑究竟是什么？

任务描述

刘丽是某大学市场营销专业大二学生，其父亲是市区某家商场的总经理。暑期期间刘丽到父亲所在商场进行勤工俭学。父亲要求她到各个岗位进行轮岗锻炼，熟悉各环节的业务，结合自己所学的营销知识，对商场现有的促销策略进行分析，并提出改进意见及建议。

任务分解

通过互联网查询成功企业促销策略案例；熟悉产品促销相关理论知识，对现有企业的促销策略进行解读、分析；对企业的外部环境及内部环境进行分析；结合企业实际对现有的促销策略提出改进建议。

知识准备

促销是促进销售的重要环节。要掌握人员推销、广告、营业推广、公共关系及网络营销等各种促销方式的组合使用。

扫一扫

促销组合

任务一　沟通与促销组合

一、沟通与促销的含义

（一）沟通的含义、形式

沟通（Communication），就是沟通者（即信息的提供者与发布者）发出作为刺激物的信息，并把信息传递到一个或多个目标对象（即信息的接受者，包括读者、观众、听众、消费者或用户等），以影响其态度和行为的活动过程。在企业的经营活动中，要经常开展对顾客、供应商、银行、中间商、政府和社会公众的沟通活动。但沟通活动的重点是说服，它是指沟通者有意识地选择信息和媒介，以便对特定的沟通对象的态度和行为进行有效的影响。一个有效的沟通模式应包括：谁、说什么、用什么渠道、对谁说、要达到什么效果等要素。

沟通的本质是双方进行双向交流与互动，彼此理解和认同，从而接纳对方的观点，偏爱对方的产品和服务的过程。沟通是一个信息传递的过程，一个完整的沟通过程包括输出者、接受者、信息、沟通渠道四个要素。

沟通按照不同的标准可以分为以下几种形式：

（1）按照沟通符号的种类分为语言沟通和非语言沟通。语言沟通是人类特有的非常有效的沟通方式，包括口头沟通和书面沟通；非语言沟通包括声音语气、肢体动作等，最有效的沟通是这两者的结合。

（2）按照是否是系统性和结构性的，可以分为正式沟通和非正式沟通。正式沟通指在组织系统内按照规定的原则进行的信息传递与交流。比如文件传达、召开会议等。非正式沟通是正式沟通渠道以外的，比如私人间谈话寒暄等。

（3）按照沟通在群体或组织中传递的方向，可分为上行沟通、下行沟通和平行沟通。上行沟通是指下级向上级反映意见、请示、汇报等自下而上的沟通；下行沟通由上级向下级发出的沟通，比如下达命令、指示、派发任务等；平行沟通是具有相对等同职权地位的部门与人之间的沟通，双方是平级关系，大多是工作配合协调。

（4）按照沟通中的互动性及是否反馈，可分为单向沟通和双向沟通。单项沟通指一方只发送信息，另一方只接受信息，比如作报告、演讲；双向沟通中信息的发送者和接受者之间的位置不断交换，双方是协商的姿态，如交换、商务谈判等。

（二）促销的含义与作用

促销（Promotion），是指企业通过人员和非人员的方式把产品和服务的有关信息传递给顾客，以激起顾客的购买欲望，影响和促成顾客购买行为，或者促使顾客对卖方及其产品产生好感和信任度的全部活动的总称。

促销的实质就是传递和沟通信息。在营销活动中，购销双方信息传递和沟通的方式有两种。一种是单向沟通，即一方发出信息另一方接受信息。单向沟通既可以是买方—卖方信息传递，如顾客意见书、消费者评议；也可以是卖方—买方的信息传递，如商业广告、宣传报道、商品包装说明等。另一种是双向沟通，即买卖双方相互交流信息，如推销人员通过上门推销、现场销售等方式把产品直接介绍给消费者，消费者也可把自己的需求情况及时反馈给推销人员。

促销作为信息传递与沟通的手段，其作用主要体现在以下方面。

（1）传递信息，沟通情报。促销工作的核心是沟通信息，企业通过一定的促销宣传，向消费者传递企业产品或服务有关信息，引起消费者注意，激发其购买欲望，以便实现销售。

（2）突出特色，创造需求。随着人们收入水平的提高，消费者需求趋向个性化、差异化，有时产品微小的差异可以给企业带来丰厚的利润。因而，企业应突出宣传产品的特点，诱导和激发消费，创造需求。

（3）强化形象，巩固市场。企业声誉直接影响其产品销售，通过促销活动，可以树立良好的企业形象和产品形象，提高产品知名度，使更多的消费者或用户了解、熟悉和信任本企业，从而巩固和扩大市场占有率。

✉ **相关链接**

九种可以和客户瞬间引起聊天话题的技巧，帮助你打开销售成功的大门。

第一，聊天气

比如"今天的天气真不错啊"等，从天气入手打开聊天的局面，双方都会很轻松地进入沟通的话题当中。

第二，聊热点新闻、明星八卦

关注时事新闻，比如："听说冒险王失踪有可疑。"

通过一个热点瞬间打开话题。

第三，聊家乡旅游

比如："我去过你们那著名的药王庙。"

从家乡旅游入手谈些双方感兴趣的话题，从而让双方的话题不断。

第四，聊家人

比如："王姐，这是您的孩子吧，长这么大了，太可爱了，小朋友上几年级啦？"你看几句轻松的话题，让客户就完全没有了芥蒂之心，接下来的沟通当然就更顺畅了。

第五，聊养生

例如："张姐，您身体保养的这么好，是怎么保养的啊？"

"王总，我看您也是经常熬夜，所以要多吃点水果，可以补充维生素，多吃点全谷类食品还可以保持良好的情绪状态。"

没有谁对养生不感兴趣的，一个无形的关心或赞美，可以让对方对你刮目相看，当然话题也就自然而然地展开了。

第六，聊衣着

比如："王姐您穿的这身衣服在哪里买的？太有气质了。"

"张总您这身西装穿得真精神，您是定做的吗？"

通过从对方的衣装打扮入手展开话题，谁都想自己穿得有品位有气质，这样的话题对方也会感兴趣。

第七，聊饮食风俗习惯，当地特产

美食是很多人都感兴趣的，比如中国的八大菜系、私房菜，都可以作为我们的话题来引入。

比如："王姐您上次做的那个红烧鱼实在是太好吃了，怎么做的？改天教教我呗！"

饮食话题客户往往都不会拒绝回答，成功地打开客户的兴趣话题，从而顺利地进入主题中。

第八，聊住所

比如："我好像在哪见过您，您住的地方离公司远吗？"

当然聊对方的住所有时会涉及隐私，不熟的客人尽量少用。

第九，聊爱好

比如："您喜欢羽毛球吗？我很喜欢，可惜就是打得不好，改天有时间一定要向您学习一下。"

每个人都会有爱好，通过对方的爱好来展开话题，往往就会容易很多。

二、促销的步骤

为了成功地把企业及产品的有关信息传递给目标受众，企业需要有步骤、分阶段地进行促销活动。促销包括以下步骤：

（一）确定目标受众

企业在促销开始时就要明确目标受众是谁，是潜在购买者还是正在使用者，是老人还是儿童，是男性还是女性，是高收入者还是低收入者。确定目标受众是促销的基础，它决定了企业传播信息应该说什么（信息内容），怎么说（信息结构和形式），什么时间说（信息发布时间），通过什么说（传播媒体）和由谁说（信息来源）。

（二）确定沟通目标

确定沟通目标就是确定沟通所希望得到的反应。消费者的购买过程一般包括6个阶段：知晓、认识、喜欢、偏好、确信和购买。企业应明确目标受众处于购买过程的哪个阶段，并将促使消费者进入下一个阶段作为沟通的目标。

（三）设计促销信息

一个理想的信息应引起被影响者的注意，增加其兴趣，激发其欲望，促使其购买。设计促销信息，需要解决四个问题：一是信息内容，如洗衣粉宣传去污力强，空调宣传制冷效果好，冰箱突出保鲜等。二是信息结构，即信息传递的顺序。三是信息形式，信息形式的选择对信息的传播效果具有至关重要的作用。在印刷广告中，传播者必须决定标题、文案、插图和色彩，以及信息的版面位置等。四是信息来源，由谁来传播信息对信息的传播效果具有重要影响。高露洁公司请牙科医生推荐牙膏，长岭冰箱厂请中科院院士推荐冰箱等。

（四）选择沟通渠道

信息沟通渠道通常分为两类：人员沟通与非人员沟通。人员沟通渠道是指涉及两个或更多的人的相互间的直接沟通，人员沟通是一种双向沟通方式。非人员沟通渠道指不经人员接触和交流而进行的一种信息沟通方式，是一种单向沟通方式。包括大众传播媒体（Mass Media）、气氛（Atmosphere）和事件（Events）等。

（五）制定促销预算

促销预算是企业面临的最难做的营销决策之一。不同行业之间、企业之间的促销预算差别相当大。在快消品及化妆品行业，促销费用可能达到销售额的 20%～30%，甚至 30%～50%，而在机械制造行业中仅为 10%～20%。常用的促销预算制定方法有以下几种：

1. 量力支出法

这是一种量力而行的预算方法，即企业以本身的支付能力为基础确定促销活动的费用。这种方法简单易行，但忽略了促销与销售量的因果关系，而且企业每年财力不一，从而促销预算也经常波动。

2. 销售额百分比法

即依照销售额的一定百分比来制定促销预算。

3. 竞争对等法

主要根据竞争者的促销费用来确定企业自身的促销预算。

4. 目标任务法

企业首先确定促销目标，然后确定达到目标所要完成的任务，最后估算完成这些任务所需的费用，这种预算方法即为目标任务法。

（六）确定促销组合

促销包括四种方式：人员推销、广告、营业推广和公共关系。这四种促销形式的有机结、综合运用就是促销组合。由于四种促销方式的特点不同，促销费用也不相同，企业在选择促销方式时，应综合考虑促销目标、各种促销方式的适应性和企业的资金状况，进行合理的选择。如可口可乐主要依靠广告促销，而安利则主要通过人员推销。

（七）编制促销计划

计划是行动的纲领，要落实促销活动，必须提前编写促销计划，促销计划包括：

（1）与商品相关的促销计划，如商品质量、卫生、安全性及专利等。

（2）与销售方法相关的促销计划，如确定销售点，建立连锁店、代理店及特约店促销，销售退货制度，销售赠品等。

（3）与销售人员相关的促销计划，如业绩奖赏、销售竞赛及团队合作的销售等。

（4）广告宣传等促销计划着眼于 POP、模特儿展示、目录、海报宣传及报纸、杂志广告等。

（八）促销方案的撰写与效果预测

一份完整的促销方案应包括如下内容：一是进行市场分析，对市场的环境、背景进行分析，撰写市场调查报告，进行市场预测，提出建议。二是确定促销目标，包括总目标和分解目标。三是具体方案，包括时间、产品、地区、手段、媒体、促销对象、促销人员、实施步骤。四是促销预算，包括预算计划和资金来源。五是效果预测，促销投资回报。

三、促销组合策略及影响因素

（一）促销组合的含义

促销组合也称为市场营销信息沟通组合，是指企业根据产品的特点和营销目标，在综合分析各种影响因素的基础上，对各种促销方式的选择、编配和运用。主要内容如图8-1所示。

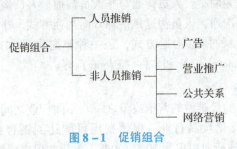

图8-1　促销组合

1. 人员推销

企业通过推销人员直接向顾客推销商品和劳务，以促进和扩大销售的一种促销方式。

2. 广告

企业通过报纸、杂志、广播、电视、网络等媒体，以促进销售为目的，付出一定的费用，向目标顾客传递有关商品和劳务信息。

3. 营业推广（销售促进）

营业推广指企业运用各种短期诱因鼓励消费者和中间商购买、经销或代理企业产品或服务的促销活动。

4. 公共关系

公共关系指企业在从事市场营销活动中正确处理企业与社会公众的关系，以便树立企业的良好形象，从而促进产品销售的一种活动。

5. 网络营销

网络营销是指以国际互联网为基础，利用数字化信息和网络媒体的交互性来辅助营销目标实现的一种新型市场营销方式。

促销组合的五个因素各有特点，在营销中应结合其各自的特点加以应用（如表8-1所示）。

表8-1　促销组合各方式的特点

促销方式	特点	简评
广告	告知、公众性、渗透性、表现性	广告对树立企业的长期形象有利
人员推销	直接、沟通	人员推销是双向沟通，推销过程实际上是人际关系的过程
营业推广	吸引、刺激、短期	与日常营业活动紧密结合，在促销活动中最具创造力
公共关系	可信度高、传达力强、戏剧性	公共关系是一种软广告，往往能起到事半功倍的效果
网络营销	范围广、费用低、交互性	被动传播多于主动传播

(二) 促销组合策略

所谓促销组合策略就是这四种促销方式的选择、运用与组合搭配所形成的策略。促销策略包含推动策略 (Push Strategy) 与拉式策略 (Pull Strategy)。

1. 推式策略 (又叫推动策略)

推式策略是指利用推销人员与中间商促销,将产品推进分渠道,推向最终市场的策略。这一策略需利用大量的推销人员,适用于生产者和中间商对产品前景看法一致的产品。推式策略风险小、周期短、资金回收快,但其前提条件是须有中间商的共识和配合 (如图 8-2 所示)。

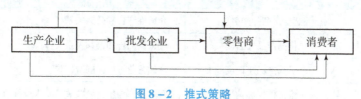

图 8-2　推式策略

2. 拉式策略 (又称拉引策略)

拉式策略是企业以最终消费者为对象,对其展开广告攻势,把产品信息介绍给目标顾客,使其产生强烈的购买欲望,形成急切的市场需求,然后"拉引"中间商纷纷要求经销这种产品 (如图 8-3 所示)。

图 8-3　拉式策略

拉式策略常用的方式有:价格促销、广告、展览促销、代销、试销等。

3. 推拉结合策略

在通常情况下,企业也可以把上述两种策略配合起来运用,在向中间商进行大力促销的同时,通过广告刺激市场需求。

在"推式"促销的同时进行"拉式"促销,用双向的促销结合努力把商品推向市场,这比单纯地利用推式策略或拉式策略更有效。

(三) 促销组合的影响因素

企业在制定促销组合和促销策略时,主要应考虑以下几个因素。

1. 确定促销目标

良好的促销目标能够激励促销人员积极工作,引导其工作的方向;能够争取中间商对销售工作的积极配合;能够激发消费者的潜在需求或者实现现实销售量的增加。所以促销目标的优劣会影响到促销组合策略的效果。

2. 了解各种促销方式的特点

了解各种促销方式的特点是选择促销方式的前提和基础。各种促销方式都有其优势和不足。广告的传播面广,形象生动,节省资源,但针对性不足。人员推销能直接和顾客沟通信息,建立感情,及时反馈,并可当面促成交易,但占用人员多、费用高,而且接触面窄。营业推广的吸引力大,易激发消费者的购买欲望,并能促成立即购买,但它的接触面窄,效果短暂,不利于树名牌。公共关系的影响面广、信任度高,易提高企业的知名度,但花费大,效果难控制。

3. 充分考虑产品因素

主要应考虑产品的类型和产品生命周期。

（1）产品类型。产品类型不同，购买差异就很大，不同类型的产品应采用相应的促销策略。一般按照促销效果由高到低的顺序，消费品企业的促销方式为广告、营业推广、人员推销和公共关系；产业用品则为人员推销、营业推广、广告和公共关系。

（2）产品生命周期。处在不同时期的产品，促销的重点目标不同，采用的促销方式也有所区别。从表8-2可以看出，在投入期和成熟期，促销活动十分重要；而在衰退期则可降低促销费用支出，缩小促销规模，以保证足够的利润收入。

表8-2　产品生命周期不同阶段的促销组合

产品生命周期	促销目标	促销组合
投入期	建立产品的知名度	介绍性广告和公共关系
成长期	提高产品知名度	说服性广告和公共关系
成熟期	巩固产品忠诚度	增加营业推广，削减广告
衰退期	维持信任和偏爱	营业推广为主，公共关系、人员推销为辅

4. 及时把握市场状况

市场需求情况不同，企业采取的促销策略也不同。一般来说，市场范围小、潜在顾客较少以及产品专用程度较高的市场，应以人员推销为主；而对于无差异市场，因其用户分散、范围广，则应以广告宣传为主。

5. 考虑促销预算

四种促销方式的费用各不相同。总的来说，广告宣传的费用较大，人员推销次之，营业推广花费较少，公共关系的费用最少。企业在选择促销方式时，要考虑促销费用总预算，达到最佳促销效果。

扫一扫

人员推销
形式与策略

任务二　人员推销技巧

一、人员推销的概念及特点

企业通过推销人员直接向顾客推销商品和劳务，以促进和扩大销售的一种促销方式。在人员推销活动中，推销人员、推销对象和推销品是三个基本要素。其中前两者是推销活动的主体，后者是推销活动的客体。人员推销与非人员推销相比，有以下特点。

（一）信息传递双向性

人员推销是一种双向性的促销方式。一方面，推销人员通过向顾客介绍产品的有关信息，达到招徕顾客，促进销售的目的；另一方面，推销人员在与顾客接触过程中，及时收集、反馈顾客对本企业产品的需求、评价等情况，为企业制定合理的营销策略提供依据。

（二）推销手段针对性

人员推销针对性强。推销人员总是带有一定的倾向性访问顾客，目标明确，往往可以直达顾客。相对于广告所面对广泛的范围，人员推销无效劳动较少。

（三）推销过程灵活性

人员推销是一种面对面的推销，推销人员可以根据不同的推销环境，对不同的顾客采取不同的推销技巧，通过与顾客面对面交流，回答顾客问题，可立即获知顾客的反应，适时调整自己的策略，容易使顾客信服。

（四）友谊协作长期性

推销人员与顾客直接见面，长期接触，可以促使双方建立友谊，密切企业与顾客之间的关系，使顾客对企业产品产生偏爱。

二、人员推销的形式及策略

（一）人员推销的形式

人员推销的形式包括人员推销基本形式和人员推销组织形式两种。

1. 人员推销基本形式

一般来说，人员推销的基本形式有三种。

（1）上门推销。上门推销是最常见的人员推销形式。是由推销人员携带产品样品、说明书和订单等走访顾客，推销产品。这是一种主动出击式的"蜜蜂经营法"。这种最为古老、最为熟悉的推销方式，被企业和公众广泛认可和接受。上门推销有两个主要特点：一是推销员积极主动地向顾客靠拢；二是增进了推销员和顾客之间的情感联系。

（2）柜台推销。又称门市，是指企业在适当地点设置固定门市，由营业员向光顾商店的顾客销售商品。这是一种非常普遍的"等客上门"式的推销方式。柜台推销也有两个主要特点：一是顾客寻求所购商品，主动地向推销员靠拢；二是柜台的商品种类繁多，花色、式样丰富齐全，便于顾客挑选和比较，故顾客比较乐于接受这种方式。

（3）会议推销。会议推销是指通过各种会议向与会人员宣传和介绍产品，开展推销活动。如在展销会、订货会、交易会、物资交流会等会议上推销产品。这种推销形式接触面广、推销集中，可以同时向多个推销对象推销产品，成交额较大，推销效果较好。

2. 人员推销组织形式

将推销人员按特定的市场区域、产品、顾客以及这三个因素的结合进行调整分配，会形成人员推销组织结构，即人员推销组织形式。

（1）按地区设计的组织形式。这是指按地理区域配置推销人员，通常一个销售人员负责一个地区所有的销售工作。这是最简单的人员推销组织结构（如图 7-3 所示）。这种组织结构的好处是：结构清晰，便于整体部署；销售人员责任明确，有利于管理与调整销售力量，能鼓励推销员努力工作；有利于推销员与客户建立良好关系；相对节省往返旅途费用（如图 8-4 所示）。

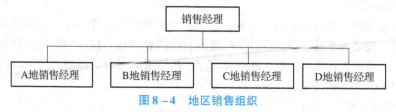

图 8-4　地区销售组织

企业在规划地理区域时，要充分考虑地理区域的某些特征：各区域是否易于管理，各区域销售潜力是否易于估计，他们用于推销的全部时间可否缩短等。

（2）按产品设计的组织形式。这是按产品线来设计的推销组织形式，一般一个推销员负责一种或一类产品的推销工作（如图 8-5 所示）。

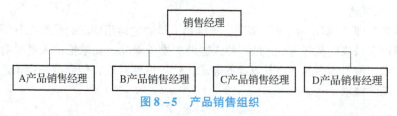

图 8-5　产品销售组织

这种形式的优点是：销售工作专门化，产品经理能够实现产品的最佳营销组合，对市场变化能做出快速反应。适合产品种类繁多、产品技术性强、生产工艺复杂的企业，推销人员若没有专门知识，很难有效地推销。

（3）按客户设计的组织形式。指企业按客户类别来分派推销人员。企业对不同行业安排不同的推销人员，一般来说，分类方法有：行业类别、用户规模、分销途径等（如图8-6所示）。

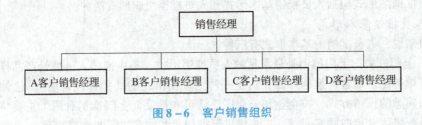

图8-6　客户销售组织

这种形式的优点是能针对不同客户采取不同的推销策略。如果客户分布在不同地区，会增加销售费用。

【行业经验】

乔·吉拉德（Joe Girard）是美国著名的推销员，是吉尼斯世界纪录大全认可的"世界上最成功的推销员"，从1963年至1978年他共推销出13 001辆雪佛兰汽车，连续12年荣登吉尼斯世界纪录大全世界销售第一的宝座，他所保持的世界汽车销售纪录"连续12年平均每天销售6辆汽车"至今无人能破。他提出了著名的"250定律"。乔·吉拉德提出，每一名顾客身后，大约有250名亲朋好友。如果赢得了一位顾客的好感，就意味着赢得了250个人的好感；反之，亦然。

（网络资料）

（二）人员推销的策略

人员推销具有很强的灵活性。在推销过程中，推销人员要善于审时度势，巧妙运用推销策略，以促成交易。人员推销的策略主要有以下三种：

1. 试探性策略

试探性策略即"刺激—反应"策略，是推销人员利用刺激性的手段引发顾客产生购买行为的策略。推销人员通过事先设计好的能够引起顾客兴趣、刺激顾客购买欲望的推销语言，投石问路地对顾客进行试探，观察其反应，然后采取相应的措施。运用试探性策略的关键是要引起顾客的积极反应，激发顾客的购买欲望。

2. 针对性策略

针对性策略即"配方—成交"策略，是推销人员通过利用针对性较强的说服方法，促成顾客购买行为发生的策略。针对性的前提是推销人员事先已基本掌握了顾客的需求状况和消费心理，这样才能够有效地设计好推销措施和语言，做到有目的地宣传、展示和介绍商品，说服顾客购买。运用针对性策略的关键是促使顾客产生强烈的信任感。

3. 诱导性策略

诱导性策略即"诱发—满足"策略，是推销人员通过运用能激起顾客某种需求的说服方法，引导顾客采取购买行为。这是一种创造性的推销策略，要求推销人员要有较高的推销技巧和艺术，能引发顾客产生某方面的需求，然后抓住时机宣传介绍并推销产品，以满足顾客对产品的需求。

✉ **相关链接**

GEM 公式（推销三角理论）

推销三角理论要求推销员在推销活动中必须做到 3 个相信：

(1) 相信自己所推销的产品或服务；

(2) 相信自己所代表的企业；

(3) 相信自己的推销能力。

该理论认为推销员只有同时具备了这 3 个条件，才能充分发挥自己的推销才能，运用各种推销策略和技巧，取得较好的推销业绩。这就好比三角形的 3 条边，合起来就构成了稳定的三角形结构。其中，企业的产品用英文表示为 Good（产品），推销员所代表的企业用英文表示为 Enterprise（企业），推销员用英文表示为 Myself，这 3 个英文单词的第一字母合起来便构成了 GEM，故西方国家也称推销三角理论为 GEM 公式，汉语译为"吉姆公式"。

（网络资料）

三、推销队伍的建设与管理

（一）推销人员的素质

推销人员的素质，决定了人员推销活动的成败，推销人员一般应具备以下素质。

1. 态度热忱，勇于进取

推销人员是企业的代表，有为企业推销产品的职责，同时又是顾客的顾问，有为顾客的购买活动当好参谋的义务。企业促销和顾客购买都离不开推销人员。因此，推销人员必须掌握推销产品的性能、规格、特点等，要熟悉同本产品类似产品的情况，运用自己娴熟的谈话技巧，把它介绍给对方，使对方对推销员的介绍产生兴趣，这样才能使推销工作获得成功。

2. 知识广博，作风严谨

现代销售市场有一个显著特征就是：先推销知识，再推销产品。可见，广博的知识是推销人员做好推销工作的前提条件。推销人员必须具备以下几方面知识：

(1) 企业及产品知识。要熟悉企业的历史及现状，企业的经营特点及发展方向，熟悉产品的性能、用途、价格、使用与保养方法等。

(2) 科学文化和推销技术知识。随着新技术应用，产品更新速度越来越快，掌握科学文化知识和推销技术知识，可以更好地了解自己的推销对象和推销环境，更有效地接近和说服顾客，提高推销效率。

(3) 市场学及心理学知识。要了解目标市场的供求状况及竞争者的有关情况，熟悉目标市场的环境，包括国家的有关政策、条例等，并时适地运用心理学知识，来研究顾客心理变化和要求，以便采取相应的方法和技巧。

拥有了广博的知识后，推销人员还应勤奋工作，优秀的推销员依靠的是勤奋的工作，而不是运气或是雕虫小技。

3. 诚实守信，善于表达

在人员推销活动中，推销人员既要做到恪守职业道德，实事求是地介绍产品，不欺瞒哄骗顾客；又要注意推销礼仪，讲究文明礼貌，谈吐文雅，热情大方，给顾客留下良好的印象，为推销获得成功创造条件。

4. 富于应变，技巧娴熟

推销人员应该具有敏锐的市场嗅觉和娴熟的推销技巧。面对变幻万千的市场环境推销人员要把握市场行情，重视搜集、整理经济信息，分析经济动态和产品淡、旺季周期，从而有针对性地进行采购和推销。

（二）推销人员的选拔与培训

1. 推销人员的选拔

推销人员素质关系到企业能否完成销售任务，所以企业应选拔那些品质良好、责任心强、能胜任推销工作的人员进入推销人员行列。推销人员的来源有二：一是来自企业内部，即把本企业内部适合营销工作的人选拔到营销部门；二是从企业外部招聘。推销人员的招聘工作一般分为初步面试、填写申请表、笔试、再次面谈、学历及经历检查、体检、决定录用与否、安排工作等程序。

2. 推销人员的培训

一流的推销员绝非天生的，而是后天培养训练出来的。对当选的推销人员，还需进行培训才能上岗。培训的目的是使推销员了解商品知识和掌握推销技巧。

（1）确定训练方式。有集体训练方式和个别训练方式。集体训练包括课堂讲授培训、模拟培训和角色扮演培训；个别训练方式就是采用单独的训练方式，此种方式常用于问题推销员（指业绩很差或桀骜不驯的推销员）。

（2）确定培训内容。要求销售人员了解企业各方面的情况；介绍企业的产品情况；讲述企业目标市场各类顾客和竞争对手的特点；演示有效推销的方法；明确销售人员实际工作的程序和责任。

（三）推销人员的激励与考核

1. 推销人员激励方式

企业可以通过环境激励、目标激励、物质激励和精神激励等方式来提高推销人员的工作积极性。

（1）环境激励是指企业创造一种良好的工作氛围，使推销人员能心情愉快地开展工作。如果对销售人员不重视，其离职率就高，工作绩效就差；如果重视，其离职率就低，工作绩效就高。

（2）目标激励是指为推销人员确定一个较高的目标，以目标来激励推销人员上进。主要目标有销售定额、毛利额、访问户数、新客户数、访问费用和货款回收等。其中，用销售定额把推销人员报酬与销售额完成情况相挂钩，这是企业的普遍做法。对推销人员个人确定销售定额时还应考虑推销人员以往的销售业绩、对所辖地区潜力的估计、对推销人员工作抱负的判断及对压力与奖励的反应等多种因素。

（3）物质激励是指对取得优异成绩的推销人员给予晋级、奖金、奖品和额外报酬、佣金等实际利益，以此来调动推销人员的积极性。最常用的是佣金，佣金制度是指企业根据销售额或利润额的大小给予推销人员固定的或根据情况可调整比率的报酬。物质激励对推销人员的激励作用最为强烈。

（4）精神激励是指对取得优异成绩的推销人员给予表扬；颁发奖状、奖旗；授予荣誉称号等，以此来激励推销人员上进。精神激励是一种较高层次的激励，通常对那些受正规教育较多的年轻推销人员更为有效。企业负责人应深入了解推销人员的实际需要，他们不仅有物质生活上的需要，而且有诸如理想、成就、荣誉、尊敬、安全等方面的精神需要。

2. 推销人员的考核

推销人员的考核是企业对推销人员工作业绩考核与评估的反馈过程。它既是激励的依据，又是企业调整市场营销战略、促使推销人员更好工作的基础。对推销人员的考核要包括以下几个方面。

（1）考评资料的收集。全面、准确地收集考评所需资料是做好考评工作的客观要求。

考评资料主要从推销人员销售工作报告、企业销售记录、顾客及社会公众的评价以及企业内部员工的意见等四个来源途径获得。

（2）建立考评标准。考核推销人员的绩效，一定要有科学合理的考核标准。绩效考评标准的确定，既要遵循基本标准的一致性，又要坚持推销人员在工作环境、区域市场拓展潜力等方面的差异性，不能一概而论。常用的推销人员绩效考核指标主要有：销售量；毛利；每天平均访问次数及每次访问的平均时间；每次访问的平均费用；每百次访问收到订单的百分比；一定时期内新顾客的增加数及失去的顾客数目；销售费用占总成本的百分比。其中销售量是最常用的指标，毛利用于衡量利润的潜量，访问率衡量推销人员的努力程度，销售费用及费用率用于衡量每次访问的成本及直接销售费用占销售额的比重。

（3）实施正式考评。考评有两种方式：一种方式是将各个推销人员的绩效进行比较和排队；另一方式是把推销人员目前的绩效同过去的绩效相比较。

任务三　广告策略制定

扫一扫

广告媒体
种类及特征

广告作为促销方式，是一门带有浓郁商业性的综合艺术。广告并不一定能使产品成为世界名牌，但若没有广告，产品肯定不会成为世界名牌。成功的广告能使默默无闻的企业和产品名声大振，家喻户晓，广为传播。

一、广告的概念与种类

广告（Advertising）有"注意""诱导""大喊大叫"和"广而告之"之意。广告作为一种传递信息的活动，它是企业在促销中普遍重视且应用最广的促销方式。广告有广义和狭义之分。广义广告，即借用一切传导媒体形式，向公众传播信息的活动，它包括的范围非常广泛，主要有经济广告和非经济广告。经济广告也称商业广告。非经济广告是为了达到某种宣传目的而做的广告，不获取盈利，如公益性广告、政治广告、个人广告等。狭义广告是一种经济广告，指广告主以促进销售为目的用付费方式，借助一切传导媒体形式，向公众传递商品或劳务信息，并说服其购买的公开宣传活动。市场营销学中探讨的广告是一种经济广告。

广告由广告主、广告费用、广告媒体、广告信息四个要素构成。广告的四要素及其之间的关系如图8-7所示。

图8-7　广告四要素之间的关系

根据不同的划分标准，广告有不同的种类。

（一）根据广告的内容和目的划分

根据广告的内容和目的划分，可分为以下几类，如图8-8所示。

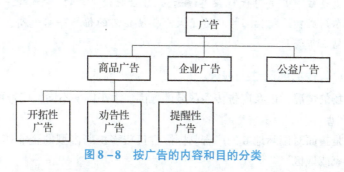

图8-8　按广告的内容和目的分类

1. 商品广告

它是针对商品销售开展的大众传播活动。商品广告按其目的不同可分为三种类型：一是开拓性广告，亦称报道性广告。它是以激发顾客对产品的初始需求为目标，主要介绍刚刚进入投入期的产品的用途、性能、质量、价格等有关情况，以促使新产品进入目标市场。二是劝告性广告，即竞争性广告。是以激发顾客对产品产生兴趣，增进"选择性需求"为目标，对进入成长期和成熟前期的产品所做的各种传播活动。三是提醒性广告，也叫备忘性广告或提示性广告。是指商品的后期宣传，目的是在于提醒顾客，产生"惯性"需求。

2. 企业广告

企业广告又称商誉广告。企业广告是直接为树立企业形象服务的。这类广告着重宣传、介绍企业名称、企业精神、企业概况等有关信息，其目的是提高企业的声望、名誉和形象。

3. 公益广告

公益广告是用来宣传公益事业或公共道德的广告。它的出现是广告观念的一次革命。公益广告能够实现企业自身目标与社会目标的融合，有利于树立并强化企业形象。公益广告有广阔的发展前景。

【行业经验】

是谁抬高了钻石的价格？

钻石最早是欧洲皇家贵族们用来炫耀财富和地位的装饰。当时产量极低，只能用作皇家特供。

但19世纪末，南非发现了一座巨大无比的钻石矿，其储量是全球原储量的十倍之多。当时英国戴比尔斯公司买下了这个巨大的钻石矿，巅峰时戴比尔斯公司控制了全球90%的钻石出货量。

但是大规模的开采导致钻石价格崩盘，人们发现被认为极度稀缺的钻石原来并不是那么稀缺；再加上钻石的唯一元素就是碳，可以说是这个世界上最不缺的元素之一了，所以当时大众市场对于钻石的消费一直不高，人们不需要。

那如何把不值钱的钻石高价卖给别人，还必须做到让购买你钻石的客户，心甘情愿不再转手呢？

这个时候，戴比尔斯放大招了，他们紧紧控制钻石的出口量，同时为了打动世界钻石需求，打出"A Diamond Is Forever（钻石恒久远，一颗永流传）"的经典口号。

利用钻石代表美好、永恒、爱情，将钻石同美好的爱情联系起来，建立了"钻石＝美好＋永恒，而爱情＝美好＋永恒，所以钻石＝爱情"的认知，让人们对钻石从此有了疯狂需求。

这句广告语更是被《广告时代》杂志评选为20世纪最伟大的广告语之一。

最终，戴比尔斯成功地把钻石推广给了大众，使钻石的价格一路走高，并最终形成了如今高度垄断的钻石市场。

(二) 根据广告传播的区域来划分

根据广告市场的情况，以及广告传播区域的范围、大小等的不同，广告可分为三类。

1. 国际性广告

国际性广告是指面对国际地域的广告。国际性广告多由跨国型的企业作为广告主，传播范围针对某国家或地区。

2. 全国性广告

全国性广告是指广告面对全国范围进行传播，以此激发全国消费者对所广告的产品产生需求。在全国发行的报纸、杂志以及广播、电视等媒体上所做的广告，均属全国性广告。这种广告适用于销售和服务遍及全国的企业，产品一般通用性强、销售量大、使用范围广。因其费用较高，也只适合生产规模较大、服务范围较广的大企业。

3. 地区性广告

地区性广告指广告以特定地区为传播目标，借以刺激某些特定地区消费者对产品的需求。如华北地区、西南地区，或者在省、市报纸、杂志、广播、电视上所做的广告，路牌、霓虹灯上的广告也属地区性广告。此类广告传播范围小，多适合于生产规模小、产品通用性差的企业和产品进行广告宣传。

此外，还有其他的分类形式。如按广告传播的媒体分，可分为印刷广告、视听广告、邮政广告、户外广告、交通工具广告和网络广告几类；按广告的形式划分，可分为文字广告和图画广告；按广告表现效果分，可分为感性广告和说明性广告。

二、广告媒体及其选择

广告媒体，也称广告媒介，是广告主与广告接受者之间的连接物质。它是广告宣传必不可少的物质条件。广告媒体并非一成不变，而是随着科学技术的发展而发展。科技的进步，必然使广告媒体的种类越来越多。

（一）广告媒体的种类及其特性

广告媒体的种类很多，不同类型的媒体有不同的特性。常用的广告媒体有报纸、杂志、电视、广播、户外广告和网络这几种。

1. 报纸

报纸是一种历史悠久的广告媒体。和其他的广告媒体相比，报纸是种类最多、普及性最广和影响力最大的媒体。

2. 杂志

杂志以登载各种专门知识为主，是各类专门产品的良好的广告媒体。杂志可分综合性和专业性两类。杂志的专业性较强，一般有固定的读者群。杂志可以传播到全国，其生命周期比较长，一本杂志可以被多人广泛传阅。杂志一般印刷精美，具有光彩夺目的视觉效果，深受特定受众的喜爱。

3. 电视

电视作为广告媒体虽然在 20 世纪 40 年代才出现，由于其集声音、形象、音乐于一体，表现形式丰富多彩，信息传递效果好，感染力强，发展速度快，已成为现代最重要的广告媒体。

4. 广播

与电视相比，广播仅可以传递声音。随着科技的发展，新媒体不断出现，广播媒体面临着越来越多的挑战和冲击。

5. 户外广告

户外广告一般是在露天或公共场合。户外广告可分为平面和立体两大类。平面广告有路牌广告、招贴广告、壁墙广告、海报、条幅等。立体广告分为霓虹灯、广告柱以及广告塔灯箱广告等。

6. 网络

随着互联网的发展，网络广告得到越来越广泛的运用。网络将成为继报纸、杂志、广播、电视之后的第五大媒体，在当今欧美国家网络是最为热门的广告宣传形式，随着网络用户的增多，电子商务的迅猛发展，网络广告也将高速度阔步向前。

以上六种广告媒体中，其中报纸、杂志、电视和广播是最常用的，被称为传统四大广告媒体。网络和所有传统媒体相比，具有速度快、容量大、范围广、可检索、可复制，以及交互性、导航性、丰富性等优点，其发展极为迅速。因而有人将网络称为"第五种媒体"。以上六种媒体可谓各具特色，其优缺点如表8－3所示。

表8－3　六种广告媒体优缺点比较

媒体形式	优　点	缺　点
报纸	发行量大、读者广泛、覆盖面广；传播迅速，制作灵活；地理选择性好	时效短，不易保存；内容庞杂，易分散注意力；印刷不精美
杂志	宣传对象明确，针对性强，保存期长，可反复阅读；印刷精美，吸引力大	发行周期长，灵活性差；读者少，传播不广泛
电视	传播范围广，影响面大；形象具体，感染力强；传播迅速灵活，不受时空限制	费用高；电视转瞬即逝，不易存查；播放不当，易引起反感
广播	传播迅速及时；制作简单，费用低；灵活性强，传播范围广	有声无形，形式单调；不便记忆；不便存查
户外广告	展示时间长；手法灵活；竞争对手干扰少，费用低	很难有独特的创意；难修改，受地点限制
网络	速度快，制作成本低，修改方便；跨时空限制，动态及时；易统计；与消费者互动性强	上网费高，点击受限；技术要求高；主动性差

(二) 广告媒体的选择

广告媒体选择是指根据广告目标的要求，以最少的成本选择合适的传播媒体，把产品的信息有效地传递到目标市场。企业选用的广告媒体不同，广告费用、广告设计、广告策略、广告效果等内容都会不同。因此，在广告活动中企业应认真选择广告媒体。

1. 进行媒体调查

媒体调查是为了掌握各个广告媒体单位的经营状况和工作效能，以便根据广告目标来选择媒体。

(1) 报刊媒体调查。报刊媒体调查的内容有：第一发行量调查。第二发行区域分布调查。包括报刊发行区内各细分区域内的报刊发行比例。第三读者层构成调查。读者层构成包括年龄、性别、职业、收入和文化程度等的不同构成情况。第四发行周期调查。发行周期指报刊发行日期的间隔期，如日报、双日报、周刊、旬刊、月刊等。第五信誉调查。了解报刊在当地所享有的权威性以及社会大众对其信任程度。

(2) 广播电视媒体调查。主要有：第一传播区域调查。了解广播电视播送所达到的地区范围以及其覆盖范围。第二视听率调查。指在覆盖范围内收听收视的人数或户数，一般用社会所拥有的电视机和收音机量来匡算。第三视听者层调查。根据人口统计情况和电视机、收音机拥有情况，匡算出有关视听者层的分布和构成。

(3) 其他媒介调查。如交通广告、路牌、霓虹灯广告等，主要通过调查交通人流量、乘客人员来匡算测定，邮寄广告则通过发信名单进行抽查即可。

2. 确定媒体选择

不同的广告媒体有不同的特性，这决定了企业从事广告活动必须对广告媒体进行正确的选择，否则将影响广告效果。企业在选择媒体时除了考虑不同媒体的特点外，还要考虑如下因素。

（1）消费者接触媒体的习惯。一般认为，能使广告信息传到目标市场的媒体是最有效的媒体。青少年喜欢电视和网络广告，老年人有更多的闲暇时间用于看电视和听广播，教育程度高的人偏重于网络和印刷媒体。分析消费者的媒体习惯，能更有针对性地选择广告媒体，提高广告效果。

（2）产品的特性。不同的产品有不同的使用价值、使用范围和宣传要求。产品特性不同对媒体要求就不同，广告媒体只有适应产品的性质，才能取得较好的广告效果。对高技术产品宣传，要面向专业人员，多选用专业性杂志；对一般生活用品，则适合选用能直接传播到大众的广告媒体，如广播、电视等。

（3）媒体的费用。媒体不同所需成本费用不同，即使同一种媒体，因传播范围和影响力不同费用也有区别。考虑媒体费用既要分析绝对费用，更要注重相对费用，考虑广告促销效果。最基本的指标是千人成本标准。即计算某一特定广告媒体触及 1 000 人的平均成本。

（4）媒体的传播范围。媒体传播范围的大小直接影响广告信息传播区域的宽窄。适合全国各地使用的产品，应以全国性发放的报纸、杂志、广播、电视等作为广告媒体；属地方性销售的产品，可通过地方性报刊、电台、电视台、霓虹灯等传播信息。

总之，要根据广告目标的要求，结合各广告媒体的优缺点，综合考虑上述各影响因素，尽可能选择使用效果好、费用低的广告媒体。

⊠ 资料链接

若论 2019 年最具争议的广告，铂爵旅拍、新氧医美是绝对不能忽视的。

一个是"想去哪儿拍，就去哪儿拍"，一个是"女人美了才完整"，这两大洗脑广告的横空出世，迅速席卷了全国各大电梯，让不少人在电梯里"痛不欲生"。对于这两则广告的争议，社会上也不绝于耳。

尽管这类广告令一部分人十分反感，在社交媒体上骂声一片，但是品牌主对这类广告却是喜爱有加。因为不得不承认，此类广告确实为品牌带来了巨大的曝光量，也让品牌广告词魔性地植入公众的大脑中。

作为厦门的一个地方品牌，铂爵旅拍因为该广告成为全国知名的婚纱旅拍品牌，而最初在小圈子知名的新氧医美，也因为洗脑广告，迅速打开了全国市场。

电梯广告众多，为什么这两则广告出了圈，在社会走红？我们可以尝试分析一下背后的原因。

在电梯这样的封闭空间，消费者在里面停留的时间只有几秒到十几秒不等，如果投放过长的广告，消费者肯定没有时间观看，所以电梯广告需要完成的任务，就是在极短时间内，让消费者记住广告里的品牌。

但在短时间内让大众记住并不是一件容易的事。

铂爵旅拍和新氧医美的广告，就是在 15 秒内，通过一群人呐喊，然后不断地重复，不停地轰炸用户的感官，让人印象深刻。

这类广告对于在前期亟须打开知名度的企业来说，是有效果的，但如果想要在后期提升美誉度，可能并不合适。所以如果想使用这类洗脑广告，企业还需考虑清楚。

此外，洗脑广告的走红，也带火了此前一直不被品牌方重视的传播媒介——分众传媒。

如 36 氪的分析所言，在当下媒体环境中，很难找到一个像电梯一样高效精准的广告场景，通过对生活场景的独占，以及广告终端的大量覆盖，直接输出品牌认知，对目标用户进行强制性的广告触达。

从近几年的现象级刷屏品牌案例来看，很多营销都是通过线下带动线上，推动全渠道的社交化话题扩散。

在这种背景下，作为占据线下流量的入口，分众电梯广告其实已经成为营销的必选项。所以品牌方也应该重新认识分众的营销价值。

（网络资料）

三、广告设计原则

在进行广告设计时必须遵循以下原则：

（一）真实性

广告的生命在于真实。在进行广告宣传时，要以客观事实为依据，介绍的信息应真实、科学、准确、具体，虚伪、欺骗性的广告，必然会丧失企业的信誉。企业依据真实性原则设计广告，这是一种商业道德和社会责任。

（二）合法性

广告设计时，要注意不仅宣传的内容必须合法，而且在项目、形式上也要合法。广告要遵守国家有关法律法规，严禁出现带有中国国旗、国徽、国歌音响的广告内容和形式，杜绝损害我国民族尊严的，甚至有反动、淫秽、迷信内容的广告。

（三）思想性

广告设计必须符合社会文化、思想道德的客观要求，广告在传播经济信息的同时，也传播了一定的思想意识，必然会潜移默化地影响社会文化和社会风气。

（四）针对性

广告设计的内容和形式要有针对性。由于各个消费者群体都有自己的喜好、厌恶和风俗习惯，为适应不同消费者群的不同特点和要求，广告要根据不同的广告对象来决定广告的内容，采用与之相适应的形式。

（五）艺术性

广告是一门科学，也是一门艺术。在广告设计时，要善于利用科学技术、文学、戏剧、音乐、美术等各学科的艺术特点，把广告的真实性、思想性、针对性生动形象、艺术地展现给消费者，引发消费者联想，刺激消费的需求欲望，实现消费者购买。

⊠ 资料链接

让世界瞧瞧中国的颜色

看到这句话，大家有何联想？这是立邦漆的一则新广告语。立邦漆，一个油漆涂料的知名品牌，其公司是1962年由新加坡立时集团成立，先后建立制造工厂25家，员工超过6 000多名。立邦漆在近几年的全球涂料厂家排名统计中显示，其产量及销售额在亚太地区稳居首位，在全球名列前茅。自1992年讲入中国以来，立邦的足迹遍及大江南北。在全国各地都建立有自己的办事机构，成为中国家庭装饰的首选品牌。

（网络资料）

就是这样一家外资公司，在策划广告时，一语双关，既突出立邦漆遍布世界，又寓意让世界瞧瞧中国的颜色，表明了中国人的不屈服，中国人的爱国心，巧妙地为国人争了口气，无形中在国人心中树立了立邦漆良好的形象，为其产品在中国热销再助一臂之力。此创意可谓妙哉，可谓匠心独具！这句广告展示了中国综合国力强大的气概！

四、广告效果的测定

（一）广告传播效果测定

广告传播效果是指广告信息对受众心理、态度和行为的影响，即广告传播活动在多大程度上实现了广告目标；同时也包括广告信息带来的积极影响和消极影响。广告传播效果是以广告的收看、收听、认知、记忆等间接促进销售的因素为依据，而不是以销售情况好坏为标准来衡量评价广告效果。衡量广告传播效果的指标是：

1. 接收率

接收率指接收某种媒体广告信息的人数占该媒体总人数的比率。

$$接收率 = （接收广告信息的人数 / 接触该媒体的总人数）\times 100\%$$

2. 认知率

认知率是指接收到广告信息的人数中，真正理解广告内容的人所占的比率，这一指标真正反映广告传播效果的深度。

$$认知率 = （理解广告内容的人数 / 注意到此广告的人数）\times 100\%$$

（二）广告促销效果测定

广告促销效果，也称广告的直接经济效果，它反映广告费用与商品销售量（额）之间的比例关系。广告的促销效果比传播效果更难测量，广告促销效果主要以销售量（额）的增减来衡量是不全面的。实践中有以下几种方法可供选择：

1. 广告费用增销率法

广告费用增销率是一定时期内广告费的增长幅度与相应时期销售额的增长幅度之比较。这种方法可以测定一定时期内广告费用增减对广告商品销售量（额）的影响。广告费用增销率越大，表明广告促销效果越好；反之，则越差。

2. 广告费占销率法

广告费占销率指一定时期内企业广告费的支出占该企业同期销售额的比例。通过这种方法可以测定出计划期内广告费用对产品销售量（额）的影响。广告费用占销率越小，表明广告促销效果越好；反之，则越差。

3. 弹性系数测定法

即通过销售量（额）变动率与广告费用投入量变动率之比值来测定广告促销效果。

（三）广告本身效果测定

广告本身效果不是以销售数量的大小为衡量标准，主要以广告对目标市场消费者所引起心理效应的大小为标准来测定。广告本身效果应主要测定知名度、注意度、理解度、记忆度、视听率、购买动机等指标。

任务四 公共关系策略制定

一、公共关系的概念及特征

公共关系（Public Relations），又称公众关系，简称"公关"或 PR。是指企业在从事市场营销活动中正确处理与社会公众的关系，以便塑造企业良好的形象，提高其知名度和美誉度从而促进产品销售的一种活动。公共关系是一种社会关系，但又不同于一般社会关

扫一扫

公共关系
活动方式

系，也不同于人际关系，因为它有独有的特征。公共关系的基本特征表现在以下几方面。

（一）情感性

公共关系是一种创造美好形象的艺术，它强调的是成功的人和环境、和谐的人事气氛、最佳的社会舆论，以赢得社会各界的了解、信任、好感与合作。公共关系就是我国古时讲究的"天时、地利、人和"中的"人和"，在营销中企业应注意处理内部与外部的各种关系，做到"人和"。

（二）双向性

公共关系是以真实为基础的双向沟通。在营销中，企业一方面要对外传播，使公众认识和了解企业及其产品；另一方面还应积极吸收市场或客户对企业产品的意见或建议，根据市场或客户的需求及建议，完善产品，使企业产品更能满足市场需要。

（三）广泛性

公共关系无处不在、无时不在，任何个人、群体和组织之间都可以建立这样或那样的联系，企业在营销时应充分利用公共关系的这个特点，建立企业客户群，拓宽潜在客户数量。

（四）整体性

公共关系的宗旨是使公众全面地了解自己，从而建立起自己的声誉和知名度。对企业来说，公共关系不单纯是传递信息，宣传自己的地位和社会威望，更重要的是使人们对自己各方面都要有所了解，树立企业及产品的整体形象。

（五）长期性

公共关系的实践告诉我们，不能把公共关系人员当作"救火队"，而应把他们当作"常备军"。公共关系的管理职能应该是经常性与计划性的，这就是说公共关系不是水龙头，想开就开，想关就关，它是一种长期性的工作。

二、公共关系的作用

公共关系是一门"内求团结，外求发展"的经营管理艺术，其作用主要表现在以下几方面。

（一）收集信息，检测环境

企业可以运用各种公关手段采集相关信息，监测企业所处内部和外部的环境。企业公关需要采集的信息包括：政府的有关法律及决策信息、社会需求信息、产品形象信息、企业形象信息及其他社会信息，这些信息起到了组织"环境监测器"的作用。

（二）舆论宣传，创造气氛

这一职能是指公共关系作为企业的"喉舌"，将企业的有关信息及时、准确、有效地传送给特定的公众对象，为企业树立良好形象创造良好的舆论气氛。如公关活动，能提高企业的知名度、美誉度，给公众留下良好形象；能持续不断、潜移默化地完善舆论气氛，因势利导，引导公众舆论朝着有利于企业的方向发展；还能适当地控制和纠正对企业不利的公众舆论，及时将改进措施公之于众，避免扩大不良影响，从而收到化消极为积极、尽快恢复声誉的效果。

（三）协调关系，增进合作

公共关系的重要职能就是通过协调使企业所有部门的活动和谐化，使企业与环境相适应。使企业的内部信息有效地输向外部，使外部有关信息及时地输入企业内部，从而使企业与外部各界实现相互协调。协调关系，不仅要协调企业与外界的关系，还要协调企业内部关系，包括企业与其成员之间的关系、企业内部不同部门成员之间的关系等，要使全体成员与企业之间达成理解和共鸣，增强凝聚力。

（四）咨询建议，参与决策

公共关系的这一职能是利用所搜集到的各种信息，进行综合分析，考察企业的决策和行为在公众中产生的效应及影响程度，预测企业决策和行为与公众可能意向之间的吻合程度，并及时、准确地向企业的决策者进行咨询，提出合理而可行的建议。

（五）教育引导，社会服务

公共关系具有教育和服务的职能，是指通过广泛、细致、耐心的劝服性教育和实惠性、赞助性服务，来引导公众对企业产生好感。对企业内部，公关部门代表社会公众，向企业内部成员输入公关意识，引导企业内部各部门及全体成员都重视企业整体形象和声誉。对企业外部各界，公关部门代表企业，通过劝服性教育和实惠性社会服务，使社会公众对企业的行为、产品等产生认同和接受。

⊠ **资料链接**

中国抗疫彰显负责任大国担当

"我们坚决维护中国人民生命安全和身体健康，也坚决维护世界各国人民生命安全和身体健康，努力为全球公共卫生安全做出贡献。"

面对突如其来的新冠肺炎疫情，习近平总书记从一开始就明确要求把人民群众生命安全和身体健康放在第一位，明确要求扩大疫情防控国际合作，体现负责任大国担当。在抗击疫情的严峻斗争中，中国始终坚持人民至上、生命至上的理念，充分发挥制度优势，举全国之力抗击疫情。经过两个月的艰苦努力，中国疫情防控形势持续向好，生产生活秩序加快恢复。中国防控疫情取得的显著成效，为世界各国防控疫情争取了宝贵时间，做出了重要贡献，得到国际社会普遍赞扬。

（网络资料）

【初心茶坊】

全国各地多支医疗队伍，万名医护人员驰援湖北武汉，火神山、雷神山医院的速建。中国共产党始终以为人民谋幸福为自己的初心和使命，坚持以人民为中心的发展思想，在疫情面前坚守人民至上、生命至上的理念，这是一脉相承、一以贯之的。世间万物，人是最宝贵的。中国在面临巨大公关危机时的迅速应对，以及天下一家、守望相助的中国精神和大国担当以及彰显文明大国的气度，塑造了我们国家良好的对外形象和声誉。

三、公共关系的活动方式

公共关系是企业与公众的一种信息传递和沟通过程，这种信息传递和沟通需要借助于一定的方式。常见的活动方式有以下几种。

（一）策划新闻事件

企业策划一些与企业自身密切相关的事件并借助于新闻媒体进行报道，以增加公众对企业的了解，树立企业的良好形象。如金六福成为奥运赞助商进行新闻发布，利用报纸、电视、网络等进行详细报道，提升了企业及产品在消费者心目中的形象。

（二）关注公益活动

通过各种有组织的社会性、公益性、赞助性活动来体现企业对社会进步和发展的责任，同时也在公众中增加了非经济因素的美誉度来展示良好形象，促进企业营销。很多企业热心于"希望工程""西部水窖工程""阳光工程"等，这些活动一般都是社会热点事件，能引起社会各界及媒体的关注，有助于树立企业热心公益事业的良好形象。

（三）举办专题活动

企业通过举办新闻发布会、展销会、博览会、商品交易会、企业庆典等专题活动，向公众宣传企业，推荐产品，介绍知识，可提高公众对企业的关注，促进公众对企业的了解和支持，提高公众对企业产品的兴趣和信心。

（四）CI 策划

CI 是英文 Corporate Identity（或 Corporate Image）的缩写。意思是组织识别或组织形象。CI 策划亦称 CIS 导入，是企业根据实际需要有目的地进行形象塑造和宣传的系统工程。企业导入 CIS 的目的，是通过策划、制定和传播出自己的理念识别（亦称 MI）、行为规范（亦称 BI）、视觉识别系统（亦称 VI），在市场中赢得显著而长久的竞争优势。在竞争激烈的社会中，企业要想获得公众的关注，必须设计一个区别于其他企业的，使公众能认知的标志，并将标志广泛应用于企业经营活动中，借以宣传企业经营理念，促进社会对企业的认同。

四、公关危机及处理

公关危机即公共关系危机，是公共关系学的一个较新的术语。它是指影响组织生产经营活动的正常进行，对组织的生存、发展构成威胁，从而使组织形象遭受损失的某些突发事件。公共关系危机现象很多，如管理不善、防范不力、交通失事等引发的重大伤亡事故；厂区火灾、食品中毒、机器伤人等引发的重大伤亡事故；地震、水灾、风灾、雷电及其他自然灾害造成的重大损失；由于产品质量或社会组织的政策和行为引起的信誉危机等。

危机公关属于非常态的信息传递行为，需要遵循一些基本原则。这些原则制定的标准是根据在危机中受众所表现出的不同寻常的心理特征。依据这些原则进行危机公关可以在很大限度上减轻受众所表现出的紧张和恐惧心理，从而使危机公关在处理危机的过程中发挥积极的作用。危机公关的基本原则主要有以下八个方面：

（一）保证信息及时性

危机很容易使人产生害怕或恐惧心理，因此保证信息及时性，让受众第一时间了解事件的情况，对危机公关至关重要。

（二）保证受众的知情权

随着社会的不断发展，公众对话语权的诉求越来越强烈。当危机发生时，所有危机受众都有权利参与到与之切身利益相关的决策活动。危机公关的目的不应该是转移受众的视线，而是应该告诉受众真相，表现出积极合作的态度。

（三）重视受众的想法

危机发生时，受众所关注的并不仅仅是危机所造成的破坏或是所得到的补偿，他们更关心的是当事方是否在意他们的想法，并给予足够的重视。如果他们发现当事方不能做到这些，就很难给予当事方以信任，化解危机也就变得更加困难。

（四）保持坦诚

始终保持坦诚的态度，面对危机不逃避，敢于承担责任，就容易取得受众的信任和谅解。危机公关的首要目的也就在于此，保持坦诚是保证危机公关得以有效实施的基本条件。

（五）保证信源的一致性

危机公关中最忌讳的就是口径不一致，这样很容易误导公众和破坏危机中所建立起来的信任。如果当事方不能保证信息的一致性，那么危机管理将无从谈起。

（六）保证与媒体的有效沟通

媒体在危机公关中扮演了非常重要的角色，它既是信息的传递着，也是危机事件发展的监督者，所以保证与媒体的有效沟通直接影响了危机公关的走向和结果。

（七）信息要言简意赅

在危机公关过程中，受众和媒体没有兴趣去听长篇大论，他们需要的是言简意赅的核心内容，实时掌握事件的最新发展，内容还要通俗易懂，有利于传播。

（八）整体策划

危机公关虽然是因某个事件而发起的，具有不确定性，但制定危机公关方案时，需要站在整体的角度进行全面缜密的策划，才能保证危机公关的有效性。

【行业经验】

知错能改海底捞

伴随着疫情的向好发展，海底捞恢复营业后餐品涨价，血旺半份从16元涨到23元，8小片；半份土豆片13元，合一片土豆1.5元；自助调料10元一位；米饭7元一碗；小酥肉50元一盘。这一行为迅速将海底捞推向舆论风口，海底捞随后就发布了致歉信，并恢复到2020年1月26日门店停业前标准。虽然引起热议，但舆论环境并不负面，果断采取行动，重新赢回了大众的信任。相关部门借势就进行公关处理，变相为自提业务打广告，话题不但冲上微博热搜，且赢得不少网友的好评，知错能改，才是最好的公关策略。

（网络资料）

任务五 营业推广策略制定

扫一扫

营业推广
的方式

一、营业推广的概念及特点

营业推广（Sales Promotion），又称销售促进，它是指企业运用各种短期诱因鼓励消费者和中间商购买、经销（或代理）企业产品或服务的促销活动。它包括的范围较广，如陈列、展示和展览会、示范表演和演出以及种种非常规的、非经常性的推销活动。一般用于暂时的和额外的促销活动，是人员推销和广告的一种补充。营业推广有以下特点。

（一）营业推广针对性强，促销效果显著

在开展营业推广活动中，可选用的方式多种多样。只要能选择合理的营业推广方式，就会很快地收到明显的增销效果。营业推广适合于在一定时期、一定任务的短期性的促销活动中使用。

（二）营业推广是非正规性和非经常性行为，是一种辅助性促销方式

与人员推销、广告等经常性促销手段相比，营业推广不能经常使用，只是用于解决一些短期的、具体的促销任务。营业推广与其他促销方式结合在一起使用，效果会更好。

（三）营业推广攻势过强，易引起顾客反感

营业推广如果频繁使用或使用不当，往往会引起顾客对产品质量、价格产生怀疑，甚

至引起顾客反感，企业在开展营业推广活动时，要注意选择恰当的方式和时机。

二、营业推广的方式及设计

（一）营业推广的方式

营业推广的方式多种多样，每一个企业不可能全部使用。企业可以根据自己的营销目标、市场特点、产品特点等进行选择。

1. 对消费者的营业推广方式

为了鼓励消费者更多地使用产品，促使其大量购买。其主要方式有：

（1）赠送样品。企业免费向消费者赠送商品的样品，促使消费者了解商品的性能与特点，鼓励消费者认购。样品可通过邮局寄送，也可在购物场所发放或附在其他商品上赠送等。这一方法多用于新产品促销。由于费用较高，对高值商品不宜采用。

（2）赠送折价券。这是可以以低于商品标价购买商品的一种凭证，也可以称为优惠券、折扣券。消费者凭此券可以获得购买商品的价格优惠。折价券可以邮寄、附在其他商品中，或在广告中附送。

（3）提供赠品。对购买价格较高的商品的顾客赠送相关商品（价格相对较低、符合质量标准的商品）有利于刺激高价商品的销售。由此，提供赠品是有效的营业推广方式。

（4）有奖销售。通过给予购买者以一定奖项的办法来促进购买。奖项可以是实物，也可以是现金。常见的有幸运抽奖，顾客只要购买一定量的产品，即可得到一个抽奖机会，多买多奖。或当场摸奖，或规定日期开奖。也可以采取附赠方式，即对每位购买者另赠纪念品。

（5）商品展销。展销可以集中消费者的注意力和购买力。在展销期间，质量精良、价格优惠、提供周到服务的商品备受青睐。展销是难得的营业推广机会和有效的促销方式。

（6）现场示范。利用销售现场进行商品的操作表演，突出商品的优点，显示和证实产品的性能和质量，刺激消费者的购买欲望。现场示范特别适合新产品推出，也适用于使用起来比较复杂的商品。

此外还有免费品尝、价格折扣、廉价包装等方式。

2. 对中间商的营业推广方式

向中间商推广，其目的是促使中间商积极经销本企业产品。其方式主要有：

（1）价格折扣。为刺激、鼓励中间商购买企业产品，在特定时间内，按购进产品数量给予一定金额的折扣。购买数量越大，折扣越多。

（2）推广津贴。指企业为中间商分担部分市场营销费用，如提供陈列商品、支付摊位费用、支付部分广告费用和部分运费等补贴或津贴。

（3）业务会议。企业可利用业务会议或产品的展销、展示、展览及订货会等机会，邀请中间商参加。届时介绍展示产品。

（4）销售竞赛。根据各个中间商销售企业产品的业绩，给予优胜者现金或实物奖励。销售竞赛可提高中间商的推销热情。如获胜者的海外旅游奖励等已被越来越多的企业所采用。

（5）扶持零售商。生产商对零售商专柜的装潢予以资助，提供 POP 广告，以强化零售网络，促使销售额增加；可派遣厂方信息员或代培销售人员来提高中间商推销本企业产品的积极性和能力。

3. 对推销人员的营业推广方式

对推销人员最为有效的方式是销售提成；还可以进行销售竞赛，对于销售能手在给予物质奖励的同时，予以精神奖励；也可为销售能手提供出外旅游奖励；为推销人员提供较多的培训学习机会，为其进一步发展奠定基础。

（二）营业推广的设计

营业推广是一种促销效果比较显著的促销方式，企业在运用营业推广方式促销时，应合理地进行设计。

1. 确定推广目标

确定推广目标是指要明确推广的对象是谁，要达到的目的是什么。只有知道推广的对象是谁，才能有针对性地制定具体的推广方案，例如：是为达到培育忠诚度的目的，还是鼓励大批量购买为目的。

2. 选择推广工具

营业推广的方式方法很多，但如果使用不当，则适得其反。因此，选择合适的推广工具是取得营业推广效果的关键因素。企业一般要根据目标对象的接受习惯和产品特点，以及目标市场状况等来综合分析选择推广工具。

3. 推广的配合安排

营业推广要与营销沟通其他方式如广告、人员推销等整合起来，相互配合，共同使用，从而形成营销推广期间的更大声势，取得单项推广活动达不到的效果。

4. 确定推广时机

营业推广的市场时机选择很重要，如季节性产品、节日产品、礼仪产品，必须在季前节前做营业推广，否则就会错过了时机。

5. 确定推广期限

即营业推广活动持续时间的长短。推广期限要恰当，过长，消费者新鲜感丧失，产生不信任感；过短，一些消费者还来不及享受营业推广的实惠。

三、营业推广的控制

（一）选择适当的方式

我们知道，营业推广的方式很多，且各种方式都有其各自的适应性。选择好营业推广方式是促销获得成功的关键。一般说来，应结合产品的性质、不同方式的特点以及消费者的接受习惯等因素选择合适的营业推广方式。

（二）确定合理的期限

控制好营业推广的时间长短也是取得预期促销效果的重要一环。推广的期限，既不能过长，也不宜过短。这是因为，时间过长会使消费者感到习以为常，削弱刺激需求的作用，甚至会产生疑问或不信任感；时间过短会使部分顾客来不及享受营业推广的好处，收不到最佳的促销效果。一般应以消费者的平均购买周期或淡旺季间隔为依据来确定合理的推广方式。

（三）切忌弄虚作假

营业推广的主要对象是企业的潜在顾客，因此，企业在营业推广全过程中，一定要坚决杜绝徇私舞弊的短视行为发生。在市场竞争日益激烈的条件下，企业的商业信誉是十分重要的竞争优势，企业没有理由自毁商誉。本来营业推广这种促销方式就有贬低商品之意，如果再不严格约束企业行为，那将会产生失去企业长期利益的巨大风险。因此，弄虚作假是营业推广中的最大禁忌。

（四）注重中后期宣传

开展营业推广活动的企业比较注重推广前期的宣传。这非常必要。在此还需提及的是不应忽视中后期宣传。在营业推广活动的中后期，面临的十分重要的宣传内容是营业推广中的企业兑现行为。这是消费者验证企业推广行为是否具有可信性的重要信息源。所以，令消费者感到可信的企业兑现行为，一方面有利于唤起消费者的购买欲望；另一方面可以换来社会公众对企业良好的口碑，增强企业良好形象。

此外，还应注意确定合理的推广预算，科学测算营业推广活动的投入产出比。

【任务实施】

实训8-1　营销活动策划方案设计

一、实训目的

某会展营销活动策划方案设计。

二、实训组织

1. 对教学班级的学生进行学习小组分组（5~8人），各小组模拟成立一家公司，并进行内部分工。

2. 各小组按照会展活动要求及程序，成立会展活动相关部门，并明确职责。

3. 在小组讨论的基础上，共同完成该公司会展的策划方案，并以PPT形式提交。

三、实训要求

1. 以各小组成立的模拟公司作为主办会展活动的角色。

2. 策划案要符合会展营销的基本要求。

3. 根据区域企业发展情况，联合一些企业和学校其他班级学生，举办一次适当规模的"模拟展销会"，以检验该会展活动策划方案的可行性和操作性。

4. 各小组进行PPT汇报，同学互评，教师点评。

实训8-2　团队项目促销策划

一、实训目的

开展团队项目促销策划。

二、实训要求

各团队成员在合理分工、充分交流讨论的基础上完成本团队项目的促销策划，并撰写策划方案，初步掌握促销策划的内容和基本流程以及策划方案的撰写技巧，提高实际操作运用能力。

三、实训内容

1. 在市场调研的基础上，进行广告策划，并撰写广告策划方案。

2. 在市场调研的基础上，进行营业推广策划，并撰写营业推广策划方案。

3. 在市场调研的基础上，进行公共关系策划，并撰写公共关系策划方案。

4. 在市场调研的基础上，进行促销策划，并撰写促销策划方案。

四、实训步骤

1. 明确分工。

2. 事先了解促销策划的内容和基本流程，并掌握促销策划方案的文案格式。

3. 团队内部讨论分析，进行筹划和思路整合。

4. 归纳总结，形成框架内容，并撰写促销策划方案。

5. 各团队选1~2名代表向全班同学陈述本团队促销方案的思路、内容及体会。

6. 各团队撰写一份促销方案（3 500字以上）。

五、评价与总结

1. 各团队自评。

2. 各团队互评。

3. 教师总结评价。

【学以致用】

一、简答题

1. 沟通有哪些形式？

2. 人员推销有哪些优缺点？

3. 广告媒体有哪些类型？它们各自有何特点？

4. 什么是公共关系？它有哪些基本特征？

5. 公共关系活动的方式主要有哪些？

6. 广告设计应遵循哪些原则？

7. 营业推广的方式有哪些？

二、判断题

1. 营业推广是指企业运用各种短期诱因鼓励消费者和中间商购买、经销（或代理）企业产品或服务的促销活动。（　　）

2. 人员推销是企业通过推销人员直接向顾客推销商品和劳务，以促进和扩大销售的一种促销方式。在人员推销活动中，推销人员、推销对象和推销品是三个基本要素。（　　）

3. 促销组合是指企业根据产品的特点和营销目标，在综合分析各种影响因素的基础上，对各种促销方式的选择、编配和运用。（　　）

4. 广告促销是指企业通过人员和非人员的方式把产品和服务的有关信息传递给顾客，以激起顾客的购买欲望，影响和促成顾客购买行为的全部活动的总称。（　　）

三、案例分析题

案例一　"盒马鲜生" 2019 翻车事件

阿里旗下新零售平台"盒马鲜生"于 2019 年 4 月策划了一项名为"一夜梦回老集市"的营销活动。该活动海报为仿报纸头版样式，海报主体位置写有醒目的"民国集市""穿越历史老集市 让物价回归 1948"等字样。

不过，这立即引发争议，要知道 1948 年是我国近代史上通货膨胀最严重的年份之一。

据人民日报社主管主办的原《文史参考》（现已更名为《国家人文历史》）刊载的《抗战胜利后国统区通货膨胀奇观》一文介绍，民国后期由于战场失利、政府信用破产等原因，通货膨胀严重。比如同样的 100 元钞票，1937 年可以买一头牛，到了 1947 年只能买三分之一盒火柴。

"内战打到 1948 年下半年，国民党军队在战场上已然是处处被动，战场的失利，使政府的信用濒临破产。法币的发行如脱缰野马，一发不可收拾。法币的发行量由抗战胜利时的 5 万亿元快速上升至 1948 年 8 月的 604 万亿，造成了民间的恶性通货膨胀。有的造纸厂干脆以低面额的法币作为造纸的原料，比用其他纸成本还低。

1948 年 5 月，一石大米竟要 4 亿多金圆券。当时流行着这样的笑谈：'在中国唯一仍然在全力开动的工业是印刷钞票。'"

盒马随后表示："海报全线撤掉了，正在和设计一起补高中历史课……无知真的很可怕，周末给大家添堵了。"

紧接着，盒马再发布微博称，"高一历史《中国近代现代史》下册（必修）第三章第二节，罚抄 100 遍并背诵全文……在抄书了……"同时晒出高一历史《中国近代现代史》下册（必修）第三章第二节电子版和手抄版，证明真的在抄书。

讨论：

（1）盒马鲜生的此次翻车事件主因是什么？

（2）你认为盒马鲜生面对公众质疑时的危机公关处理是否妥当？

案例二 推广肥皂工业的功臣

美国 P&G 公司是全世界闻名的跨国公司，它的成就缘于一块小小的象牙肥皂，而使这块象牙肥皂走遍全美的功臣是哈莱·普洛斯特。早期的肥皂通体是黑黢黢的，除实用外，既不美观，也无香味。在普洛斯特的建议下，一种崭新的味香、形美的肥皂被研制出来了，普洛斯特还为它起了好听的名字——象牙肥皂，接下来开始了他推销象牙肥皂的计划，普洛斯特推销象牙肥皂的成功为 P&G 的发展打下了坚实的基础。

那时广告还未被重视，而普洛斯特却在广告上花费了大量的心血。他首先冲破重重阻挠借钱做广告宣传，在两家最畅销的杂志封底刊登象牙肥皂的广告。接下来他又借助专家来证明，增强消费者对象牙肥皂的信任。他聘请的专家全是耶鲁、密歇根、普林斯顿等名牌大学的化学教授。他请专家们化验肥皂的化学成分并给出权威的报告，然后他把报告中最关键的数字插到商业广告中去，让人们看了不得不信服象牙肥皂的优点。他开了在商业广告中引用专家意见之先河，在当时产生了很好的效果。然后，他又根据当时市场上的肥皂不适宜用来洗澡的情况，制作了一位年轻母亲用象牙肥皂为小宝宝洗澡的广告，满身脏乎乎的小宝宝经过用象牙肥皂洗澡立即露出娇嫩的皮肤，这则对比鲜明的广告，给人留下了深刻的印象。

普洛斯特还使用了有奖销售的方法：凡能集 15 张象牙肥皂包装纸的人，可以用它们换一本图画本和一个写字垫板，这对儿童有很大的吸引力。普洛斯特为此做了广告，还配上一段精彩的对话。小男孩："请把你的象牙肥皂包装纸给我好吗？我正收集 15 张寄往 P&G 公司，他们会送给我一本图画本和一个写字垫板。"女士："对不起，我不能送给你，我的孩子和你一样，正在收集这种包装纸。"这种有奖销售方式及其广告有效地推动了家庭主妇购买象牙肥皂。普洛斯特还组织了推销团赴各地推销。在不到三年的时间里，象牙皂就行销全美，成为人们普遍喜爱的家庭日用品。

讨论：

1. 本案例中成功运用了哪些促销策略？
2. P&G 公司的广告和推销活动有哪些值得我们借鉴？
3. 请收集 P&G 公司现有品牌及产品的广告语。

四、营销游戏

1. 请运用联想把下列事物联系起来

例如，路灯—高山：路灯—马路—树—森林—高山

（1）老鼠—书；

（2）镜子—森林；

（3）水滴—星星；

（4）鹅卵石—面包。

2. 销售促进头脑风暴

（1）目标：行动规划。

（2）材料：普通生活或学习、办公用品，活动挂图。

（3）时间：不超过 60 分钟。

（4）程序：

①询问学生是否有人听过"横向思维"或"头脑风暴"训练法。如未听说，请给予解释。然后，教师根据学生解释的情况予以补充。

②将全班同学分成两组，一组给一个金属衣钩，另一组则给一个曲别针、玻璃缸或其他一些普通用品。然后，请他们尽可能多地想出这些物品的用途，不管这些想法多么稀奇古怪都要一一写下来。15 分钟后，看每组各写出多少用途（要确保把每件物品最主要的用

途写下来）。

五、综合实训

促销策略制定

（一）实训目的

制定有效的节假日促销方案。

（二）实训内容及要求

1. 选择某一商家或某企业的某一种产品，为其产品撰写一份节日促销方案。

2. 根据你选定的节日特点，再结合商家或产品特点为其制定有效的促销策略。

3. 灵活运用各种促销工具，方案要有可行性。

4. 由教师对各组方案进行分析总评。

（三）实训组织

1. 在教师的指导下，学生进行适当分组。

2. 选择当地的商场、超市、连锁商店或工业企业等进行实地考察，与企业营销人员进行交流，借鉴商家或企业的经验或做法。

3. 因地制宜，根据当地消费特点，选择有效的促销方式。

4. 实训结束，各组交流促销方案。

项目九
运用新媒体营销策略

学习目标

● 知识目标
1. 了解新媒体营销的概念、分类及特征。
2. 了解微信营销、微博营销、短视频营销的基本概念。
2. 掌握并熟练运用微信公众号营销的基本策略。
3. 掌握并熟练运用微博营销的策略及操作方法。
4. 掌握并熟练运用短视频营销策略。

● 能力目标
1. 能运用新媒体制定有效的营销方案。
2. 培养学生运用新技术、新知识、新媒体的能力。

● 素质目标
1. 培养并践行社会主义核心价值观。
2. 培养新媒体从业人员的法律意识和职业道德。
3. 传播优秀商业文化与中国传统文化，培养文化自信。

⊠ 案例导入

600 岁故宫玩新媒体 不只是 "拉风"

故宫，又名紫禁城，600 年历史的文化沉淀，赋予了它几分神秘的气质。故宫宏伟壮丽的宫殿建筑和精美绝伦的艺术珍品让无数人对其心生向往，吸引无数游客慕名而来。近几年故宫玩起了新媒体，正在 "逆向生长"，故宫以年轻的姿态吸引了越来越多尤其是年轻人的关注与青睐。

作为中华优秀传统文化的一张亮丽名片，故宫在新媒体时代，迎来了属于她的华丽转型。

据统计，故宫城墙以内的面积达 72 万平方米，现存建筑面积 16.7 万平方米，是世界上规模最大、保存最完整的木结构宫殿建筑群；内有殿宇宫室 9 000 余间，被称为 "殿宇之海"。像故宫这样雄伟、庄严、和谐的建筑群举世罕见。

2019 年元宵节前夕，故宫宣布节日期间开放夜场，这是故宫博物院成立 94 年来的首次开放。2012—2018 年，故宫的开放比例从 30% 提高到了 80%，故宫每一次开放新领域都会引发新一轮的舆论热议和参观热潮。2018 年，故宫以年接待游客超过 1 750 万人次稳居当今全球所有博物馆和世界文化遗产之首。随着开放面积的不断扩大，紫禁城的人气儿越来越旺，也几乎从此时起，"人民的故宫" 开启了自己的 "网红" 之路。

1. 贴合年轻审美，转变 "画风"

在 "年轻化" 的道路上，故宫文创一马当先。

2013年，"故宫淘宝"进行了改版，加强了页面设计和故宫文化元素的利用，整体设计、文辞用语更加贴合当下年轻人的审美需求。

2014年，故宫淘宝微信公众号刊登了《雍正：感觉自己萌萌哒》一文，风趣幽默的语言、活泼可爱的表情包改变了年轻人对故宫的刻板印象。"画风"的转变，带来的效果立竿见影。

通过"萌化"严肃的古板的"皇帝""妃子"形象，瞬间拉近了大众与故宫的距离，感受传统文化与媒体创新有机结合所带来的新鲜感。

2. 用科技让文物重获"新生"

科技的进步，不仅为文物保护和修复工作带来了便利，也不断创新、丰富故宫的"表达方式"。

近年来，故宫运用先进的科技手段，在虚拟的时空中建立起一座和真实紫禁城同样辉煌的"数字故宫"。当故宫文物以数字化的形式展现在人们面前、被公众所触碰，古老的文明也随之被科技赋予了新的生命力。

在《如果国宝会说话》节目中，通过运用三维扫描全息数字采集技术、全息存拓技术等，故宫博物院馆藏文物凌家滩玉版玉龟也"动"了起来，新技术、新手段的运用，消除了"横亘"在文物与观众之间的隔阂，让观众与文物更贴近。

科技的力量，不仅可以让年久失修、"蓬头垢面"的文物光彩焕发，还能在大型活动中为故宫提供更多的呵护；科技的创新，带来更多元化的呈现方式和表达手段，让人们近距离聆听文物的故事。

3. 将"网红效应"发挥至最大化

故宫实现从重管理到重服务的转变，在单霁翔看来，最重要的就是一切工作要以方便观众为中心。

"我曾经用诚心、清心、安心、匠心、称心、开心、舒心、热心这八个词，来总结故宫博物院应如何服务观众这一问题，其本质是要求故宫博物院要采用人性化、以人为本的服务理念，目的是让故宫文化资源走进人们的现实生活。"单霁翔说。

"网红"故宫的创新拓展了公众感知历史文化、欣赏珍贵艺术品的渠道，尤其吸引了越来越多的年轻人前往故宫打卡，满足了公众的文化需求。

故宫淘宝的成功有赖于社交网络，在传统媒体时代，你绝对不会想到"软贱萌"会跟故宫结合起来，而那些在传统媒体时代不可能的成功在这里实现了。

（资料来源：搜狐网）

问题：从故宫淘宝成功案例中，分析新媒体营销对企业产品营销有什么影响。可以通过互联网查阅有关新媒体营销的有关知识，了解新媒体营销的种类。

任务描述

刘丽是某大学市场营销专业大二学生，其父亲是市区某家商场总经理。暑期期间刘丽到父亲所在商场进行勤工俭学。父亲要求她结合自己所学的新媒体营销知识，对商场中的商品进行新媒体营销。

任务分解

通过互联网查询新媒体营销的成功案例；了解新媒体营销岗位设置，了解微信公众号注册，微博、抖音、快手等新媒体，掌握微信营销、微博营销以及短视频营销相关策略。

知识准备

新媒体是新的技术支撑体系下出现的媒体形态，如数字杂志、数字报纸、数字广播、手机短信、移动电视、网络、桌面视窗、数字电视、数字电影、触摸媒体等。可以预计，未来随着年轻一代的成长，新媒体营销的趋势必将演变成为巨大的浪潮。

扫一扫

认识
新媒体营销

任务一　认识新媒体营销

随着时代的发展，"新媒体"已经不再是陌生的字眼，人们因为新媒体的广泛应用而形成新的价值理念和消费行为，越来越多的企业对营销预算进行重新分配，纷纷转战新媒体。如同"故宫淘宝"借助新媒体找到自己营销之路，李子柒、李佳琦直播带货使市场营销走入一个狂热时代。

一、新媒体的概念与特征

（一）新媒体的概念

新媒体（New Media）一词最早出自1967年美国哥伦比亚广播电视网（CBS）技术研究所所长戈尔德·马克的一份商品开发计划。由此新媒体一词开始在美国流行并迅速扩展至全世界。那时，新媒体一词更多指向电子媒体中的创新性应用。目前，国内外学术界以及产业界对新媒体还没有统一的定义。

联合国教科文组织对新媒体的定义："以数字技术为基础，以网络为载体进行信息传播的媒介。"美国《连线》杂志对新媒体的定义："所有人对所有人的传播。"这个定义过于宽泛。这个定义突破了传播媒体对传播者和受众两个角色的严格划分。在新媒体环境下，"听众""观众""读者""作者"的角色不再专指某一群体，信息的传播变得多来源、多渠道、多指向，每个人都可以是生产者、传播者和接收者。

这里谈到的新媒体是指基于数字网络出现之后的媒体形态。新媒体是从传统的四大媒体——电视、广播、报纸、杂志发展而来的，凡是利用数字技术、网络技术，通过互联网、宽带局域网、无线通信网等渠道，以及计算机、手机、数字电视机等数字或智能终端，向用户提供信息和服务的传播形态，都可以看作新媒体。

从以上定义来看，新媒体相对于传统媒体有两个特点：一是新媒体是基于互联网的媒介；二是传播者由传统媒体的组织变成了所有人。

> ◈ **课堂讨论**
> 你同意"今天的新媒体最终也将成为传统媒体"这一观点吗？为什么？

（二）新媒体的特征

随着新媒体的发展，特别是近几年移动互联手机网络的快速发展，人们花在网络和手机上的时间越来越多，新媒体传播与传统媒体传播相比具有以下特征。

1. 数字化

数字化是新媒体的根本特征。新媒体通过编码将传统的文字数字化，大量的文字、图片、影像等被编辑成一个个超链接，这些超链接通过整个网络环境进行传播。基于信息技术的发展以及数字化的传播手段，互联网存储空间不断扩大，使新媒体蕴含大量信息，而且更新频繁，人们可以随时随地获取所需要信息。

2. 交互性

传统媒体是一对多的单向传播方式，而新媒体则打破原有的传播方式成为双向传播。新媒体使传播者和受众之间的界限变得模糊，受众不再是被动的信息消费者，使每个人不仅有听的机会，而且有说的条件，新媒体呈现出前所未有的互动趋势。这种交互性是基于数字化的特性发展起来的，使用者根据自己的个性化需求进行信息筛选，获得所需信息，然后再对信息加工进行再传播。

3. 即时性

基于数字化，新媒体具有更强的即时性。新媒体是一个相对概念，会随着传媒技术的进步而不断发展，新媒体的信息接收和传播都是在非常短的时间内完成的，甚至是实时的，这大幅度提高了媒介的传播效率，而且新媒体的传播突破了原有信息传递的地域限制。就目前技术的表现而言，新媒体主要包括互联网和手机媒体两大类。

4. 个性化

基于数字化，新媒体实现了个性化需求。新媒体可根据不同用户的不同使用习惯、偏好和特点向用户提供满足其各种个性化需求的服务。新媒体时代"人人都是自媒体"，受众者也可以成为传播者。受众者可选择自己喜欢的信息，搜索信息、定制信息，用户由传统媒体中"被动接收信息"的受众转变为主动寻找和制作信息的用户。

二、新媒体营销的概念及特征

新媒体出现以来，各种依托新媒体的营销方式也随之发展起来，营销手段日趋多元、营销形式日趋丰富，营销策略也更加符合消费者的个性化需求，企业进行营销方式更新的时间也越来越短。

（一）新媒体营销的概念

新媒体营销是利用新媒体平台进行营销的方式，以微博、微信、App、H5 等新媒体为传播渠道，就企业相关产品的功能、价值等信息来进行品牌宣传、公共关系、产品促销等一系列营销活动。作为企业营销战略的一部分，新媒体营销是新时代企业全新的营销方式。

（二）新媒体营销的特征

传统营销无论是通过报纸、电视、电影、广播、杂志投放广告，还是其他推销方式，本质上都是从企业或者广告主的角度出发，与消费者的互动性不强。新媒体营销则从技术上的数字化与传播上的互动性出发进行营销，这种营销模式更注重内容的多样性和传播过程的互动性。企业可以通过新媒体平台的消费者反馈，及时调整传播策略和营销策略，甚至针对不同的个体采用个性化的营销方式。

随着科学技术的每一次变革，新媒体营销方式都会有新的形态出现。而营销的目的万变不离其宗：让顾客知晓并认可企业的产品和服务，从而产生消费行为。

新媒体营销的具体特征表现为以下几种：

1. 形式多元化

新媒体渠道的多样化带来的是营销方式的多元化，微博、微信、App、直播、视频、百科平台等新媒体各有特色，每种新媒体代表的都是一种不同的营销方式，企业可以通过一种或多种组合方式开展营销。

2. 成本低廉化

（1）经济成本低廉，即减少资金投入。新媒体营销相对传统传播成本减少了许多。一是固定成本低廉，新媒体营销创建网络平台，减少固定资金的投入；二是流动成本低廉，在新媒体营销过程中，可以借助先进多媒体技术手段，以文字、图片、视频等表现形式对产品、服务进行描述，为新媒体营销提供逼真的表现效果，从而使潜在消费者更形象更直接地接收企业的营销信息。

（2）技术成本低廉。新媒体营销是科学技术发展到一定程度的产物，其技术含量当然会很高，但与高端技术相比，新媒体营销的技术成本不算很高。以微博为例，微博营销对技术性支持的要求相对较弱，具体表现为企业微博的注册、认证、信息发布和回复等功能使用已经接近傻瓜化的程度。

（3）时间成本低廉。从时间成本来说，运用新媒体发布信息简化了传播的程序，可随时发布信息，不像传统的电视、报纸那样需要经过层层审批。同时，营销信息一旦在网络平台发布，可以得到许多人的关注，而人们如果觉得信息有用又会转发，信息传播可以达到"一传十、十传百"的效果，因此这种传播方式的成本比传统媒体降低很多。

3. 突出个性化

新媒体营销根据不同类别用户的特点与需求进行有针对性的营销活动。对年轻群体的营销活动应更加新潮，更贴近热点，使用年轻人的流行语言；对年纪较大的用户，营销活动需要更加突出怀旧的主题。更有一些传统企业通过新媒体营销，使原本对于用户来说高高在上的企业变得可爱接地气，更加接近用户。如故宫的文创产品手机壳、针线盒、折扇、盆栽等，在产品包装的创意上，加上了故宫元素，将皇帝、大臣、宫女等形象，将历史人物卡通化，并且加以调侃，这样有趣的文案、原创画与产品结合之后，就有了乐趣，会让用户感觉这是一个好玩的产品。因此，新媒体营销更加注重个性化及创意，将更多创意融入营销中对于企业战略转型和整合营销传播的完善及发展都具有关键意义。

4. 受众广泛化

新媒体受众范围广泛，所有加入互联网的用户，都可以成为企业进行新媒体营销的受众。在有大量用户群的网络中，生产有共鸣的内容和广告，容易形成大范围的口碑营销、病毒营销。新媒体促使企业和消费者之间建立直接的联系，进行一对一的交流，企业可以依据消费者的反馈，及时调整营销模式和产品结构。同时，企业可以通过抓取新媒体后台数据和利用数据挖掘技术，发现消费者潜在需求，利用数字营销，对消费者进行精准定位，力求在营销时满足用户的个性需求。

5. 用户参与化

新媒体能引导用户创造产品，并分享利润。让用户创造内容或产品，企业提供销售平台，与用户共同分享利润，在保证了产品的多元化和创造力的同时，也拥有了大量忠实、可靠的宣传者。

新媒体能让用户在参与过程中，将一成不变的产品信息打上自己的烙印，进而再次传递，这样的效果更佳。更进一步讲，如果企业在传递过程中，因为用户的参与而获利，并慷慨地与该参与的用户来分享利润，那么这种共赢的模式，将会进一步提高营销的效果。

6. 定位精准化

在新媒体营销中，不管是门户网站的按钮广告，还是搜索引擎的关键词广告，相对于传统媒体来说，都更有针对性。信息技术的不断发展，为新媒体营销的精准定位提供了技术支持。基于大数据分析，不管是门户网站的广告、搜索引擎的关键词广告还是微博平台的推送、电子商务平台的推送，都能帮助企业更加精准地定位用户，满足用户的个性化需求。如在手机淘宝上，其首页的最后都有"猜你喜欢"栏目，它将针对每位用户的消费习惯推送一些用户感兴趣的商品，有人戏称：逛淘宝，直接逛"猜你喜欢"就好，这里一定能满足你的需求。由此可见，新媒体营销利用大数据分析帮助企业分析用户的消费习惯，为企业更好地精准定位。

（三）新媒体营销变革

在新媒体时代，消费者的需求发生了变化，更加倾向于品质化、个性化和服务化，千人千面的用户画像让营销体系变得愈加复杂。从消费者、品牌价值到媒介环境、商业环境的三大主题共同演进，伴随着新媒体的动态更新，传统的营销规律被打破，新媒体营销变革正在发生。

1. 新的市场理念

新媒体营销真正让消费者成为营销的主体和核心。通过新媒体，企业开展多平台的营销互动，一部分消费者可以通过新媒体平台影响另一部分消费者。只有这样的新媒体营销，才能将市场真正带入用户为王、全民营销的时代。

2. 新的营销目标

新媒体出现以后，销售渠道和营销都更加多元化，对很多产品来说，营销不再是单纯的广告，还有内容营销、用户营销、活动营销、互联网话题造势等多种方式；销售不再是线下实体店推销，所有的新媒体渠道都可以成为变现的销售网络。新媒体营销要将品牌传播与销售协同合一，才能真正提升商业效率。

3. 新的传播模式

相较于传统媒体，新媒体最突出的特征是改变了过去的单向传播，创造了传播者和接受者之间随时随地双向传播的模式。这样的传播模式赋予了新媒体开放性和参与性。越来越多的媒体、企业和商家开始重视受众、用户对项目或商品的参与性。

4. 新的技术驱动

新媒体拓展了人工智能及智能问答系统的应用领域，通过数字营销、标签优化、算法赋能，打通商品、消费者、媒体多层商业要素之间的匹配逻辑，实现精准营销分发。

⌧ 相关链接

网络强国战略

中国已经成为互联网强国，网络规模、网民数量、智能手机用户等均处于世界第一位。同时中国国内域名数量、境内网站数量以及互联网企业等也处于世界前列。

但我们还是有较大的差距：中国在全球信息化排名中靠后；基础设施方面，宽带网络与世界先进水平相比仍有一定差距，城乡数字鸿沟依然存在；产业实力上，CPU、操作系统等关键的核心技术还不能完全自主可控；创新能力上，标准和专利与国际仍有差距；信息资源共享上，政府数据开放无法满足网民需求，数据利用相对落后，大数据产业缺乏龙头企业；信息安全方面，网络安全防御能力需要继续加强，没有掌握核心技术；国际上，在网络规则制定等方面，我们还缺少话语权。

以习近平同志为核心的党中央深刻把握网络信息时代新特征、新规律，高度关注网络空间对全球经济、政治、文化、社会、生态等领域产生的深刻影响，准确把握时代大势，积极回应实践要求，站在战略高度和长远角度，重视互联网、发展互联网、治理互联网，统筹协调涉及政治、经济、文化、社会、军事等领域网络安全和信息化重大问题，做出一系列重大决策、出台一系列重大举措，走出一条中国特色社会主义网络强国之路。

【初心茶坊】

党的十九届五中全会通过的《中共中央关于制定国民经济和社会发展第十四个五年规划和二〇三五年远景目标的建议》（以下简称《建议》）中，在不同板块分别提出"十四五"时期要建设网络强国。努力实现关键技术重大突破，把关键技术掌握在自己手里。强调我国经济的高质量发展，企业营销活动要顺应中国经济发展战略目标，积极运用新技术、新标准、新市场、新模式，在国际国内双循环中将企业发展壮大。

三、新媒体营销的类型

新媒体的动态变化影响着新媒体类型的界定，从第一代门户网站、BBS 论坛、博客、QQ、视频、数字电视等，到日新月异的移动门户、各类自媒体平台、微博、微信、短视频、直播等，新媒体的类型随着新的互联网产品和服务的诞生层出不穷，其界定方法也变得越来越模糊。

当前的新媒体大致分为三大阵营九类平台，如图 9 - 1 所示。

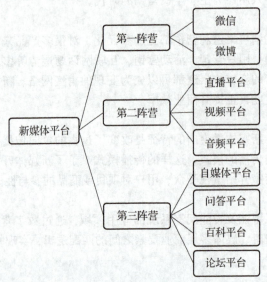

图 9 - 1　新媒体营销类型

（1）第一阵营包括：微信公众平台和微博平台。众所周知，这两类平台是目前各大企业都需要深耕的新媒体平台。

（2）第二阵营包括：直播平台、视频平台、音频平台。娱乐化与多媒体化是营销推广的热门趋势，这三类新媒体平台是企业需要抢占和强化的阵地。

（3）第三阵营包括：除双微之外的自媒体平台、问答平台、百科平台和论坛平台。这些平台上的流量不容小觑。

❋ 小试牛刀

请分别列举出所熟悉的 5 个自媒体平台，简要介绍其功能定位。

四、新媒体营销模式

新媒体营销模式目前主要有以下九种，如图 9 - 2 所示。

（一）饥饿营销

饥饿营销是指商品提供者有意调低产量，以期达到调控供求关系、制造供不应求"假

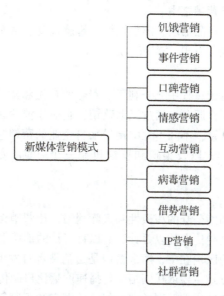

图 9 − 2　新媒体营销模式

象"，维持商品较高利润率和品牌附加值的目的。强势的品牌、讨好的产品和出色的营销手段是饥饿营销的基础。饥饿营销的最终目的并非提高价格，而是让品牌产生附加值，饥饿营销是把双刃剑，使用得恰当可以使原来就强势的品牌产生更大的附加值，使用得不恰当将会对其品牌造成伤害，从而降低其附加值。

　　饥饿营销的成功基础主要有心理共鸣、量力而行、宣传造势和审时度势四个方面。如茶喜的饥饿营销策略，"5 年时间，跨越 1 500 公里，上海，我们来了。来福士广场，不见不散。开业前三天，关注我们，转发此微博，并将抽取 5 位小伙伴"。注重品牌定位，采用微博平台展示互动展示曝光，单人限购 10 杯，一人仅一次机会，迎合了"白领"群体对于高品质饮品的需求。

扫一扫

创新成金

（二）事件营销

　　事件营销是企业通过策划、组织和利用具有名人效应、新闻价值以及社会影响的人物或事件，引起媒体、社会团体和消费者的兴趣与关注，以求提高企业或产品的知名度、美誉度，树立良好品牌形象，并最终促成产品或服务的销售目的的手段和方式。

　　事件营销集新闻效应、广告效应、公共关系、形象传播、客户关系于一体，通过把握新闻的规律，制造具有新闻价值的事件，并通过媒介投放和传播安排，让这一新闻事件得以扩散，从而达到营销的目的。"520 要来了，想想能送你最好的东西就是爱"海尔"520"表白创意事件从相关性、心理需求、大流量和趣味性四个方面成功营销。

（三）口碑营销

　　口碑营销是指企业努力使消费者通过其亲朋好友之间的交流将自己的产品信息、品牌信息传播开来。这种营销方式具有成功率高、可信度强的特点。口碑营销的成功基础有鼓动核心人群、简单而有价值、品牌故事与文化、关注细节和关注消费者五个方面。网易云音乐营销推广活动，通过精选出点赞超 5 000 次的优质乐评，宣传听众与歌曲之间的故事，增强用户的品牌归属感。

（四）情感营销

　　在情感消费时代，很多时候消费者购买商品所看重的是一种感情上的满足，一种心理上的认同。情感营销从消费者的情感需要出发，焕发和激起消费者的情感需求，激发消费者心灵上的共鸣，寓情感于营销之中。

情感营销的成功基础有产品命名、形象设计、情感宣传、情感价格和情感氛围五个方面。如饿了么联手"网易新闻"开"丧茶"店。

（五）互动营销

互动营销是指企业在营销过程中充分利用消费者的意见和建议，用于产品或服务的规划和设计，为企业的市场运作服务。通过互动营销，企业让消费者参与到产品以及品牌活动中，拉近与企业之间的联系，不知不觉中接受来自企业的营销宣传。互动营销的成功基础有消费者属性、互动内容，以及渠道和反馈机制三个方面。如"361°创造你的热爱"故事。

（六）病毒营销

病毒营销是企业通过利用公众的积极性和人际网络，让营销信息像"病毒"一样传播和扩散，营销信息被快速复制传向数以万计、数以百万计的消费者。

病毒营销与口碑营销的区别在于，病毒营销是由消费者自发形成的传播，其传播费用远远低于口碑营销；传播方式主要依托网络，传播速度远比口碑传播快。

病毒营销的成功基础有独创性、利益点、传播关键点和跟踪管理。如"秒拍"假人挑战。来秒拍 App 上传自己摆出任何一种姿势后，不眨眼、不出声、一动不动像假人模特。

（七）借势营销

借势营销是借助一个消费者喜闻乐见的环境，将包含营销目的的活动隐藏其中，使消费者在这个环境中了解产品并接受产品的营销手段。其具体表现为借助消费者关注的社会热点、娱乐新闻、媒体事件等，潜移默化地把营销信息植入其中，以达到影响消费者的目的，借势营销是一种比较常见的新媒体营销模式。

借势营销的成功基础有合适的热点、反应速度和创意策划三个方面。

2015 年一则简短的辞职信突然在网络爆红，这封辞职信出自一名河南女教师之手，虽说内容只有"世界那么大，我想去看看"这简短十个字，却被网友评为"最具情怀辞职信"，并在网络上引起广泛共鸣。

中国石化：同意！你带上我，我带上卡，你负责精彩，我为你护驾！

中国海油：同意！我们眼中的世界只是脚下的土地。广袤的蓝色国土更值得探索！不如，小螺号带你登上 981 看看吧！

中国移动：同意！"和"你一起看世界。

中国联航：同意！才 8 块，跟联航飞吧！

（八）IP 营销

IP 营销中的"IP"原意为知识产权（Intellectual Property，IP），近年来随着 IP 内容的丰富和其可观的商业价值，IP 的含义已超越知识产权的范畴，正在成为一个现象级的营销概念。IP 营销的本质是让品牌与消费者之间建立沟通桥梁，赋予产品温度和人情味，通过这一沟通桥梁大大降低了人与品牌之间和人与人之间的沟通门槛。IP 营销的成功基础有人格化的内容、原创性和持续性三个方面。

（九）社群营销

社群营销是指企业把一群具有共同爱好的人汇聚在一起，并通过感情和社交平台连接在一起，通过有效的管理使社群成员保持较高的活跃度，为达成某个目标而设定任务，通过长时间的社群运营，提升社群成员的集体荣誉感和归属感，以加深品牌在社群中的印象，提升品牌的凝聚力。社群营销的成功基础有同好、结构、输出、运营、复制五个方面。

五、新媒体营销方法

新媒体营销应该是全方位的、立体的、多角度的。新媒体的交互性和即时性使得信息传递极速发展，传播力极强。其信息的关注度是以往传统媒体所无法比拟的。因此，新媒体的营销方法有其特殊性。

1. 粉丝拥护

新媒体的发展带动社群的发展，而社群的发展带来的就是粉丝群体。粉丝群体足够强大的企业和个人足以引爆社会的热点。众所周知，小米公司就是依靠粉丝发展起来的，小米有自己的粉丝和粉丝节，每一个粉丝都是小米产品的拥戴者，并且无条件为小米宣传。在信息传递极速的时代。粉丝对一个企业或个人来说都有着重要的意义，因此在新媒体的营销方法中必须重视粉丝的作用。

2. 内容为王

新媒体营销不是简单地发布一下微信和微博，而是需要文案、创意、策划、美编、设计非常详细的内容，结合创意以适合互联网传播模式去支撑。随着微信公众平台、今日头条、大鱼号等新媒体内容平台的崛起，新媒体平台与电商平台开始广泛融合，越来越多的新媒体账号开始通过文章、视频等内容形式，直接销售商品（包括虚拟商品）。

3. 互动参与

新媒体营销必须非常重视一点，就是用户的参与感，提供一个用户可参与的点，再结合粉丝效应，就能实现企业的宣传。

4. 整合营销

在前面三个方法的带动下，新媒体营销需要进行整合营销。创意、平台、技术缺一不可。我们可以看到许多企业在进行新媒体营销时，不单单是简单的文字营销。现在还需图片、一些小游戏等，同时不仅做 PC 端还要做移动端，只有全面整体的传播才能达到应有的营销效果。《2019 抖音大数据报告》显示，短视频产品抖音的日活跃用户突破 4 亿，热门城市全年点赞量超过 14 亿。显然，以抖音为代表的短视频产品正逐渐成为风靡全国的产品。

任务二　微信营销策略

扫一扫

微信营销

微信是 2011 年 1 月 21 日推出的一个为智能终端提供即时通信服务的免费应用程序，支持跨通信运营商、跨操作系统平台快速发送免费语音短信、视频、图片和文字，同时可以使用通过共享流媒体发布的资料和基于位置的社交插件"摇一摇""漂流瓶""朋友圈""公众平台""语音记事本"等。

一、微信营销的概念及特点

微信已经不仅仅是一款应用软件，它开始渗入人们生活和工作的方方面面，它不仅是聊天工具，更是一种生活方式和新的营销手段！截至 2016 年第二季度，微信已经覆盖中国 94% 以上的智能手机，月活跃用户达到 806 亿，用户覆盖 200 多个国家、超过 20 种语言。

（一）微信营销的概念

微信营销是利用微信这种即时通信平台进行营销的方式。微信营销是企业或个人营销模式的一种，是伴随微信的火热而兴起的一种网络营销方式。微信不存在距离的限制，用户注册微信后，可与周围同样注册的"朋友"形成一种联系，订阅自己所需的信息，商家通过提供用户需要的信息，推广自己的产品，从而实现点对点的营销。微信营销基于移动互联网的发展，并且智能手机越来越普及，微信已经成为即时通信市场的一大霸主。

（二）微信营销的优势

微信营销的优势突出，发展空间广阔。

一是定位精准，通过微信群和朋友圈，可以做到一对一、有针对性的消息推送；二是到达率高，营销信息以通知的形式推送，只要你带着手机，就能进行很好的互动；三是传播力强（快），通过朋友圈可直接分享、点赞、传播；四是人性化，可自由点击选择，亲民而不扰民，也可一对一沟通；五是多元化，微信具有摇一摇、漂流瓶、朋友圈等功能，使用功能拉近距离，产生趣味性；六是成本低，通过 QQ、手机号码、公众平台免费申请。

（三）微信营销的特点

作为一种新兴的营销工具，微信营销颇受企业和个人青睐。相对于其他营销方式而言，微信营销具有如下五个特点。

1. 成本低廉

一般而言，传统的电视、报纸、广播、电话及互联网等营销方式都需要企业投入大量的资金成本，而目前微信的所有功能均为免费，企业基于微信展开的微信营销活动仅需支付流量费用，相比传统营销活动费用大幅减少。

2. 曝光率高

手机短信和电子邮件的群发越来越受到用户的抵制，容易受到屏蔽，而微信公众号是用户自主关注的微信平台发送的信息，能百分之百地到达用户。此外，与微博营销相比，微信营销的信息曝光率更高。在微博营销过程中，除少数得到高频度转发率的微博信息能收获较高曝光率之外，大部分信息极易在海量微博信息中被淹没。

3. 即时性强

基于移动互联网的发展和移动设备获取的便利性，人们越来越热衷于通过智能手机获取来自世界各地的信息。智能手机不仅能实现各种功能，而且方便携带，用户可以在第一时间接收并反馈信息，这为企业进行微信营销取得良好效果奠定了基础。

4. 互动性强

从某种意义上来说，微信的出现解决了企业在管理用户关系上的难题。当用户有欲望把对产品或进店服务的体验及个人提出的建议告知企业时，企业微信公众号就能为其提供平台。只要用户一发送信息，微信客服就能即时接收，并对信息做出相应回复和解释。企业与用户通过微信能够快捷且良好地互动，有利于维护用户关系，进而提升营销效果。

5. 针对性强

微信营销属于"许可式"营销，多数企业都是先发展老用户，然后再通过老用户的口碑传播及自身宣传等方式将潜在用户加进微信公众平台。只有这些用户在主动关注某个企业微信公众平台之后，才会接收到它们的信息，而愿意对其做出关注行为的用户往往都是企业的目标人群，因此这种营销方式针对性较强。

二、微信营销方式

微信为免费应用，同时具备操作简便、功能强大、用户量大的特点，自面世之日起，用户得到迅速扩张，成为我国最热门的即时通信软件。作为拥有巨大营销价值的工具，微信逐步推出了收费营销业务，帮助商家增强营销效果。根据不同的功能可以将微信营销分为以下几种方式。

（一）通过 LBS 定位功能进行营销

LBS（基于位置服务）是通过电信、移动运营商的无线电通信网络或外部定位方式获取移动终端用户的位置信息，在地理信息系统平台的支持下，为用户提供相应服务的一种增值业务。微信的 LBS 功能最初是为用户寻找添加好友，该功能应用在营销方面能够帮助找到目标用户。商家可以免费利用"附近的人""摇一摇"功能，了解商家附近的潜在用户，精准投放广告信息和促销信息。位置上的便利能够吸引用户入店消费，这种方式为许多无法支付大规模广告宣传的小店家提供了有效的营销渠道。特别是通过"摇一摇"功能可以搜索到1千米以内的用户，奔驰、肯德基等商家曾通过该功能与用户进行良好的互动。

⊠ **案例链接**

Burberry——从伦敦到上海的旅程

21世纪最吃香的是什么？全才！Burberry深谙这个道理，所以在"从伦敦到上海的旅程"中，就能看出一些端倪。要进入这个浑身上下散发着浓浓文艺气息的H5，第一步得先"摇一摇"；第二步点击屏幕进入油画般的伦敦清晨；第三步摩擦屏幕使晨雾散去；第四步点击"河面"，河水泛起涟漪；最后点击屏幕上的白点，到达终点站上海。总而言之，你能想到的互动方式，Burberry都用在里面了。

微信针对本地商户推出一项新功能——自定义打点辐射，帮助本地商家进行营销，即在门店所在城市任意选择某个地点为圆心，将广告投放到半径0.5~5千米的圆形区域微信用户中。这就是说，本地商家既可以根据自身店铺的营运能力，精确地将广告投放给店铺周边的潜在用户；也可以摆脱地理距离的限制，根据自身对潜在用户的了解，将广告投放到全城任意一个潜在用户众多的地点。

（二）通过扫描二维码功能进行营销

二维码又称 QR CodeQ，R 全称 Quick Response，是近几年来移动设备上流行的一种编码方式，它是用某种特定的几何图形按一定规律在平面（二维方向）上分布的黑白相间的图形记录数据符号信息的。它具有信息容量大、编码范围广、容错能力强、译码可靠性高、可引入加密措施和成本低、易制作、持久耐用的优点。二维码是微信用来连接线上线下的方式。商家将自己的公众号二维码放在商店，用户通过扫描二维码成为商家会员，商家就可以对用户进行精准营销。本地商家，在门口放置官号二维码，在生活中，引导顾客关注官号。如线下商家深圳海岸城、金钱豹全国连锁店，将微信二维码发布在自己的店门前。如爱范儿官号二维码，放置在网站的首页，引导网站用户订阅。

（三）通过微信群营销

微信群是用户社群运营和客户服务的载体，可以形成人脉圈效应，微信群的传播形武丰富，包括但不限于文字、图文、语音、视频、位置、名片、第三方应用等，具有移动互联网的创新性和有效性，打开频次更高，用户体验更佳。

利用微信群进行营销，就是借助平台用户基数大、活跃度高的特点进行的，包括品牌推广、活动策划、个人形象包装、产品宣传等一系列营销活动。

微信群营销以其低成体、高回报的优势获得了众多企业的青睐；微信群的功能定位就是告诉别人这个微信群是干什么的，每个微信群都有它的作用，微信群定义越具体化，越能够精准吸引目标用户。裂变原理告诉我们，每一个微信群里，群成员之间都有着千丝万缕的联系。2020年新冠肺炎疫情以来，许多店铺都建立了自己的店铺产品群，在自己的店铺群里发布广告，进行引流、销售。

（四）通过微信朋友圈营销

微信朋友圈是一个好友分享自己生活状态的地方，同时也是商家营销的地方。微信好友会通过朋友圈展示自己的生活状态，人们也更愿意通过朋友圈去关注和了解亲朋好友的生活状态。微信朋友圈具有私密性强、传播圈层封闭、信任度高、可扩展性好等特点。微信朋友圈的关注度很高，可作为营销工具使用。商家可以在朋友圈上投放广告，利用用户和朋友之间的关系传播商品信息。

朋友圈营销最主要的形式是用户通过将商家的信息分享到朋友圈来获得一定优惠。商家利用用户的朋友圈将商品或者企业的信息传递给用户的亲朋好友，层层转发，以取得滚雪球式的营销效果。在微信朋友圈分享红包、集赞等方式是最经常使用的方法。2016 年 7 月一篇名为《穿越故宫来看你》的魔性 H5 在朋友圈被刷屏了。故宫博物院以明成祖朱棣为主角做了一个魔性 H5：在这个 H5 里，深沉老道的明朝皇帝朱棣化身为一个 Rap 歌手，戴上墨镜，玩自拍、跳骑马舞等。这些刷屏的 H5 营销最关键的难点并非技术，而是对营销创意的把握，这次故宫就做得很好。如图 9 - 3 所示。

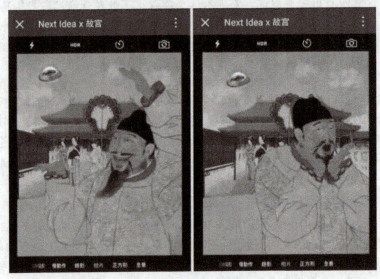

图 9 - 3　穿越故宫来看你

许多微商就利用朋友圈向好友推广化妆品、服装等产品，由于微信好友一般是互相认识的，所以这样的营销效果比较好。现实中微商的朋友圈往往会被屏蔽，这直接影响营销效果。因而在进行朋友圈营销时要先了解自己朋友圈的好友是哪一类人，哪一类人会成为自己的潜在用户，而哪一类人不是，必要时要将朋友圈设置分组，让对产品感兴趣的用户看到信息，没有兴趣的用户则看不到。

◈ 小试牛刀

请同学们每人推荐一个活跃度较高的微信群，并分析该微信群成员特点及近期群内活动的优缺点。

（五）通过微信公众号营销

微信公众号是商家为了向用户展示企业形象、服务信息而推出的，微信公众号需要用户自主订阅，因此商家可以精准化地向用户进行营销，增强营销效果。这也使得微信公众平台成为越来越多的商家争相发展的地方。

微信公众号一般分为两种：一种是企业微信账号，另一种是非企业微信账号。企业微信账号营销方式为推送营销。也就是当用户关注了该微信公众号后，该公众号就会在一定的时间推送相关内容，如文章、活动、游戏等，用户可以根据自己的需要阅读或参与。这种方式有助于与用户建立亲密且深入的互动关系，维护、提升企业的形象。例如，京东商城，经常将优惠促销信息、活动等推送在公众号中，让用户时常关注到相关内容，引起购物欲望。

麦当劳大暑日

2016 年 7 月 22 日开始进入大暑，麦当劳推出只要凭借该时段的大薯消费小票或包装盒＋麦当劳微信公众号关注页面，就可免费续添大份薯条，最多可续添 2 次。大暑日是麦当劳基于社交媒体节的新尝试，甚至已经有了自己的模式。将产品与谐音的节日联系起来，通过线上社交媒体的创意与线下的有趣活动来制造话题，吸引年轻人参与并最终转化为购买行为。

（六）"漂流瓶"式营销

微信用户一天有 20 次把"漂流瓶"扔向"大海"的机会。微信"漂流瓶"为不同地方的陌生人提供了交流机会。微信官方可以对"漂流瓶"的参数进行更改，使合作商家推广的活动在某一时间段内抛出的漂流瓶数量大增，增加用户捞到的概率。招商银行利用微信"漂流瓶"提高了社会影响力和品牌知名度。

用户可以发布语音或者文字然后将"漂流瓶"投入大海中，如果有其他用户"捞"到则可以展开对话，如：招商银行的"爱心漂流瓶"用户互动活动就是个典型案例。商家也可利用"用户签名档"这个免费的广告位为自己做宣传，附近的微信用户就能看到商家的信息。也可以将微信二维码通过"漂流瓶"丢出去，捡到"漂流瓶"的用户可以通过扫描识别二维码身份来添加朋友、关注企业账号；企业则可以设定自己品牌的二维码，用折扣和优惠来吸引用户关注，开拓 O2O 的营销模式。

人民日报关注新媒体营销乱象 "刷屏"成朋友圈 "病毒"

《人民日报》在新媒体版刊登文章《"刷屏营销"成朋友圈"病毒"》，关注近期火爆的"新媒体营销"现象。文章指出，标新立异制造噱头，突破底线低俗营销，病毒复制信息轰炸，愈演愈烈的"刷屏营销"乱象，甚至是充满负能量的恶俗营销，不仅让"朋友圈"不胜其烦，也扰乱了互联网生态。

文章中提到，一哄而上的跟风营销，同一个话题、同一种策划、同一句标语，在短时间内集中狂轰滥炸，令受众不胜其烦、不堪其扰，甚至产生屏蔽多年好友的冲动。人民网舆情监测室分析师廖灿亮认为，"刷屏"式的借势营销实际是一种病毒营销。不仅无法给企业的形象、产品加分，还会伤害到新媒体的社交性、私密性，对用户构成信息骚扰。

文章还指出，最令受众反感的"刷屏营销"，当属充满负能量的恶俗营销。比如前段时间的"优衣库门"，一些商家趁机对自己的品牌、形象和产品进行"搭车营销"，有网友批评为"节操掉了一地"。而诋毁他人、互黑互斗的营销乱象，也越来越令人反感。比如"神州专车"的"Beat U，我怕黑专车"主题海报。此外，新媒体上还充斥着吸引眼球、传播谣言的虚假营销。肯德基"6 个翅 8 条腿鸡"、康师傅"越南地沟油"、娃哈哈"肉毒杆菌"等食品谣言成为近百家微信公众号热门推送内容，并在朋友圈中刷屏。

文章中采访了人民网舆情频道主编朱明刚，指出新媒体借新闻营销至少应有"两戒"：一戒借涉及重大负面舆情或带有人员伤亡的事件营销，否则容易对当事人家属造成二次伤害；二戒借涉及有违公序良俗的事件营销，否则会对网络环境造成二次污染。

【初心茶坊】

新媒体营销是对传统营销的创新，好的营销一方面可达到企业的商业目的；另一方面也可以为社会传递正能量，实现社会效益和企业效益的双赢。但突破底线的营销不仅导致受众心理疲倦，而且亵渎社会伦理、引发负面情绪，这不只事关行业，而且也成为一个社会问题。新媒体营销需要符合公众的价值观、社会的道德感、法律的规则性，避免出现自黑以及亵渎社会伦理、突破道德底线的情况。

三、微信营销策略

微信是拥有智能手机用户的必备软件，它有效连接了好友。因此，基于庞大用户群的微信营销有着巨大的营销价值。只有微信营销的策略运用得当，才可以给企业带来好处；如果策略使用不当则有可能给企业带来负面影响。掌握微信营销策略尤为重要。

（一）"意见领袖型"营销策略

企业家、公司的高层技术人员大多数是领头人，他们的见解具备非常强的辐射力和渗透力，对大众言辞有着重大的影响作用，潜移默化地改变人们的消费观念，影响人们的消费行为。微信营销可以有效地综合运用意见领袖型的影响力，以及微信自身强大的影响力刺激需求，激发购买欲望。如小米手机创始人雷军，就是采用"意见领袖型"微信营销策略。雷军运用自身的新浪微博强大的粉丝，在新浪网上简单公布有关红米手机的一些信息内容，就会获得诸多红米手机关注者的评价，并且能在评价中了解顾客是怎样想的，顾客心里的要求。

（二）"病毒式"营销策略

微信及时性和交互性强，可见度，影响力以及其无边界传播等特性特别适合病毒式营销策略的应用。微信平台的群发功能可以有效地将企业拍的视频、制作的图片，或是宣传的文字群发给微信好友。企业更是可以利用二维码的方式推送优惠促销，这是一个既经济又实惠，更有效的营销好方式。使顾客主动为企业做宣传，激发口碑效应，将产品和服务信息传播到互联网和生活中每个角落。

（三）"视频、图片"营销策略

运用"视频、图片"营销策略开展微信营销，首先要在与微友的互动和对话中寻找市场，发现市场，并利用市场为潜在客户提供个性化、差异化服务。其次，善于提供各种技术，将企业产品、服务的信息传送到潜在客户的大脑中，为企业赢得竞争的优势，打造出优质的品牌服务。这样会使微信营销更加"可口化、可乐化、软性化"，更加吸引消费者的眼球。

任务三　微博营销策略

一、微博营销的概念及特征

微博用户群是中国互联网使用的高端人群，这部分用户群虽然只占中国互联网用户群的10%，但他们是城市中对新鲜事物最敏感的人群，也是中国互联网上购买力最强的人群。

（一）微博营销的概念

微博营销以微博作为营销平台，每一个听众（粉丝）都是潜在的营销对象，企业利用更新自己的微博向网友传播企业信息、产品信息，树立良好的企业形象和产品形象。每天

扫一扫

微博营销

更新内容跟大家交流互动，或者发布大家感兴趣的话题，这样来达到营销的目的，这样的方式就是互联网新推出的微博营销。

（二）微博营销的特征

微博营销是以微博平台为基础的营销活动，它具有社会化媒体营销的共性，同时又兼具微博的独特性，相较于传统营销方式，微博又具有内容生产门槛低、信息扩散效率高、热点事件升温快、互动裂变形式多等特征。

1. 门槛低，传播主体更大众

微博平台降低了用户发布内容的门槛，一段文字、一张图片，都可以被直接发布在微博中。每个用户发布的信息，通过粉丝、话题得到曝光，并随着转发得以扩大传播，形成了信息的去中心化传播。

微博的字数限制在 140 字以内，内容短小、口语化发布信息远比博客容易得多，同时微博内容可以利用文字、图片、视频等形式，能从多维度、多角度展示营销对象。微博的申请非常简单，可以通过邮箱和手机号码进行申请，仅需两步就可以获得自己的微博账号。企业则需在此基础上将营业执照等相关证件扫描，上传通过审核之后就可以获得加 V 的企业微博。

2. 实时性，扩散传播更高效

微博具有很强的时效性和现场感。因此，微博在很多热门事件中，成为很多人现场播报的新媒体平台，不了解现场的用户只需要关注发布者微博就好。因为微博内容发布的实时性，面对突发新闻、社会热点事件，微博始终是信息传播的"主战场"。微博庞大的用户群和人际关系网络，特别是微博的大 V、名人的转发使这些营销信息转发、评论得到几何倍的增长。微博营销能够成为病毒营销的重要模式。这样的营销方式可以在短期内获得最大的收益。

3. 高聚合，热点话题更关注

基于微博话题的模式，在聚合的话题中，用户可以快速查看到相关内容，进一步激发创作和讨论。同时，参与人数较多的话题会登上"热搜榜"，话题热搜排名的上升，能够提升话题的传播。

4. 强裂变，内容互动更多元

在微博的传播过程中，用户可以同时接收信息、传播信息、发布信息。与传统媒体一对多的线性传播模式不同，微博的传播呈现出网状形式，可以实现一对一、一对多、多对一、多对多的传播。

只需一个简单的评论并转发的动作，用户就完成了信息传播和二次加工，而信息二次加工的过程中，更是凝聚了用户的群体智慧，微博上有一种特殊的现象，叫"最右"。一条看似普通的微博内容，却会因为一条"神评论"，而获得巨大转发量。因为被转发内容通常会显示在最右侧，故此得名"最右"。

二、微博营销的价值

对于企业和个人来说，微博的营销价值包括以下五方面：品牌推广、用户维护、市场调查、危机公关、闭环电商。

（一）品牌推广

任何企业都可以按照宣传需求，随时随地在微博平台发布广告或者其他内容。通过微博运营，企业可以快速聚合用户关注度，提升品牌知名度；与用户形成情感共鸣，提升品牌好感度；扩大品牌传播，曝光新产品和服务。

（二）用户维护

微博营销的便利之处，就是在通过内容、活动触达用户的同时，还可以一对一地运用新媒体营销与运营进行用户维护，提升用户的满意度，进行用户管理。例如，企业鼓励用户通过微博晒单，与他们进行一对一互动，可以极大提升用户满意度。

（三）市场调查

基于微博用户的巨大数量，以及微博平台几十个垂直领域划分，每个用户都有其对应的兴趣领域标签，企业可以做到有针对性地触达特定偏好的用户进行调研，这为企业制订个性化服务提供了极大的便利。同时，企业还可以对目标用户发布的微博内容进行针对性的分析，更深入地挖掘需求，更精准地制定营销策略。

（四）危机公关

通过检测关键词，企业可以迅速了解对事件高度关注的用户群体，从话题中可以全面了解用户对此事件的评价和意见。由此，企业能够迅速在微博上锁定危机公关的目标人群，了解危机发生的原因和经过，并据此迅速做出更有针对性的措施。利用微博快速对事件做出声明和正确的回应，有利于企业形象的建设，如海底捞火锅微博公关。

（五）闭环电商

个人或企业通过微博运营，获取了一批粉丝后，可以直接导流销售获取收益。例如，很多企业在微博平台发布产品推文时，会植入产品的购买链接，粉丝看到微博内容后，可直接通过链接进行购买。

三、微博营销策略

微博的发展受人瞩目，企业、政府、其他组织和个人都越来越重视微博的作用，微博营销是传统营销模式的有益补充。

（一）微博定位策略

迈出微博营销的第一步，从定位开始。定位即是给产品在潜在顾客的心中，确定一个适当的位置。只有做好定位才能根据目标群体的特性帮助企业更好地运用微博进行营销，达到宣传企业产品、树立品牌形象、进行危机管理、发掘潜在用户的目的。企业可通过制造一系列的热点话题，围绕本企业的产品或品牌的特性来制定适合目标群体的营销策略。

（二）整合营销策略

微博是企业营销的一个重要工具，企业的微博不应是一个单独的个体，微博应有效联动其他平台。通过微博进行多渠道建设和整合的方式可为企业营销增添巨大价值。不仅其他平台可以导流量到微博，企业的微博也可以作为导流量的工具，链接起其他平台渠道，将流量导到其他平台，如官网、微信、淘宝和其他购物平台等，切实发挥出营销矩阵的作用。《乘风破浪的姐姐》《青春有你》等热门综艺节目无不在节目播放期间引导微博互动增加节目曝光率。

（三）精准营销策略

粉丝再多，对你的产品没有兴趣，那是没有任何意义的，因此企业在营销中要把握精准营销的策略。精准营销就是营销目的具有明确性，在粉丝建设中就要开始寻找那些有可能成为企业产品用户的粉丝。在寻找目标粉丝时可以用微博关键词搜索、标签、微群、话题这些可以集合用户共同特性的标志去寻找。找到目标粉丝就想办法将这些微博用户发展成为企业微博的粉丝即可。

（四）情感营销策略

现在的网络信息量非常庞大，没有吸引眼球的内容是不会受到关注的，要想取得群众的青睐，在微博营销中加入情感元素，对待粉丝要用心，使企业与粉丝之间更加亲切，提高粉丝对企业的依赖感。

（五）互动营销策略

企业如果只是单纯将微博当作企业的信息发布平台那是毫无意义的，微博强调的是双向沟通。可以发表一个引人思考的主题，引导粉丝响应与讨论，培养企业的忠实粉丝，粉丝的转播可以起到连锁效果，推广到更多的人群中。

（六）品牌代言营销策略

一般来说，品牌代言的言行代表着自身和企业形象。因而，品牌代言者务必留意自身的言谈举止。言谈举止不善对公司的不良影响是极大的。品牌代言与粉丝间的零距离沟通交流能够提升粉丝的满意度，提高粉丝对企业的信任感。

任务四　短视频营销策略

扫一扫 ●
如何打造抖音网红款

扫一扫 ●
移动营销

自 2015 年起短视频行业突飞猛进，2018 年短视频集体爆发，成为全人类特别是年轻人接收信息的主要渠道，特别是当下最火爆的抖音，企业、品牌、商家、个人纷纷入驻，同时也对各大电商平台造成冲击。如今，不止抖音，其他各大短视频平台在电商领域动作频频，纷纷开启自己的"电商"功能。短视频拥有巨大的流量和社会消费主力群体，电商拥有成熟的网上购物平台和渠道，二者联盟，一定是未来消费市场的主流趋势。

一、短视频及短视频营销

随着 5G 时代的逐步普及以及有线网速的加快，网速已经不是互联网的瓶颈，随短视频平台崛起出现了一大批的以视频为载体的自媒体人，这部分人拥有着大量的粉丝流量。企业、品牌、产品的展现方式变为更多元化，短视频已成为一种非常好的承载方式。

（一）短视频

短视频，即短片视频，是一种互联网内容传播方式，一般是在互联网新媒体上传播的时长在 5 分钟以内的视频；随着移动终端普及和网络的提速，短平快的大流量传播内容逐渐获得各大平台、粉丝和资本的青睐。据第 43 次《中国互联网络发展状况统计报告》显示，截至 2018 年 12 月，短视频用户规模达 6.48 亿，用户使用率为 78.2%。

（二）短视频营销

短视频结合品牌、产品，形成特有的销售方式，就是短视频的营销。短视频的营销可以更为立体，可以围绕品牌，可以促进直接销售，可以形成自己的私域流量。所以短视频营销已成为现在的主流方式。企业不仅要用视频，还要学视频，做好自己企业产品视频的相关内容，通过各大平台、各个自媒体，将宣传、营销推向市场。

（三）短视频营销的优势

1. 观看耗时较少，便捷性较强

短视频通常在 5 分钟之内，抖音甚至能发布时长仅有 15 秒钟的短视频，观看耗时较少。

2. 内容丰富，包罗万象

任何一个人，都可以用短视频工具去记录自己的工作、生活，甚至这个世界，这就决定了短视频可以包罗万象。

3. 流量可变现

一个追求流量的社会，当流量积累到一定程度，就可以将流量变现，获得利润。

二、短视频营销思维

● 这款产品是否可以通过短视频的方式进行营销。

- 借助短视频，能否更好地展现这款产品的卖点？
- 在何种场景下拍摄，能更好地展示这款产品？
- 怎样才能以更好的创意去制作这款产品的营销短视频？
- 在哪个视频平台上展示这款产品，宣传效果更好？
- 拍摄这款产品的营销短视频，需要投入多少人力、物力、财力？

⊠ **相关链接**

李子柒年收入过亿?

相信大家对李子柒并不陌生。

打开李子柒的视频，我们总能沉浸在如梦如幻的一幕幕镜头以及清新悦耳的配乐中，对她所描绘的生活心生向往。

李子柒是一名视频博主，视频中的她仿佛身处世外桃源，淡雅素净，让人很难想到她已经是拥有 3 000 万全球粉丝，YouTube 频道视频播放量达 13.45 亿次，年收入过亿元的顶流网红了。

她是网友们口中妥妥的"东方美食生活家"，更向无数外国人展示了中国文化之美。前段时间，李子柒还被聘为"农民丰收节"推广大使，评论区的网友们纷纷对这个"90后"女孩表示祝贺。

以拍摄古风美食短视频出名的李子柒获得《中国新闻周刊》评选的 2019 年度文化传播人物。获选理由是：她把中国人传统而本真的生活方式呈现出来，让现代都市人找到一种心灵的归属感，也让世界理解了一种生活着的中国文化。就连央视新闻都忍不住要点评夸奖，没有一个字夸中国好，但她讲好了中国文化，讲好了中国故事。央视主持人白岩松的夸奖则更加直接，李子柒这样的网红真的太少了……

（网络资料）

三、短视频营销模式

目前短视频营销的几种主流模式主要有以下几种：

（一）KOL 广告植入式营销

这种营销模式主要是借助网红的粉丝来进行推广，因为大多数非公众人物的流量实际上并不大，只有那些流量明星和一些网红的流量相对比较大，粉丝也比较多，那么这些网红只要随随便便地发布几个视频口播、贴片广告都可以引起粉丝们广为传播，也能够吸引那些消费者进行消费，达到企业做短视频营销的目的。2018 年 3 月，海底捞"抖音吃法"吸引好奇宝宝们纷纷尝试，海底捞一时间门庭若市。

（二）场景沉浸体验式营销

很多消费者都比较关注产品的特性，所以有的广告主就比较喜欢通过产品的特性去塑造特定的场景，去增加产品的趣味体验，激发用户的购买欲。实际上这种方式是让用户可以提前感受产品所带来的好处，让大家认定产品的优势，然后实现产品重要特性的趣味传递。2018 年 4 月，西安永兴坊"摔碗酒"爆红网络，紧接着游客络绎不绝，排长队等候喝酒摔碗。

（三）情感共鸣定制式营销

这种方式是很多企业和公司常用的一种，他们主要是通过社会上的一些热点，借助这些热点来进行传播，但这种传播不是简简单单的短视频宣传，而是借助短视频引发用户情感共鸣与反思，多角度、深层次向大众传递企业价值观，提高大众对企业的认同感。特别是对于亲情话题的渲染往往是比较到位的。2018 年 5 月，歌曲《最美的期待》在抖音播放量 700 万，瞬间跻身热搜榜前三，被评为最好听的翻唱……

四、如何做好短视频营销

2018 年，短视频营销的用户红利期。那个时候随随便便发发内容就比较容易涨粉，但是很多人不知道如何通过短视频营销赚钱。

2019 年，短视频营销内容红利期。仔细研究你会发现，只要好好做内容，很容易通过抖音商品橱窗带货，短视频电商和直播电商让很多用户赚到钱。

2020 年，短视频营销价值红利期。所谓价值就是你需要升级你的短视频内容质量，先给用户提供价值，用户才会关注你、喜欢你。只有持续地通过短视频营销提供价值给用户才能赚到钱。

那么 2021 年、2022 年，乃至以后，我们如何做好短视频营销呢？

1. 了解平台特性

每个短视频平台都有自身独特的特性，营销人在制作视频和发起营销战役时需要将这些属性纳入考虑。

2. 精细制作短视频内容

在如今互联网信息爆炸的时代，每天粉丝脑海中接收的信息都是海量的，时间留给粉丝的时间越来越少，如果你想让你的短视频在同行之中脱颖而出，必须提供给粉丝高质量的内容。短视频时长有限，不适宜承载信息量过大的内容。可以把不同内容细分，做成系列，在不同情况下展示。

3. 进行推广和宣传

利用社交媒体，打通传播渠道社交各个媒体，通过关联社交媒体的账号，实现二次传播或多次传播，将视频的影响力不断扩大，保持热度。

4. 保持频繁更新

每天日更的好处是为了获得更好的播放量，同时让系统以为你是有良好的运营习惯的人，而逐渐给你增加更多的曝光度。

5. 多和用户互动

这种活动主要有两种方式：

一是在评论区跟用户互动。他在下面评论了，我们互动回复，这样他就感觉我们比较重视他，他就更愿意去看我们的内容，并且帮助转发和点赞。

二是我们需要去多引导他们互动。比如我们可以在视频里面留下问题，让他们在下面发起一个讨论。积极地把他们的活跃度燃起来，这样可以引起评论和吐槽，也可以留住用户，同时他们也会帮助去分发进行转化的。

6. 互相引流

可以找一些自媒体相关领域的人进行合作，互相去进行引流，找跟自己相关类型的自媒体号，因为这样有很多都是相同领域的，大家就互相把粉丝聚合。

✉ **相关链接**

近年来，短视频网站上的各种违规、低俗和不良内容问题引发社会关注。2018 年，包括快手、抖音、美拍和秒拍在内的所有短视频行业平台进入整改期，自 2018 年 3 月起，已有多家平台被约谈或点名批评。在经历整改之后，行业未来格局将会发生哪些变化呢？

2016 年以来，国家网信办、文化部、国家新闻出版广电总局等相继发布互联网直播、短视频等服务管理规定，为网络视频直播和"网红"的野蛮生长画上了休止符，整个行业进入整改、规范期。据最新预测，全国网络原创节目达到数百万个，涵盖了网络剧、微电影、网络综艺等。网络视频市场规模高速增长。网络主播的职业规范化发展成为行业趋势。

2018年颁布的《新媒体平台运营管理办法（试行）》规定新媒体应当确保发布信息的真实性、准确性、时效性。发布信息必须符合国家保密规定，不得涉及国家秘密和不宜公开的信息。不得利用新媒体制作、复制、发布、传播含有危害国家安全，损害国家荣誉和利益，散布谣言扰乱社会秩序，散布淫秽、色情、赌博、暴力、恐怖或者教唆犯罪，以及侮辱或诽谤他人等法律、行政法规禁止的信息。广大新媒体从业者应该切实遵守国家法律法规，维护网络秩序和网络安全。

【初心茶坊】

短视频作为一种新型传播方式，在迅速发展的同时也逐渐暴露出存在的问题。人工和技术审核跟不上内容发布的速度，部分低俗、虚假的视频内容层出不穷，影响网络生态，个性化的推荐算法也容易造成用户沉迷和信息茧房，青少年盲目模仿短视频内容造成的"抖音伤"，成年用户沉迷于短视频低俗内容耽误工作的报道也频频见诸报端。针对短视频发展中存在的问题和出现的负效应，行业管理部门应加大对短视频行业的监管力度；加强传播主体的守规意识，提高受众的审美能力和审美要求；平台要担起维护网络空间的社会责任，内容生产者和用户也应成为把关的重要环节，如此才可能营造风清气正的网络空间。

【任务实施】

实训9-1　新媒体营销岗位认知

一、实训目的

通过实训，使学生了解新媒体营销具体岗位职责与任职资格。

二、实训组织

学生划分学习小组。

三、实训步骤

1. 教师演示搜集资料的方法。

2. 小组通过招聘网站搜索引擎进行信息搜集。

3. 小组对搜集的信息资料进行总结凝练，编制岗位职责说明书。

4. 分组路演，教师对各个小组的实训结果做出评价。

四、实训要求

1. 学生以学习小组为单位，通过招聘网站搜索引擎，搜集相关信息资料。

2. 样本数量不少于20个。

3. 结合调研资料，进行分组讨论，根据"岗位职责说明书模板"编制新媒体营销岗位职责说明书。

新媒体营销岗位职责说明书

		职责描述	
职责与工作任务	职责一		
		工作分析	
	职责二	职责描述	
		工作分析	
	职责三	职责描述	
		工作分析	
	职责四	职责描述	
		工作分析	
任职资格	教育水平		
	专业		
	培训经历		
	经验		
	知识		
	技能技巧		
	个人素质		
其他	使用工具		
	工作环境		
	工作时间特征		
	考核指标		
	备注		

实训9-2 微信营销实训

一、实训目的

微信营销策略运用。

二、实训步骤

1. 教师演示微信公众号注册方法。

2. 每个同学注册一个个人账号，并命名。

3. 发布一个产品推广信息。

4. 进行微信公众号营销。

三、实训要求

1. 没有微信公众号的注册一个个人账号，然后发布一个产品的推广信息。内容包含标题、标签、关键词、主图、附图、宝贝描述性的软文。

2. 包含两个方面的内容：对要注册或运营的公众号、产品分别进行人群细分和定位分析，并说明理由。

实训 9 - 3　微博营销

一、实训目的

1. 使学生了解微博平台使用方法。

2. 使学生掌握短视频营销策略。

二、实训内容

假设你拥有一家女装专卖店，正值双 11，你店要举办一次优惠活动，请设置你的优惠方式来吸引顾客光临，并用 140 字以内的微博来宣传你的活动。

三、实训步骤

1. 教师演示微博的注册方法。

2. 每个同学注册微博账号，并对微博账号命名。

3. 发布一个产品推广信息。

4. 进行微博营销。

【学以致用】

一、名词解释

1. 新媒体营销

2. 微信营销

3. 短视频营销

4. 微博营销

二、单选题

1. 以下哪种不属于新媒体？（　　　）

A. 广播　　　　　　　B. 数字电视　　　　　　C. 手机　　　　　　D. 计算机

2. 在我国，典型的四大综合型门户网站不包括（　　　）。

A. 新浪　　　　　　　B. 搜狐　　　　　　　　C. 百度　　　　　　D. 网易

3. 在全球范围内，（　　　）是搜索结果准确度最高的搜索引擎。

A. Google　　　　　　B. Yahoo　　　　　　　C. 百度　　　　　　D. Bing

4. 你认为以下哪些不属于视频营销的模式？（　　　）

A. 投放贴片广告　　　　　　　　　　　B. 网剧植入

C. 弹幕广告　　　　　　　　　　　　　D. 以上都不是

5. 以下选项中哪个不属于目前中国的三大社交平台？（　　　）

A. 微信　　　　　　　B. QQ　　　　　　　　C. 微博　　　　　　D. 知乎

6. 下列关于联合国教科文组织对新媒体定义不正确的是（　　　）。

A. 以数字技术为基础　　　　　　　　　B. 以网络为基础

C. 进行信息传播　　　　　　　　　　　D. 是一种媒介

7. 第一代自媒体是（　　　）。

A. 微博　　　　　　　B. 博客　　　　　　　　C. 微信　　　　　　D. 知乎

8. BAT 是中国三大互联网巨头，它们是（　　　）。

A. 百度、阿里巴巴、淘宝　　　　　　　B. 博客、阿里巴巴、腾讯

C. 百度、阿里巴巴、腾讯　　　　　　　D. 百度、亚马逊、腾讯

三、问答题

1. 新媒体有哪些基本特征？

2. 新媒体营销策略有哪些？

3. 微信营销策略有哪些？

四、思考题

1. 新媒体时代广告的新特点和广告传播的新特点。

2. 为什么短视频会迅速崛起，成为企业新媒体营销必须重视的一大平台？请说明其原因。

五、案例分析题

啥是佩奇

2019 年农历年初，朋友圈被一则短片刷屏——《啥是佩奇》。

啥是佩奇？这个疑问，对于生活在城市里的孩子都不陌生，一只粉红色的大 IP 小猪，可这发问是来自于一个生活在大山里的爷爷，只因为孙子电话里的一句话"过年，我就要佩奇"，老爷子就踏上了漫漫问询"啥是佩奇"的征程，最后终于用炉灶吹风筒，做出了史上最硬核的佩奇。

明明是一则广告，你却默默擦了泪，掐指算算，你回家的票买了吗？有多久没有好好陪父母坐下吃顿饭了，这是一则广告，却又不仅是广告，它触动的是中国人心中最柔软、最传统的亲情；它传递的是父亲对儿子过年回家的期盼，对孙子的想念，以及被"不回来啊"带来的打击。

这则短片的刷屏，看似意外，实则在情理之中，试问，天下谁不是儿女，谁又不曾做过父母？家庭是人们感情最泛化的寄托，也是最容易引起共鸣的主题，恰逢年关，推出这样的主题，是极易引起轰动效应的。

在一位留守山村的老年农民，以及一位以动漫为伴的城市孩童之间，通过佩奇为纽带，他们在情感世界里得以联结。这份朴素而浓烈的情感，也在祖孙三辈人之间得以传承。推而广之，这部短片令无数人热泪盈眶，激活了人们内心深处的记忆和情感。

分析：你看过这则短片吗？有怎样的情绪体会，获得怎么样的启发？请试从营销和传播的角度分析该案例。

六、综合项目实训

短视频营销

（一）实训目的

通过实训，使学生了解抖音、快手等短视频平台，掌握短视频营销策略。

（二）实训内容及要求

1. 实训内容：制定短视频营销策略。

2. 实训要求：掌握短视频营销策略，学会拍摄短视频及宣传推广。

（三）实训组织

以短视频团队为单位完成实训任务。

（四）实训操作步骤

1. 选择短视频平台。

2. 对短视频拍摄内容进行定位。

3. 进行短视频拍摄。

4. 确定短视频营销策略。

5. 进行短视频宣传推广。

（五）实训考核

1. 考核短视频营销定位、拍摄、策略选择、宣传推广等方面（60%）。

2. 考核个人在实训过程中的表现（40%）。